DIE WISSENSCHAFT

HERAUSGEBER PROF. DR. WILHELM WESTPHAL

BAND 98

Wilhelm Simon

Zeitmarken der Erde

Grund und Grenze geologischer Forschung

Mit 80 Abbildungen

Springer Fachmedien Wiesbaden GmbH 1948

Vorwort des Herausgebers

Der Verfasser dieses Buches ist eine der Hoffnungen der deutschen geologischen Wissenschaft. Dies zu sagen, berechtigen die selbständigen Leistungen, die er in den wenigen Jahren seines bisherigen Schaffens und Forschens bereits hervorgebracht hat. Als er das Manuskript dieses Buches soeben fertiggestellt hatte, ist auch er im Jahre 1944 in den Wirbel des deutschen Schicksals geraten, und er hat — fern der Heimat — die Drucklegung nicht selbst betreuen können.

Auf die Frage, für wen dieses Buch geschrieben sei, hat der Verfasser einmal selbst geantwortet: Für mich selbst! Es bedeutete für ihn eine kritische Überprüfung des Schauplatzes seines weiteren Schaffens, wie er ihn durch sein eigenes, starkes Temperament sah, einen Versuch, alles, was der junge Verfasser in einem ungewöhnlich inhaltsreichen Leben schon erarbeitet hatte, einheitlich auszuwerten und in einer ganz neuen Gruppierung zu sehen. Sicher wird es bei einem so individuell konzipierten Werk nicht an Widerspruch fehlen; aber für die Wissenschaft wird auch das nur nützlich sein.

Seine besondere Bedeutung erhält das Buch dadurch, daß es die erste „Zeitmarkenkunde" und die einzige Einführung in diese Kernfrage der Stratigraphie ist, die bis auf die Grundlagen vorstößt, welche in Lehrbüchern und Vorlesungen nur gestreift werden. Eine Eigenart besteht darin, daß der Verfasser die sonst meist abstrakt vorgetragenen Gedankengänge durchweg graphisch und immer originell zu veranschaulichen versucht. Ohne Zweifel bietet das Buch nicht nur dem Fachmann, sondern auch dem Laien, der gewillt ist, sich seinen Inhalt zu erarbeiten, eine Fülle von Anregungen. Für den jungen Studenten aber ist es ein Weg zum Verständnis dessen, was geologische Forschung und geologisches Denken wirklich sind.

B e r l i n - Z e h l e n d o r f , im Februar 1948.

Wilhelm Westphal.

Inhaltsverzeichnis

Erstes Kapitel

Einleitung

I. Die Geologie im Kreis der geschichtlichen Wissenschaften

Die Geologie ist zwar nicht, wie ihr Name meint, die Lehre von der Erde schlechthin; sie ist keine Dachwissenschaft über andere Zweige der Erdforschung, über Geochemie und Geophysik, Mineralogie und Petrographie oder Bodenkunde (wenn auch über jene Arbeitsbereiche, deren Namen von ihr abgeleitet sind, wie Montan- oder Erdölgeologie). Geologie im eigentlichen Sinne steht vielmehr neben jenen Wissenschaften als eine unter vielen gleichrangigen durch eine entscheidende Eigenart allerdings von ihnen allen gesondert und zugleich so sehr aus ihrer Ebene herausgehoben, daß sie trotzdem vor jenen ihren anspruchsvollen Namen zu Recht trägt. Sie ist nicht d i e Lehre von der Erde, sondern nur e i n e Lehre, aber doch eine ganz besondere.

Nicht daß sie dem Werden der irdischen Stoffe und Gestaltungen nachspürt, unterscheidet sie von den anderen Erdwissenschaften. Auch die Petrographie beschreibt nicht nur das Gestein, sondern erforscht vor allem seine Entstehung als den sichersten Schlüssel zum Verständnis seiner Besonderheiten. Aber daß für die Geologie die Vorgänge des Werdens weit mehr sind als nur Wegweiser zum Verstehen des gegenwärtigen Daseins, daß diese Vorgänge selber Ziel der Forschung bedeuten und so völlig im Mittelpunkt der Betrachtung stehen, daß umgekehrt das Gestein, indem es Gegenstand der Untersuchung wird, zugleich schon überwunden ist und nur noch als Zeugnis wirkender Kräfte und Vorgänge gilt, das ist die im Kreis der Erdforschung einmalige Eigenart geologischer Arbeit. Stoff ist nicht Stoff vor dem geologischen Blick, Form nicht Form, sondern Spiegel von Geschehen, Kunde von Schicksalen.

Ein Sandstein, im Steinbruch einer Landschaft aufgeschlossen, ist eine Aussage dieser Landschaft: daß zu einer bestimmten Zeit (zur Zeit der Entstehung des Sandsteins) diese Landschaft ein tiefgelegenes Gebiet war, in dem sich unter Meeresbedeckung (wie Reste meerischer Muscheln in diesem Sandstein bezeugen) der Abtragungsschutt einer Nachbarlandschaft, eines Hochgebiets, Berglands vielleicht, sammeln konnte; die Größe der Bestandteile des Sandsteins gibt nähere Hinweise auf die Entfernung des stoffliefernden Nachbargebiets, Änderung der Größe und Anordnung der Bestandteile in der Waagerechten weisen die Richtung, in der dieses Gebiet zu suchen ist, Änderungen in der Senkrechten berichten von Wandlungen in der Stoffzufuhr und spiegeln letztlich das Schicksal des Abtragungs- wie des Ablagerungsgebiets in einer bestimmten Zeitspanne (nämlich der Spanne, die zur Ablagerung der im Steinbruch aufgeschlossenen 5 oder 10 m mächtigen Sandsteinfolge nötig war). Die Aussage der Landschaft im Sandstein des Steinbruchs ist also eine geschichtliche Aussage; vor dem geologischen Blick ist das Gestein nichts anderes als erstarrte Geschichte.

Nun ist das Wort Geschichte so leicht geschrieben und wiegt doch so schwer. Die echt naturwissenschaftliche Disziplin Geologie wäre also zugleich eine geschichtliche Wissenschaft? Dieser Ausblick ist schwerwiegend deshalb, weil er die Hoffnung erweckt, hier eine Brücke entdeckt zu haben, geeignet, jene unheilvolle Kluft zu überwinden, die zwischen den Reichen der Natur- und der Geisteswissenschaft aufgebrochen ist. So ist diese Brücke, bevor man sie betritt, erneut auf ihre Tragkraft zu prüfen.

1. Grundverschiedenheit der geschichtlichen Zeitbegriffe. Spricht man von „Geschichte", so ist damit unmißverständlich die politische oder Kultur-Geschichte der Menschheit in den letzten halbdutzend Jahrtausenden gemeint. Objekt „geschichtlicher Forschung" ist der Mensch. Und gerade darin, daß Geschichte sich „als letztlich auf menschliche Existenz bezogen" erweise, ist von kulturgeschichtlicher Seite auch die Zugehörigkeit von Geologie und Paläontologie zu den geschichtlichen Wissenschaften ge-

sehen worden. „Zwar bildet hier nicht der Mensch als solcher
das Objekt der Forschung, aber es kann bei ihrer Fragestellung
die Existenz des Forschers nicht in dem Maße ausgeklammert
werden, wie das in der Physik — wenigstens in der klassischen
Physik — möglich ist." Erst in der Bezogenheit auf den Menschen
würden auch in der Geologie und Paläontologie überhaupt sinnvolle Aussagen möglich: „die geologischen Vorgänge haben sich
vor soundso viel Millionen Jahren, nämlich in bezug auf die
Existenz des jeweils Forschenden abgespielt"[1].

Man ist allerdings daran gewöhnt, das Jahr oder ein Vielfaches davon, Jahrhundert, Jahrtausend, als die Zeiteinheit der
geschichtlichen Wissenschaften zu sehen und eine eng- oder
weitmaschige Leiter aus diesen Einheiten als Gerüst der Geschichte, in dem das Geschehen erst seine geschichtliche Ordnung erfährt. Doch bedeutet das nur eine ganz zu Unrecht vollzogene Verallgemeinerung dessen, was zunächst allein für die
Geschichte des Menschen und seiner Kulturen Gültigkeit hat.
Schon die Geologie kann nur für eine recht beschränkte Zahl von
Ereignissen ein Alter in Jahren (Jahrmillionen) Abstand von
der Gegenwart angeben, und man wird sehen, daß ihr diese
Zahlen im Grunde wesensfremd sind; in der Paläontologie jedoch
sind auf die Gegenwart bezogene Jahreszahlen wie Zahlen überhaupt recht sinnlos. Gerade von der Lebensgeschichte aber muß
man auch bei der Besprechung der Erdgeschichte ausgehen.

Die geschichtliche Stellung eines Kieselschwammes oder eines
Krebses der Erdvergangenheit kann nicht nach einem von der
Gegenwart des Forschers als Festpunkt in die Vergangenheit
hinausgebauten Zeitgerüst (woraus sich die Aussage „vor soundso viel Millionen Jahren" ergeben müßte) bestimmt werden, sondern ausschließlich nach der Einordnung seiner Form in die Entwicklungsreihen seiner Tierwelt. Diese Entwicklung des irdischen
Lebens läuft nun keineswegs in der Gegenwart als in einem vorläufigen Ziel zusammen, so daß von hier her, vom Menschen, alle
Aussage sinnvoll würde, sondern das Leben entfaltet sich von
einem Ursprung (der übrigens erdgeschichtlicher Forschung nicht

---

[1] S c h u h m a n n , K., Zum Gestaltproblem in der Geschichte. Forschungen und Fortschritte **18**, 205. Berlin 1942.

zugänglich ist) her, derart, daß ein einmal zurückgelegter Abschnitt dieser Entfaltung, etwa einer Krebsgattung jenes frühen Zeitabschnitts der Erdgeschichte, der als Kambrium ausgeschieden ist, von jedem späteren Zeitpunkt der Erdgeschichte aus und völlig unbekümmert um den eigenen geschichtlichen Standpunkt

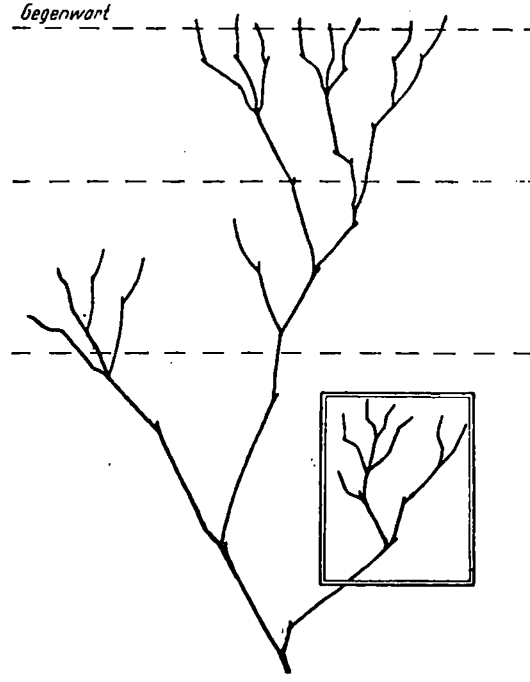

Abb. 1. Ein abgeschlossener Abschnitt Entwicklungsgeschichte des irdischen Lebens, wie er in diesem schematischen Stammbaum einer Tiergruppe im gerahmten Feld ausgeschieden ist, behält das gleiche Gesicht und die gleiche Deutung unbekümmert darum, ob der Betrachter von einer in der Gegenwart oder in einer beliebigen Vergangenheit durch die Zeit gelegten Ebene darauf blickt. Paläontologische Forschung bedarf keineswegs der Gegenwart als notwendigen Bezugspunktes. Was sie der Gegenwart entnimmt, ist lediglich die Erfahrung nicht gegenwarts-spezifischer, sondern allgegenwärtiger Erscheinungen des Lebens als Handwerkszeug ihrer Untersuchungen.

des Forschers, irgendwo innerhalb der Spanne von 450 Millionen Jahren, die seit dem Kambrium verflossen sein dürften, nur die gleiche Deutung erfahren kann (Abb. 1). Lebensgeschichtliche Forschung kennt in keiner Weise die Gegenwart als Bezugspunkt.

4

Nicht einmal von außen her kann ein auf die Gegenwart bezogenes Zeitgerüst als ein zwar fremdes, aber immerhin nützliches Prinzip geschichtlicher Ordnung über die Lebensgeschichte gelegt werden. Zwar ist es möglich, einige wenige Punkte der Entwicklungsgeschichte mit Jahreszahlen, die von der Erdgeschichte entlehnt sind, in bezug auf die Gegenwart festzulegen. Diese besonderen Punkte der Entwicklungsgeschichte sind als zwei verschiedenen geschichtlichen Bezugssystemen zugehörig bemerkenswert, bedeuten aber nur wenig mehr. Denn zwischen diesen Punkten zu interpolieren, den im ersten Bezugssystem zwischen ihnen vollzogenen Formenwandel des Lebens parallelisieren zu wollen mit der im zweiten Bezugssystem zwischen ihnen liegenden Reihe von Jahren oder Jahrhunderttausenden oder auch Jahrmillionen, muß von vornherein unterbleiben oder führt zu Verfälschungen. Das Leben wandelt seine Formen nicht im Gleichmaß verfließender Jahre, sondern mit Beschleunigungen und Verzögerungen — oder gar im Wechsel von Beständigkeit und sprunghafter Änderung — die nur durch die Jahresalters-Bestimmung jedes einzelnen Entwicklungspunktes erfaßt werden könnten (Abb. 2). Eben dies ist aber der Paläontologie versagt und ist auch niemals durch Entlehnung altersbestimmter, paralleler Punkte aus der Erdgeschichte zu erreichen, da die Zahl dieser Punkte nicht nur vorläufig, sondern ihrem Wesen nach sehr beschränkt bleiben muß.

Das lebensgeschichtliche Alter eines Krebses oder irgendeines Tieres der Erdvergangenheit ist immer nur die Stellung dieser Form in bezug auf eine Form vorher und eine Form nachher, ist also immer ein „relatives Alter"; eine Brücke zum „absoluten Alter" (in Jahren oder einem Vielfachen davon von der Gegenwart zurückgemessen) gibt es nur für wenige Fälle, und hier hat der Zufall die Brücke gebaut.

Was hier von der Paläontologie gesagt wurde, ist zugleich entscheidend für die Geologie. Sie kann zwar für eine Anzahl von Ereignissen das Alter in Jahrmillionen Abstand von der Gegenwart festlegen — nach Methoden, die in späteren Abschnitten mitgeteilt werden, wobei man dann sieht, daß der bedeutendste Teil dieser Altersbestimmungen fertig von anderen

Wissenschaften bezogen wird — aber eben doch nur für eine Anzahl und nicht die ganze Fülle der erdgeschichtlichen Ereignisse. Es wird im Laufe dieser Schrift ausführlich zu begründen sein, daß auch andersartige Versuche einer Zeit- und Altersbestimmung versagen, daß allein die jeweilige Gleichzeitigkeit eines erdgeschichtlichen Ereignisses mit einer bestimmten Form aus der Entwicklungsgeschichte des Lebens — deren Urkunden

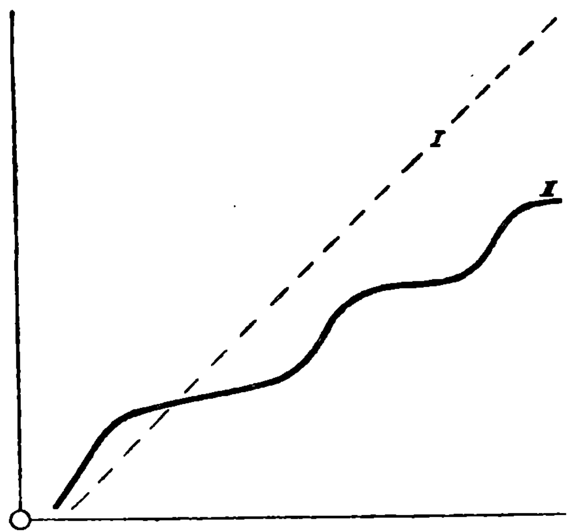

Abb. 2. Das Leben wandelt seine Formen (Arten) nicht im Gleichmaß verfließender Jahre, wie es schematisch durch die Kurve I auszudrücken wäre, sondern mit Beschleunigung und Verzögerung oder im Wechsel von Beständigkeit und sprunghafter Änderung, wie es Kurve II schematisch zeigt. Die relative Zeitrechnung der Erdgeschichte, die von der Parallelisierung des Erdgeschehens mit den gleichzeitigen Formen des Lebens ausgeht, kann also nicht mit der absoluten Zeitrechnung zur Deckung gebracht werden.

als Versteinerungen in den Urkunden der Erdgeschichte, den Gesteinen, enthalten sind — das Maß für dieegeschichtliche Stellung dieses Ereignisses sein kann. Erdgeschichtliches Alter ist immer gleichbedeutend mit lebensgeschichtlichem Alter.

Eine Veränderung im Landschaftsbild, eine Gebirgsbildung, ein Vulkanausbruch der Erdvergangenheit haben sich nicht „vor soundso viel Millionen Jahren", nämlich vor der Gegenwart, voll-

zogen, sondern in „mittelkambrischer" oder „unterkarbonischer
Zeit", wobei jeder dieser Zeitabschnitte jeweils gleichbedeutend
ist mit dem zeitlichen Existenzbereich bestimmter Tier- oder
Pflanzenarten, -gattungen oder -familien. Zwar reicht die Erdgeschichte rückwärts weit über den Beginn der Entfaltung irdischen Lebens (dessen Ursprung allerdings mit den in vielerlei
Schicksal unleserlich gewordenen oder ganz zerstörten Urkunden
dieser frühen Zeiten für unsere Erfahrung ausgelöscht ist) hinaus,
doch sieht man gerade an den Schwierigkeiten und der Unsicherheit, die über der geschichtlichen Gliederung des im nordeuropäischen Urgebirge bezeugten Geschehens frühester Erdzeiten
steht, am besten, daß andere Bezugssysteme erdgeschichtlicher
Ordnung (die gleichfalls auf Jahreszahlen verzichten müssen) als
die Entwicklungsgeschichte des Lebens keine Gewähr der Eindeutigkeit bieten. Einstweilen steht hier die Gliederung räum-
licher Einheiten im Mittelpunkt, da der historische Vergleich der
in diesen Gesteinseinheiten überlieferten Urkunden untereinander
keinen sicheren Boden finden würde. Der Bereich erdgeschichtlicher Forschung beginnt weit bevor das Leben seine Formen
ausbreitet, aber erst von diesem Punkt an gewinnt die Erdgeschichte Sicherheit.

Die Geologie kennt also ebenso wie die Paläontologie bei
zwangsläufigem Verzicht auf eine Ordnung, die vom exakten
Maß praktisch-physikalischer Zeit (das Jahr als gleichbleibender
Sonnenumlauf der Erde) beherrscht wird, nur die jahreszahllose,
ausschließlich „schicksalerfüllte Zeit" als Grundlage für die
geschichtliche Ordnung des Erdgeschehens. Diese Ordnung ist
unbezweifelbar zuverlässig; denn das Leben entwickelt sich einsinnig, der geschichtliche Platz vieler Lebewesen ist eindeutig.
Doch fehlt der Ordnung ein Maß für die Geschwindigkeit des
Gesamtablaufs, der in den heute neben- und übereinander ge-
drängt vorliegenden Urkunden wie mit dem Zeitraffer gefaßt vor
uns abrollt. Hier erhalten nun die wenigen Angaben „absoluten
Alters" ihre Bedeutung: sie dehnen den erdgeschichtlichen Ablauf auf seine wahre Dauer zurück. Nicht daß dieses oder jenes
Ereignis sich „vor soundso viel Millionen Jahren" vollzog, ist ihre
wesentliche Aussage, sondern daß sich aus den Differenzen sol-

cher Jahreszahlen, auf den gleichen Festpunkt bezogen (daß es
die Gegenwart ist, ist nebensächlich), der Abstand von Ereignissen und damit, wenigstens der Größenordnung nach, die Geschwindigkeit von Abläufen, die Dauer von Zuständen festlegen
läßt, — daß durch sie die Erdgeschichte aus der Miniatur, in die
sie der raffende Geist im Streben nach vollkommener Übersicht
zuweilen hineinpreßt, wieder hinauswächst und so ihre erregende
Größe anschaulich wird.

2. Gleichartigkeit der geschichtlichen Abläufe. Erdgeschichtliche Vorgänge sind weder nach Jahrmillionen Abstand von der
Gegenwart in die Erdgeschichte eingeordnet, noch ist ihre geschichtliche Ordnung überhaupt auf die Gegenwart bezogen. Ihr
Bezugssystem muß zwangsläufig auf ein Jahreszahlengerüst als
ständige Arbeitsgrundlage verzichten. Maß der Erdgeschichte ist
die Entwicklung des irdischen Lebens. Jedes Ereignis der Erdgeschichte findet seine geschichtliche Einordnung nach dem
relativen Alter, bezogen auf den Formenwandel des Lebens, auf
die Entwicklungsgeschichte, die sich von einem Ursprung einsinnig fortbewegt. Altersbestimmung nach Jahrmillionen Abstand von der Gegenwart ist in einigen Fällen möglich, doch gibt
sie dem erdgeschichtlichen Geschehen nicht die Ordnung, sondern die Größe.

Geologie und gleicherweise Paläontologie sind nicht „letztlich
auf menschliche Existenz bezogen", jedenfalls nicht in höherem
Grade als andere Naturwissenschaften, wie Zoologie und Botanik
etwa. Nicht das gemeinsame Objekt der Forschung oder ein
gemeinsamer Bezugspunkt vereinigt sie, unbekümmert um die
organisatorische Scheidung zwischen Natur- und Geisteswissenschaft, mit der Kulturgeschichte zu einem Kreise, dem der historischen Wissenschaften, sondern zunächst das trotz grundver-
schiedenem Inhalt gleiche Gefüge der von ihnen aufgegriffenen
Geschehen und somit weiter die gleichartige Methode der
Forschung.

Nicht jede Wissenschaft, die „die Wirklichkeit in der Zeit
betrachtet", ist bereits eine historische Wissenschaft. Nicht jeder
Ablauf, der sich über größere Zeitspannen erstreckt, „hat Ge-

schichte". In einer Formel läßt sich sagen, daß vielmehr alles Geschehen, in dem Zeit als bloßer Faktor zu fassen ist, außerhalb der Geschichte liegt. Es läge nahe, hier als Typus den Zerfall radioaktiver Stoffe, der unbeirrbar dem ihm vorgezeichneten Gesetz folgt, zu nehmen. Doch ist das Beispiel nicht genügend allgemein, da dieser Ablauf ein äußerstes Maß an Gleichförmigkeit zeigt. Als Typus ungeschichtlicher Abläufe mag vielmehr die Kurve der Sonnenbestrahlung der Erde gelten, wie sie von Milankowitsch für die letzte halbe Jahrmillion entwickelt wurde (vgl. Abb. 15). Kein Abschnitt ist dem anderen gleich; sie macht zunächst den Eindruck, empirisch, aus aufgesammelten Urkunden gewonnen zu sein. Aber sie ist berechnet worden. Ihr wechselvolles Bild kommt aus der Überlagerung einiger Einzelläufe zustande.

Dem entgegen ist Geschichte ein Ablauf von Geschehen, der sich weder voraus- noch zurückberechnen, in keine noch so hochentwickelte Formel bannen läßt, der sich vielmehr von Zeiteinheit zu Zeiteinheit unvorhergesehen wandelt und nur nachträglich jeweils für einen bestimmten Zeitabschnitt aus den Spuren seines Wirkens in dieser Zeit in allen Einzelheiten nachgezeichnet werden kann. Daß bei solcher „Geschichtsschreibung" mehr entsteht als nur eine Chronik, eine Beschreibung, wie man etwa eine Reihe unbegreiflicher Katastrophen, wie man Wunder beschreibt, — daß die Geschichtsschreibung vielmehr die Abläufe bis in ihr verborgenstes Getriebe zu durchleuchten und von innen her verständlich zu machen versuchen kann, hat die Voraussetzung, daß auch der geschichtliche Ablauf, der scheinbar der Unordnung des Zufälligen unterliegt, sich bei höherem Grad der Einsicht einer, wenngleich sehr verwickelten Kausalität unterworfen zeigt, und weiter, daß diese noch so verwickelte Kausalität sich zurückführen läßt auf eine beschränkte Anzahl elementarer Kräfte und Vorgänge. Dazu bedarf nun der Geologe (und Paläontologe) ebenso wie der Kulturhistoriker der Beherrschung jener Kunst, die ein Kenner der Geschichte den „Physiognomischen Takt" genannt hat[1], der Kunst, hinter den Spuren das

---

[1] Spengler, O., Morphologie der Kulturgeschichte.

Wirken und selbst hinter der Totenmaske (des Menschen, der
Kultur oder der Erde) noch die lebengestaltenden Kräfte zu
sehen; er bedarf jener besonderen Art des Sehens, die zwar durch
Erfahrung gestärkt werden kann, aber doch wenigstens als Anlage von vornherein in einem besonderen Sinn, dem geschichtlichen Sinn, wurzeln muß. Ursprung und Blüte jeder Wissenschaft
haben ihre spezifische geistesgeschichtliche Bindung; für Geologie, Paläontologie und die „Geschichte" ist es offenbar die
gleiche, und gerade das schließt ihren Kreis so besonders eng.
Ursprung und Entwicklung aller geschichtlichen Wissenschaften
im Zusammenhang (untereinander und mit dem Geist der Zeiten,
die ihre Entwicklung getragen haben), darzustellen, die „Geschichte des geschichtlichen Sinns" zu schreiben, wird einmal
eine reizvolle und aufschlußreiche Arbeit sein. —

Es kann sich aber nicht darum handeln, daß die verwickelte
Kausalität des Geschichtlichen auf eine beschränkte Anzahl von
elementaren Kräften und Vorgängen irgendwelcher Art zurückgeführt wird, sondern — soll diese nachträgliche Analyse des
Geschehens nur aus seinen mangelhaft überlieferten Spuren heraus überhaupt zu unbezweifelbarer Gültigkeit gelangen — auf
Kräfte und elementare Vorgänge, die in anderem Zusammenspiel
oder voneinander gelöst dem Forscher wie seinem Kritiker auf
dem Wege eigener Erfahrung zugänglich sind und so überprüft
werden können. Geschichtsschreibung ist nur in dem Maß dem
Bereich unverbindlicher Phantasie entzogen, wie die Ereignisse
der Vergangenheit sich auf Kräfte beziehen lassen, die auch in der
Gegenwart wirken, nicht als für die Gegenwart spezifische,
sondern allgegenwärtige Kräfte.

Will man für die Geologie den „Aktualismus", die Berechtigung bestreiten, Beobachtungen aus dem Alltag der Meere oder
Wüsten der Gegenwart grundsätzlich als Schlüssel für die Vorgänge in den Meeren oder Wüsten der Erdvergangenheit zu
benutzen, dann muß man sich zuvor darüber klar sein, daß man
damit der Geologie den Charakter einer Naturwissenschaft be-
streitet, ohne sie jedoch zugleich dadurch in verstärktem Maße
zu einer Geschichtswissenschaft zu stempeln, — daß man ihr im
Gegenteil damit gerade auch als geschichtlicher Wissenschaft die

allein tragfeste Grundlage entzieht. Die Erdgeschichte ist nur
dann eine geschichtliche Wissenschaft mit der gleichen Sicherheit des Ergebnisses wie die „Geschichte", wenn sie in der
Erforschung der elementaren Kräfte und Vorgänge der Erdvergangenheit ebenso spezifisch naturwissenschaftlich ist, wie
„Geschichte" geisteswissenschaftlich ist; stoffgerechtes Handwerkszeug ist — wie überall, so auch hier, wichtigste Voraussetzung. Die elementaren Vorgänge des Erdgeschehens sind
physikalisch-chemischer Natur und sind unmittelbarer Erfahrung
nicht nur durch Beobachtung, sondern, dem Gefüge der Vorgänge
entsprechend, das verglichen mit dem der biologischen oder gei-
stigen Prozesse immer noch einfach ist, auch im Experiment
zugänglich. (Dieses Forschungsexperiment, das etwa einem
elementaren Vorgang der Tektonik, einer Verbiegung, nachgeht,
und von dem man eine Erkenntnis erhofft, darf natürlich nicht
verwechselt werden mit dem in der Geologie weit stärker an-
gewandten Lehr-Experiment, in dem etwa die Vorstellung vom
Ablauf einer Gebirgsbildung anschaulich gemacht werden soll.)
Wie fruchtbar die im natürlichen physikalisch-chemischen Geschehen der gegenwärtigen Erdoberfläche durch Beobachtung
gewonnenen Erfahrungen für die Deutung der Erdvergangenheit
sind, zeigen (um nur ein Beispiel herauszugreifen) immer wieder
die Untersuchungen der Forschungsanstalt für Aktuogeologie
„Senckenberg am Meer"; wie fruchtbar das Experiment für die
Auflösung tektonischer Baupläne der Erdrinde sein kann, bezeugen die Versuche des Bonner geologischen Arbeitskreises
(Abb. 3).

Unterscheiden sich also die geschichtlichen Abläufe von
jenen, deren Typus die Kurve der Sonnenstrahlung sein sollte,
nur quantitativ? Sind hier statt drei ein Dutzend oder hundert
einzelne Vorgänge am Werk, die sich überlagern, summieren
und so zu einem Gesamtbild vereinen, in dem sie derart miteinander verfilzt sind, daß sie nicht mehr herausgelöst werden
können? Wir glauben, einen tieferen Unterschied zu sehen.
Überall, wo wir von geschichtlichem Geschehen sprechen, ist es
nicht deshalb von so verwickelter und ganz und gar unberechen-
barer Kausalität, weil statt einer oder einiger wirkender Kräfte,

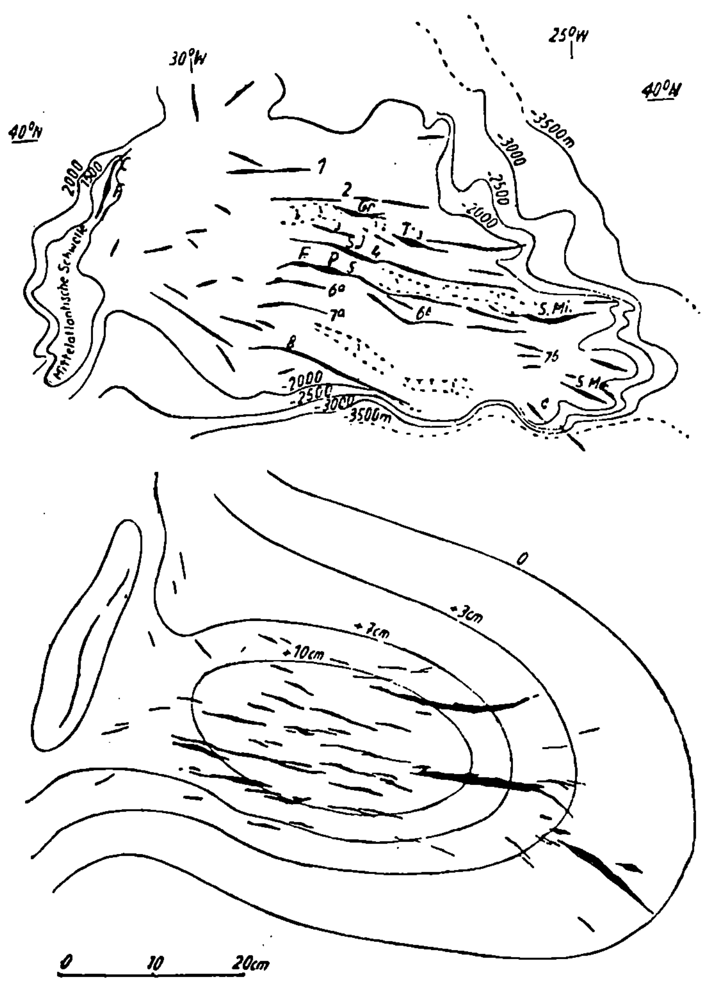

Abb. 3. Das Experiment in der Erdgeschichte. — Die Abläufe der Erdgeschichte sind physikalisch-chemischer Natur; so darf sich die Geologie, obgleich sie eine historische Wissenschaft ist, des Experiments bedienen. Oben: Tektonische Karte der Azorengruppe, gezeichnet von H. C l o o s auf Grund der neuen Lotungen des „Altair" und der Achsenkarte von G. W ü s t. S c h w a r z ; Achsen über- und unterseeischer Rücken, wahrscheinlich gleich Tiefenspalten vulkanischer Förderung. Das Azorenplateau zweigt von der mittelatlantischen Schwelle ab. Ist es eine Krustenaufschwellung? Sind seine Spalten aus einer Biegedehnung herzuleiten? Unten: Das Experiment — Aufschwellung einer Tonmasse ähnlicher Umrisse — bestätigt die Möglichkeit derartiger Entstehung. (Aus H. C l o o s : Hebung — Spaltung — Vulkanismus. Geol. Rundschau 30, 508 und 509. Stuttgart 1939.)

12

deren viele sind, sondern weil hier Vorgänge sich mit einem starken Widerstand auseinanderzusetzen haben, oder weil sie selber, auf verschiedene Gruppen verteilt, gegeneinander wirken, derart, daß eine beständige Spannung erzeugt ist, die immer wieder zur Auseinandersetzung drängt, — einer Auseinandersetzung, die sich in jeder Zeiteinheit neu entscheiden muß: geschichtliches Geschehen ist recht eigentlich Geschehen an der Grenze. Die Zeit ist nicht nur ein Faktor oder Maß, sondern geradezu schicksalentscheidendes Schlachtfeld. Ein derartiger Grenzbereich, der einzige, der unserer Erfahrung zugänglich ist, ist die Oberfläche der Erde. Daß hier Kräfte aus und unter der Erdrinde wirken (innenbürtige Kräfte der Erde) und zugleich über ihr (außenbürtige Kräfte) und beide gegeneinanderstehen: Hebung, Senkung, Zusammenschub, Zerrung gegen Verwitterung, Abtragung, Umlagerung, sich gegenseitig immer wieder neue Angriffsflächen schaffend, macht die Vorgänge in der äußersten Zone der Erde so verwickelt. Erdgeschichte ist nichts anderes als Geschichte der Erdhaut, wobei hier unter Erdhaut nicht eine nach chemischem Bestand oder physikalischem Zustand wohlabgegrenzte Einheit ausgegliedert werden soll, sondern Angriffzone der innen- und außenbürtigen Kräfte verstanden ist.

Auf dieser Erdhaut spielt sich die Lebensgeschichte nicht wie auf einer Bühne ab, sondern sie kommt recht eigentlich erst durch die Auseinandersetzung des Lebens mit dieser Erdhaut zustande Die fortwährende Umgestaltung der Lebensformen wird zwar nach innerem Gesetz von einer eigenen, offenbar sehr starken Kraft vorangetrieben und ist eben darum eine echte Entwicklung, die der Lebensgeschichte die Einsinnigkeit und ihren Lebensformen die Einmaligkeit und Eindeutigkeit der geschichtlichen Stellung gibt, — weshalb ja die Erdgeschichte, deren physikalisch-chemischem Ablauf diese echte Entwicklung fehlt, für ihre eigenen Ereignisse die geschichtliche Ordnung durch Parallelisierung mit denen der Lebensgeschichte gewinnt; aber nicht aus dieser lebenseigenen Entwicklungstendenz, sondern aus ihrem Ringen mit der Erdhaut, die vernichtend oder abwandelnd eingreift, geht die Lebensgeschichte hervor. Auch die Lebensgeschichte ist der Niederschlag fortwährender Kämpfe an einer Grenze, — der-

jenigen nämlich, an der in das Leben der Lebensraum einbricht.
— Und auch die Kulturgeschichte ist ja nicht etwa Geschichte
des Geistes, sondern seiner ständigen Auseinandersetzung mit
den Geschöpfen der Erdgeschichte, mit Landschaft, Boden und
Gaben der Tiefe.

3. Verflechtung der geschichtlichen Wissenschaften. In den
geschichtlichen Wissenschaften sind Objekte und daher auch
Handwerkszeuge der Forschung verschieden. Doch gewinnen bei
der räumlichen und mehr als nur räumlichen Durchdringung der
verschiedenen Abläufe die Ergebnisse der einen Wissenschaft oft
den Wert eines willkommenen, nicht selten eines unentbehrlichen
Hilfsmittels für die andere. Daß Erd- und Lebensgeschichte füreinander Hilfswissenschaften bedeuten, ist oben angedeutet worden, wäre aber weiter nicht bemerkenswert, da ja alle Naturwissenschaften gegenseitig die Stellung von Hilfswissenschaften
einnehmen können. Daß aber auch Erd , Lebens- und Kulturgeschichte wechselseitig Hilfswissenschaften sind, muß besonders
betont werden; gerade hierin zeigt sich so trotz des Hinweggreifens über die Scheidewand zwischen Geistes- und Naturwissenschaft eine enge Bindung zwischen den geschichtlichen
Wissenschaften.

Wie sehr sie in manchen Fragen einander bedürfen, zeigt
besonders der ihnen allen gemeinsame Zeitabschnitt, der für die
Kulturgeschichte die Frühzeit bedeutet. Wo die kulturgeschichtlichen Urkunden selber keine sichere Aussage über ihr Alter
mehr geben, bestimmt die Paläobotanik in den Samen von
Pflanzen, die noch in der dünnen Bodenkruste um einen Fellschaber in genügender Anzahl vorhanden sein können, zuverlässige Zeitmarken und macht so die geschichtliche Ordnung der
Funde erst möglich. Daß als erstes der Handbücher der praktischen
Vorgeschichtsforschung ein Bestimmungsbuch zur Pflanzenkunde
der vorgeschichtlichen Zeit erschienen ist, unterstreicht die Bedeutung der Lebensgeschichte als Hilfswissenschaft der Kulturgeschichte.

Die Fundstelle paläolithischer Artefakte, Köchstedt-Süd, westlich Halle a. d. Saale, wurde durch geologische Erwägungen erschlossen. Aus den eiszeitlichen Flußablagerungen von Köchstedt-Nord waren wenige und schon abgerollte Steinwerkzeuge bekannt. Die Rekonstruktion des diluvialen Gewässernetzes ergab ein Ufer südlich von Köchstedt. Von hierher mußten die Artefakte in die Schotter der Fundstelle Nord gelangt sein. Hier, an einem Flußwinkel, mußten die natürlichen Bedingungen für einen Rastplatz des frühzeitlichen Menschen günstig gewesen sein. Schon das erste Sammeln an der ausgemachten Stelle förderte zahlreiche Werkzeuge zutage, die um so größere Bedeutung haben, als andere paläolithische Fundstellen Mitteldeutschlands sich als sehr wenig ergiebig erwiesen. Durch die Paläobiologie ist die Urgeschichte von einem verhängnisvollen Irrtum bereinigt worden. Die altsteinzeitlichen „Höhlenbärenjägerstationen" sind in unvoreingenommener Analyse der dort angehäuften massenhaften Überreste des Höhlenbären als dessen ehemalige Lebensräume, als seine Winterungs-, Wurf- und Sterbeplätze entlarvt worden. „Das gesamte im Schrifttum der Urgeschichtsforschung angeführte Beweismaterial für eine Kulturperiode späteiszeitlicher Bärenjäger ist ohne Dazutun des Menschen zustande gekommen. Die protolithische Knochenkultur, die Höhlenbärenjagdkultur und der Wirtschaftskreis der Höhlenbärenjäger entbehren jeder wissenschaftlichen Grundlage"[1]. Der Architektur des frühgeschichtlichen Menschen, jenen großen Mälern aus Stein, an der bretonischen Küste etwa, wird man nur gerecht, wenn man um ihr erdgeschichtliches Verhaftetsein weiß. Der Mensch ordnete Platten und Säulen zu Kreisen und Straßen und Totenhäusern aus Stein, und diese Ordnung ist gewiß ein geistesgeschichtliches Problem. Aber die Gestalten der Steine fand der Mensch vor, im Felsschutt der Küste, unter dem Ansturm der Brandung geformt. Sie sind verschieden auf dem Festland und auf den morbihanischen Inseln, wie die Gesteine des Untergrunds verschieden sind: grobklüftig, dünnbankig oder geschiefert. So ist die Gestaltung ein erdgeschichtliches Problem. Und erst beide zusammen, Gestalt und Ordnung der Gesteine, geben den Mälern das Gesicht.

---

[1] C r a m e r , H., Der Lebensraum des eiszeitlichen Höhlenbären und die „Höhlenbärenjagdkultur". Z. deutsch. geol. Ges. **93**, 392, 1941.

Ein Einzelfall mag den Wert der Erdgeschichte als Hilfswissenschaft der Vorgeschichtsforschung noch deutlicher machen. Französische Prähistoriker halten es für wahrscheinlich, daß die auffallend spitzbogenförmig gestalteten, großen, aufrechten Steine, die in manchen schönen Steingräbern des Morbihan die eine der beiden Schmalseiten schließen, vom steinzeitlichen Menschen zu dieser Form behauen worden seien, woraus sich schwerwiegende Folgerungen für die Technik der kulturellen Frühzeit Europas ergeben müßten. Eine zwanglose Entstehung dieser Form sieht der Geologe[1]. Er beobachtet, daß Gesteinsplatten in der Brandung vom Anstehenden gelöst und nach vorgezeichneten Klüften zerbrochen werden. Nach drei Richtungen durchziehen die Klüfte häufig die Platten. Zwei bilden einen fast rechten Winkel miteinander, und die dritte halbiert diesen Winkel. So gehen, wie man sich mit wenigen Bleistiftstrichen leicht anschaulich machen kann, aus dem Zerfall der Platten zuweilen Stücke von Hausgiebelform hervor. Sie werden abgeschliffen — von kleinen Steinen, die von den zerschellenden Wellen mahlend bewegt werden — und formen sich dann um zu jenen Spitzbögen, von denen auch heute noch an der Küste von Inseln der bretonischen Gewässer ein kleiner Vorrat darauf wartet, für neue Steingräber ausgewählt zu werden.

Genau so fruchtbar sind umgekehrt die Ergebnisse kulturgeschichtlicher Arbeit für die erdgeschichtliche Forschung. Wie die Ruinen des Serapeium bei Pozzuoli im Golf von Neapel, vom Geschichtsforscher datiert, nun Zeitmarke für junge Bodenbewegung dieses Gebiets geworden sind, die in Bohrlöchern von Meeresmuscheln in den Säulen hoch über dem heutigen Meeresspiegel bezeugt werden, haben neuerdings die Steinmäler einer kleinen bretonischen Insel, vom Vorgeschichtsforscher als jungsteinzeitlich erkannt und in der Zeittafel festgelegt, die jüngsten Bodenbewegungen der Bretagne in Einzelheiten zu verfolgen und ihre Geschwindigkeit zu ermitteln gestattet. (Vgl. Abschnitt II B.) Ein besonders eindrucksvolles und umfassendes Beispiel des Zu-

---

[1] S i m o n , W., Megalithen. Beobachtungen und Bemerkungen. Natur und Volk **73**, 1943.

sammenwirkens von Erd-, Lebens- und Kulturgeschichte im Dienst
eines Problems ist die Aufhellung der jüngsten Landbewegungen
an der Nordsee durch H. S c h ü t t e [1]).

Wir sind hier bis zu diesen Einzelheiten zurückgegangen, um
auch dem Fernstehenden wenigstens einige der Fäden anschaulich zu machen, die zwischen den geschichtlichen Wissenschaften
hin und her weben. Es ist noch einmal zu betonen, daß die Ge-
schichtswissenschaften nicht zu einer Pyramide aufeinander-
gebaut sind und nicht im Menschen als einer leuchtenden Spitze
enden. Jede hat ihre eigene Aufgabe und ihren eigenen Sinn.

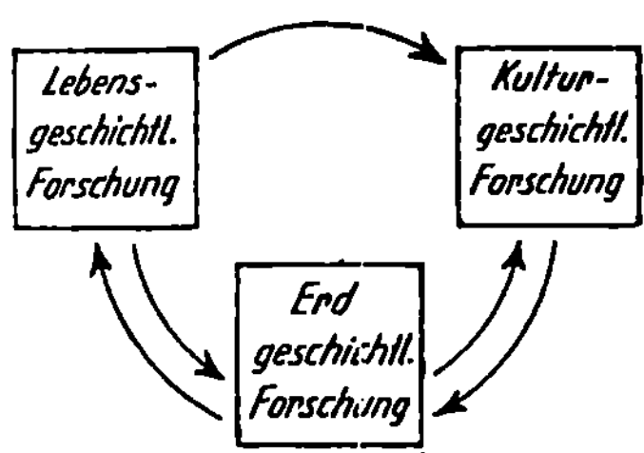

Abb. 4. Korrelation der geschichtlichen Wissenschaften.

Sie stehen eine neben der anderen, aber sie berühren einander
und schließen sich, drei gleichwertige Glieder, zusammen zu
einem Kreis, der sie, wenn man recht zuschaut, stärker bindet,
als ihre Herkunft aus zwei scheinbar so grundsätzlich getrennten
Sphären der Forschung sie zu trennen vermag (Abb. 4). Denn die
Einheit dieses Kreises der Forschung empfängt ihre Berechtigung
aus jenem Kreis von Geschehen, das zwar vielschichtig ist, aber
doch immer als Ringen an der mehrsinnigen, weil für jedes Geschehen spezifischen Grenze Erdoberfläche miteinander verbunden ist. Die Gesamtheit der Geschichtsschreibung — von der
Erde, vom Leben, von der Kultur — ist nicht weniger als der
umfassende Bericht von der Großen Grenze.

---

[1]) S c h ü t t e , H., Sinkendes Land an der Nordsee? Zur Küsten-
geschichte Nordwestdeutschlands. Schriften des Deutschen Naturkunde-
vereins N. F. 9. Ohringen 1939.

II. Erdgeschichtliche Urkunden und ihre Deutung

1. Wesen geologischer Urkunden. Jedes Gestein einer Landschaft, im Felsen, im Steinbruch, im Bergwerk aufgeschlossen, ist eine erdgeschichtliche Aussage dieser Landschaft; das ist eingangs schon festgestellt worden und soll hier nun sichtbar gemacht werden.

Die spezifischen Gesteine der Erdoberfläche gehen aus der Zerstörung jeweils älterer Gesteine hervor, durch Verwitterung, Abfuhr der Zerstörungsreste durch das fließende Wasser, den Wind oder auch Gletscher, schließlich Ablagerung im Meer oder einem anderen, auch festländischen Sammelbecken, etwa in tiefen Teilen von Wüsten. Die große Differenzierung der Ablagerungsgesteine von heute, die schon zu Beginn der erdgeschichtlich erfaßbaren Zeiträume durchgeführt war, wird selbst dann verständlich, wenn alle irdischen Gesteine auf eine petrographisch gleichförmige Urrinde zurückgeführt werden, auf eine erste Schlackenkruste der erkaltenden Erde aus granitverwandtem Gestein. Sicher hat diese Schlackenkruste keine ebene Oberfläche gehabt, bildete möglicherweise nicht einmal eine zusammenhängende Decke über der nächst tieferen „Schale" der sich beim Erkalten konzentrisch in chemisch wie physikalisch wohl definierte Zonen entmischenden Erdkugel. In den Tiefgebieten der Schlackenkruste sammelten sich die Niederschläge der sich gleichfalls abkühlenden Lufthülle; schon hierbei wurden die Hochgebiete von den auf ihnen abfließenden Wassern chemisch und mechanisch angegriffen, schon hierbei erfuhr auch der Verwitterungs- und Abtragungsschutt selbst eines petrographisch völlig homogen angenommenen Gebietes eine erste Aufbereitung, — eine Sonderung des Schutts in wasserlösliche und unlösliche Stoffe, und der unlöslichen weiter nach Schwere und Größe (in grobe, feine und Schwebe-Teilchen). Diese Zerstörung der Kruste von der Atmosphäre her hätte einen Endzustand erreicht: Einebnung aller Festländer fast in Höhe des Meeresspiegels, Versumpfung der so entstandenen kontinentweiten Ebene, von denen nur die sich aus den Niederschlägen immer wieder ergänzenden überschüssigen Wasser noch in trägen Flußläufen ins Meer ab-

geschoben worden wären. Ein ständiger Kreislauf des Wassers
also, aber kein gleichzeitiger Kreislauf der Stoffe und daher kein
Wandel der Landschaftsgestaltung, wäre das angestrebte stabile
Gleichgewicht geworden, stände dieser Gruppe der außenbürtigen
Erdkräfte nicht jene zweite Gruppe der innenbürtigen Kräfte
entgegen, durch deren Gegenstoß Erdgeschichte erst lebendig
bleibt. Ursache und Ort dieser Kräfte können hier nicht erörtert
werden, sind auch trotz anhaltender Forschung und Diskussion
noch recht ungewiß; um so gewisser allerdings sind dafür ihre
Wirkungen. Sie heben, senken, zerren und pressen die Erdrinde
derart, daß eingeebnete Teile durch Hebung erneut der Abtragung oder durch Senkung. der Meeresböden der Ablagerung
ausgesetzt werden, daß alter Meeresboden, von Festlandschutt
bedeckt, weiter absinkt und der Ablagerung neuen Schuttes den
Raum bereitet, oder aber aufsteigt und Festland wird.

So ist der Schutt aus der Zerstörung jener ersten Schlackenkruste ständig vermehrt, umgelagert und in der Umlagerung
weiter und immer von neuem gesondert worden; er hat sich nach
und nach über die ganze Oberfläche der Festländer oder je Festland gewesener Teile der Erdrinde verbreitet und die wechselweise steigenden und sinkenden Schollen aus dem Granit oder
granitverwandten Gestein der ersten Erstarrungskruste mit der
bunten Fülle der Absatzgesteine überdeckt. Schon lange bevor
der Zeitraum begann, den die Geologie als Erdaltzeit (womit die
Altzeit des Lebens gemeint ist) ausscheidet, war diese Decke so
mächtig, daß sich seither alle Abtragung und Umlagerung innerhalb des (immer von neuem zu Gestein sich verfestigenden)
Schutts vollzieht. Nur gelegentlich wird der Kreislauf des
Schutts verjüngt durch Zufuhr neuen, gleichsam jungfräulichen
Materials aus Schmelzflüssen, die aus tieferen Stockwerken der
Rinde (wohl in ursächlichem und oft auch unmittelbar zeitlichem
Zusammenhang mit dem Wirken der die Erdrinde aus der Tiefe
her verformenden „innenbürtigen" Kräfte) aufsteigen und unter
oder auf der Erdoberfläche erstarren (zu Tiefengesteinen oder
Ergußsteinen), aber ebenfalls sobald die Verwitterung sie er-
reicht, zerstört und in den großen Rundlauf einbezogen werden.

Jedes der Gesteine, jede einzelne Bank eines Gesteins, an der Oberfläche aus dem Schutt jeweils älterer Gesteine zusammengetragen, unter weiteren Schichten begraben und mit wachsender Überlagerung in die Tiefe versenkt, dort aus der lockeren Ablagerung zum Gestein zusammengeschweißt, macht, nachdem es nun mit jenem Teil der Erdkruste, jener „Schale", von der es getragen wird, erneut aus der Tiefe aufgestiegen und, durch die Abtragung von der Überdeckung befreit, uns vor Augen steht, eine doppelte erdgeschichtliche Aussage: nämlich eine erste über Vorgänge und Zustände an der Erdoberfläche zur Zeit seiner Entstehung, und eine zweite über die Schicksale, die die Erdkruste unter der Oberfläche erlitten hat, während des Zeitraums, in dem das Gestein dem Untergrund angehörte. Stoff, Größe, Anordnung der Bestandteile, räumliche Beziehung zum unterlagernden Gestein, lassen sich zu einer Landschaftskunde für die Zeit der Gesteinsbildung ausdeuten, — insofern ist das Gestein Urkunde zur Paläogeographie. Nachträgliche Veränderungen des Stoffs, Gefüge und Lagerung des Gesteins berichten von den Beanspruchungen und Bewegungen der Tiefe für die Zeit nach der Versenkung des Gesteins, — insofern ist das Gestein Urkunde zur Geotektonik und als solches nicht selten wiederum Schlüssel für paläogeographische Aussagen von Gesteinen, die zu dieser Zeit gerade an der Oberfläche entstanden; denn die Paläogeographie ist ein enggebundenes Geschöpf der Geotektonik.

An einem einfachen Beispiel kann die geologische Befragung von Gesteinen als erdgeschichtlichen Urkunden gezeigt werden. Ein feinkörniger Kalkstein (Abb. 5, Säule 2), durch eingeschlossene meerische Versteinerungen als meerisch ausgewiesen, bezeugt für die Zeit seiner Entstehung einen Meeresraum, der so weit von der Küste entfernt lag, daß festländischer Schutt ihn nicht mehr erreichte, statt dessen aus ungetrübtem Wasser gelöster Kalk — durch chemische Fällung oder auch durch kalkfällende Bakterien — ausgeschieden wurde (Abb. 5, Zustand a), wodurch weiter eine gewisse Mindesttemperatur des Meereswassers wahrscheinlich wird. Ein Sandstein, dem Kalk aufgelagert, bezeugt, daß die Kalksteinbildung durch Stoffzufuhr vom Festland her abgebrochen wurde, daß der zuvor landferne

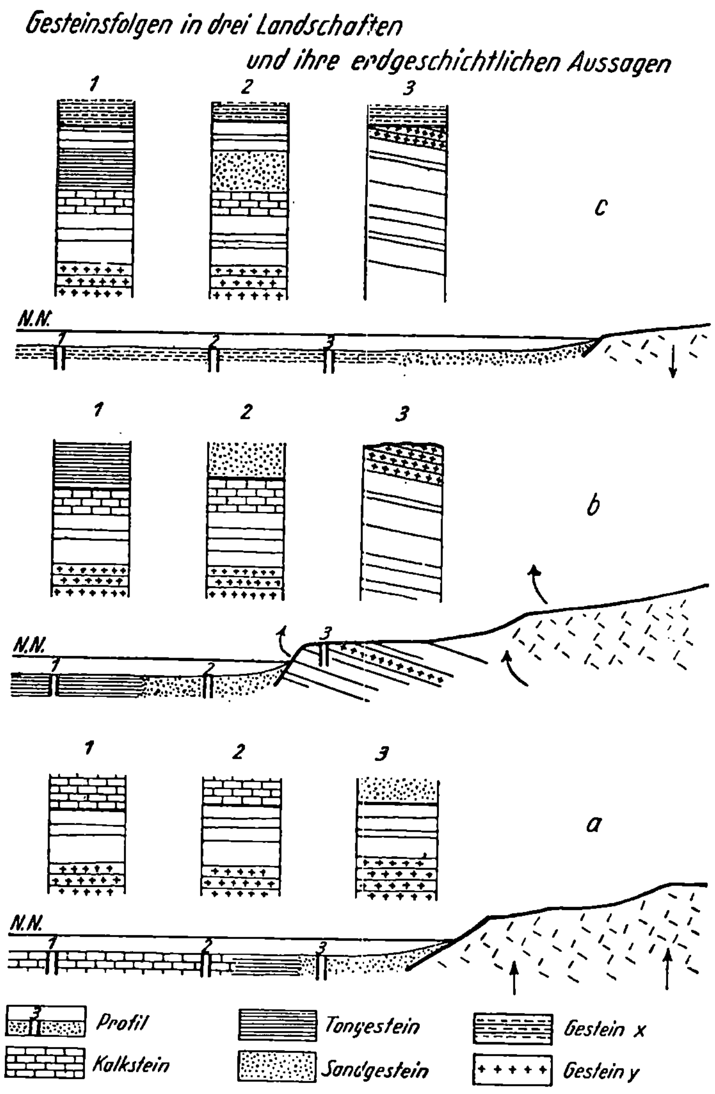

Abb. 5. Erläuterung im Text.

21

Meeresteil also nun recht in Küstennähe gerückt ist (Abb. 5, Zustand b). So taucht die Vermutung auf, daß ein Nachbargebiet, bisher gleichfalls Meeresboden, über den Wasserspiegel aufgestiegen und also zu neuem Liefergebiet für das Meer geworden sei. In einem daraufhin untersuchten Nachbargebiet zeigt sich über dem Kalk statt des Sandsteins ein feines Tongestein (Abb. 5, Säule 1); nur noch die feine Trübe der Festlands-Schuttmassen erreichte diesen Teil des Meeres, der also in bezug auf das neue Liefergebiet landferner als die erstbetrachtete Landschaft liegt. Er liegt südlich dieser betrachteten Landschaft, also ist das neue Festland der Nach-Kalk-Zeit in einfachstem Falle nördlich davon zu suchen. Dort durchgeführte Untersuchungen ergeben, daß hier der Kalk der beiden anderen Gebiete überhaupt fehlt (Abb. 5, Säule 3, Zustand c); auch fehlen Gesteine, die nach ihrer zeitlichen Stellung dem Sandstein oder Tongestein der südlichen Gebiete entsprechen könnten. Vielmehr lagern hier über Gesteinen, die weiter südlich tief unter dem Kalk, und von diesem durch eine Reihe anderer Schichten getrennt, auftreten, unmittelbar Gesteine, die im südlichen Gebiet weit über dem Kalk und von diesem wieder durch mehrere andere Ablagerungen getrennt liegen. Dazu stoßen die Bänke der Gesteine dieser lückenhaften Abfolge deutlich spitzwinklig gegen die Grenzfläche und die ihr parallele Bankung der jüngeren Gesteine. An dieser Grenze offenbart sich so eine bedeutende Bewegung dieser nördlichen Scholle vor der Ablagerungszeit des jungen Gesteins. Die Scholle stieg (in der Nach-Kalk-Zeit, wie die südliche Nachbarscholle ausweist) aus dem Meer mit leichter Kippung auf (Abb. 5, Zustand b) und belieferte nun die südlichen Gebiete mit dem Stoff, der ihr zuvor wie jenen von einem anderen Festland her aufgebürdet wurde. Sandstein und Tonschiefer in den beiden zuvor betrachteten südlichen Landschaften sind nichts anderes als Verwandlung und Verlagerung jener Gesteine, die im nördlichen Gebiet vor der Kalk-Zeit abgelagert worden waren. Erst zur Zeit der Entstehung des „Jungen Gesteins" (weit nach der Kalk-Zeit) endete die Entblößung der nördlichen Scholle. Von einem (wiederum einem anderen Festlandzustand entstammendem) Gestein werden alle drei Gebiete gleicherweise eingedeckt (Abb. 5,

Zustand c), wobei im nördlichen in der unteren Grenzfläche dieses Gesteins die letzte Oberfläche des nördlichen zeitweisen Festlands festgehalten wird: sie ist schon weit in das Schichtenprofil hinabgefressen und hat eben noch die hier als „Gestein" herausgegriffene Schichtenfolge angegriffen.

Hier wird nun deutlich, daß nicht nur das Gestein einer Zeit erdgeschichtliche Urkunde dieser Zeit ist, sondern ebenso das Fehlen von Gestein aus dieser Zeit, — daß die Lücken in der Ablagerung keine Vorgänge für die Erkenntnis auslöschen, sondern recht eigentlich erst offenbaren. Sind die Gesteine Zeugnisse für Meer, Seen, Moore, Wüsten, Täler, — so sind die Lücken Zeugnisse für Festländer, Berge, Inseln. Zu fast jedem Gestein der einen Landschaft gehört in einer anderen benachbarten Landschaft notwendig eine Lücke zwischen zwei Gesteinen, von denen das eine älter, das andere jünger ist als das Gestein der ersten Landschaft. Die Entstehung der Lücke ist ursächlich und zeitlich mit der Entstehung des Gesteins am anderen Ort verbunden, und zwar setzt der Fortschritt der Gesteinsbildung einen zeitlich vorangehenden Fortschritt der Lücke im Nachbargebiet voraus. Da jede Landschaft im Laufe der Erdgeschichte wechselweise Liefer- und Sammelgebiet wird, gibt es keinen Ort, an dem Gesteinsprofile erwartet werden könnten, in denen lückenlos der gesamte Ablauf der erdgeschichtlichen Epochen in Gesteinen bezeugt wäre (Abb. 6). Es ist das Wesen der Gesteinsbildung selber, das eine lückenlose Gesteinsfolge von vornherein ausschließt. Darstellung solcher lückenfreien Gesteinsfolgen im Schrifttum als Idealprofile sind eine Verfälschung. Gerade die lückenfreie Urkundenfolge der Erdgeschichte muß sich als lückenhafte Gesteinsfolge zeigen; je mehr in diesem die Lücken zu fehlen scheinen, desto mehr wächst der Verdacht auf unzureichende geschichtliche Durchdringung dieser Urkundenfolge. Erst die Gesteinsfolge mehrerer, ja (bei dem innigen genetischen Verflochtensein eigentlich aller irdischen Landschaften) nur sehr vieler Landschaften können einander zu lückenfreien Profilen ergänzen, wobei dann noch zu bedenken ist, daß in einem solchen Profil keine Anhäufung von Massen gefaßt wird, sondern die Wandlung ein und derselben Schutt-

masse in stets wechselnden Gewändern durch Räume und Zeiten
(Abb. 7). Die alten Gesteine sind nichts anderes als alte Ge-
wänder des gleichen Stoffes, in Teilen, oft nur in kleinen Resten

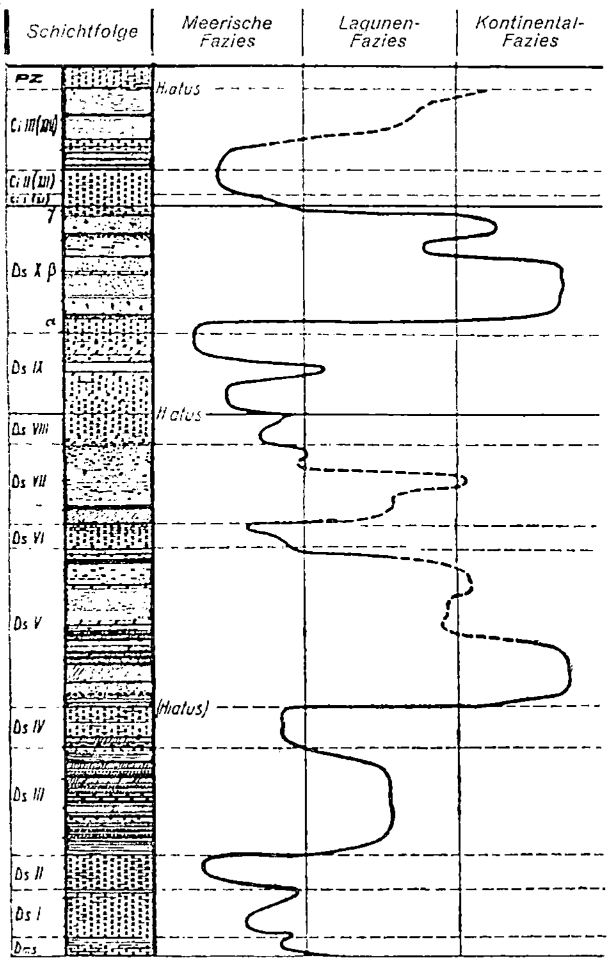

Abb. 6. Der Wandel der Ablagerung (meerische, lagunäre, kontinentale Fazies) und
siebenmalige Unterbrechung der Gesteinsfolge durch Lücken (in den unregelmäßig ge-
zeichneten Grenzlinien Ds II/III, Ds VI/VII, Ds VIII/IX, Ds IX/X, Ds X/Ci I, Ci III/PZ verborgen) im litauischen Oberdevon (Ds), Unterkarbon (Ci) und Zechstein (PZ). (Aus
D a l i n k e v i c i u s , 1939.)

24

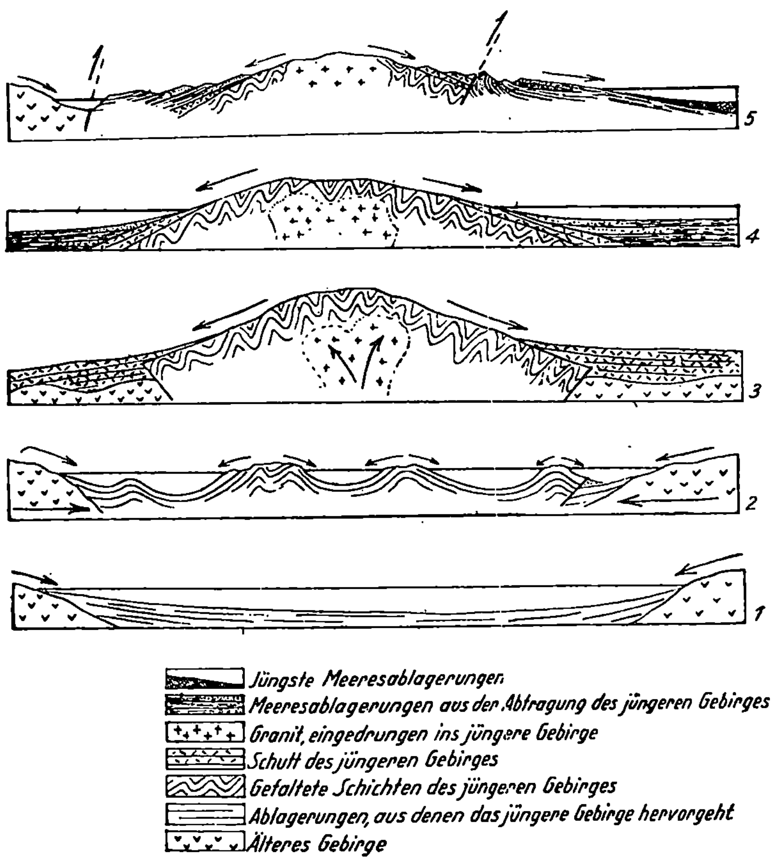

Abb. 7. Der Wechsel von Ablagerungs- und Liefergebiet im Laufe der Zeit. — 1. Gesteinsbildung in einem Meeresraum aus Schutt von alten Festländern zu beiden Flanken; 2. Faltung der jungen Gesteine, Stoffzufuhr weiterhin von den Flanken und von den dem Meer entsteigenden Aufwölbungen; 3. Aufsteigen des Faltenkörpers über seine Umgebung. Die ehemaligen Liefergebiete werden von den Schuttmassen des jungen Hochgebirges eingedeckt, werden unter ihrem eigenen Schutt begraben; 4. Abtauchen der unter Schutt ertrunkenen Flanken ins Meer. Fortsetzung der Gesteinsbildung auf ihnen aus den Stoffen des abgetragenen jungen Gebirges; 5. durch Bewegungen entlang jungen Bruchspalten ist (rechts) ein Teil der nicht lange zuvor abgelagerten Meeresgesteine emporgehoben worden. Er beliefert nun gemeinsam mit dem immer noch aufragenden Gebirgssockel, der ja auch sein Muttergebiet ist, die fortschreitende Ablagerung im Meer. Links ist das ehemalige Festland, das den alten Sammeltrog mit Stoffen versorgte, erneut aus dem Meer aufgetaucht, hat sich des jungen Schuttes entledigt, der ihm aufgebürdet war, und spielt nun wieder die gleiche erdgeschichtliche Rolle wie zur Zeit 1.

ihres einstigen Umfanges noch erhalten, während der größere
Teil längst weiter gewandert und gewandelt ist. — Berechnungen
der Gesamtmächtigkeit eines „idealen" Gesteinsprofils der Erdgeschichte sind, wenngleich seit langem durchgeführt und gern
zitiert, ebenfalls Verfälschungen: sie addieren immer von neuem
die gleiche Masse zu sich selber.

(Von einer zweiten Gruppe von Lücken in den Ablagerungen,
nicht als Korrelat zu Ablagerungen an anderem Ort, sondern aus
dem Mechanismus der Ablagerungen selber zu verstehen und
ebenso wesenhaft bedingt wie diese erste Gruppe von Lücken,
wird später noch zu reden sein.)

2. Fülle der Urkunden. In dem zuvor entwickelten Beispiel
erdgeschichtlicher Rekonstruktion ist die Zahl der angeführten
Urkunden sehr gering gehalten worden, um zunächst einmal das
Wesen geologischer Urkundenbefragung gleichsam an knapper
Strichzeichnung anschaulich zu machen. In Wirklichkeit ist
jedoch eine ganze Fülle von Merkmalen des Gesteins erdgeschichtlich aussageträchtig und muß in einer verantwortungs-
bewußten geologischen Analyse möglichst insgesamt ausgewertet
werden. Wenigstens ein Einblick in die Mannigfaltigkeit der Urkunden muß auch in diesem Rahmen gegeben werden.

Gefaltete und gestauchte Gesteinsbänke zwischen unver-
formten lassen sich auf Gleitung und Rutschung des noch un-
verfestigten Stoffes nach seiner Ablagerung, etwa auf dem
Meeresboden, zurückführen, bezeugen also eine Neigung des
Meeresbodens und teilen dem erfahrenen Geologen auch die
Richtung dieser Neigung mit. Für Gesteine aus gröberen Elementen, aus Geröllen von Flüssen oder Geschieben von Gletschern,
werden durch Bestimmung der Achsenlagen all dieser (meist
ungleichseitigen) Elemente im geographischen Raum und durch
quantitative Auswertung dieser Lagebestimmungen wertvolle
Aussagen über die Transportrichtung dieser Stoffe gewonnen.
(Abb. 8.) Unparallele Lagerung, spitzwinkliges Aufeinander-
stoßen dünner Schichten, in denen immer wieder grobes und
feines Material miteinander wechseln, Kreuzschichtung, weisen auf
Flußschüttung hin; auch hier läßt sich die Richtung der Stoff-

26

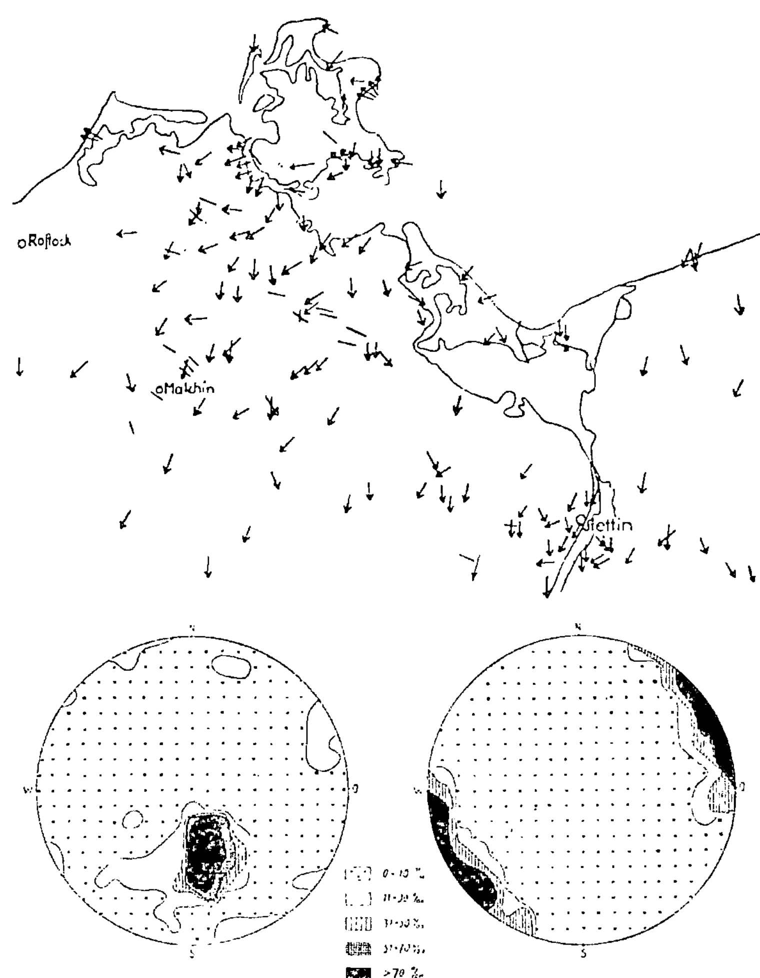

Abb. 8. Neuzeitliche Analyse erdgeschichtlicher Urkunden. — Die Einregelungsrichtungen kleiner Diluvialgeschiebe in eiszeitlichen Mergeln zeigen die Bewegungsrichtungen im ehemaligen Odergletscher an. Unten: Einregelungsdiagramme von Geröllen. Man denke sich jedes gemessene Stück (oblonges Geröll) als Stab durch den Kreismittelpunkt gelegt; dann wird sein „Streichen" durch eine Gradeinteilung auf der Kreisperipherie festgehalten. Stellt man sich nun die Kreisscheibe nach unten zu einer Halbkugel ergänzt vor, so wird jeder Stab an irgendeinem Punkt diese Kugelfläche durchstoßen. Der Punkt wird dann in die Ebene auf ein flächentreues Netz zurückprojiziert; je stärker das Einfallen ist, um so näher muß die eingetragene Messung am Kreismittelpunkt liegen und umgekehrt. Nach Eintragung aller Messungen (quantitative Erfassung etwa einer Kiesgrube) werden verschiedene Bereiche in pro Mille der Häufigkeit ausgeschieden. Im linken Diagramm sind die meisten Gerölle NNW—SSO gerichtet und fallen mittelsteil nach Süden ein; im rechten haben die meisten SW—NO-Richtung und fallen flach nach Westen oder Osten. (Aus K o n r a d R i c h t e r in Geol. Rundschau 27.)

zufuhr ablesen. Für die Herkunft ihrer Stoffe besitzen Sand und
Sandsteine einen besonderen, wenngleich versteckten und erst
neuzeitlichen Methoden zugänglich gewordenen Indikator. Neben
der großen Menge von Körnern, die den Charakter des Sandes
oder Sandsteins bestimmen, ist eine verschwindend geringe Menge
von Körnern seltener Mineralien vorhanden, die sich durch größere
Schwere von jenen anderen unterscheiden. Durch Aufbereitung
des Gesteins nach Korngrößen mit Siebsätzen und dann nach der
Schwere durch Aufschwemmen in Flüssigkeiten so hohen spezifischen Gewichts, daß alle Körner des Sandes darin schwimmen,
ausgenommen diese Gruppe der seltenen schweren Mineralien
(dazu, doch leicht davon zu unterscheiden, die undurchsichtigen
Erzkörnchen), werden die „Schwermineralien" ausgesondert und
dann unter dem Mikroskop nach ihrer mineralischen Zusammensetzung ausgezählt. So wird die genetische Zusammengehörigkeit verschiedener Sande (oder Sandsteine) und ihre Zuordnung
zu bestimmten Einzugsgebieten erwiesen oder ausgeschlossen.
(Abb. 9.) Vorzeitliche Flußläufe werden so aus zusammenhanglosen Resten ihrer Sande rekonstruiert, die Einmündung von
Nebenflüssen wird aus der Verfolgung kennzeichnender Anteile
der Schwermineralien aus den Gebieten der Nebenläufe in den
Hauptlauf-Sanden festgelegt; bei Vorhandensein mehrerer Sand-
terrassen am Flußlauf übereinander wird das Wachsen des Ein-
zugsgebiets dieses Flusses im Laufe seiner Geschichte verfolgt.
In Mündungsgebieten verschiedener Flußsysteme, wie in Hol-
land, wo Erdgeschichte wesentlich das wechselseitige Sich-
Bedrängen der Ströme ist, wird erdgeschichtliche Erkenntnis
überhaupt erst durch die Schwermineral-Analyse möglich.

Wertvolle Zeugnisse für den Bildungsraum zur Entstehungszeit eines Gesteins tragen auch die Schichtflächen, von denen
jede zu ihrer Zeit einmal Oberfläche der Ablagerungen, also bei
meerischen Ablagerungen Meeresboden war. Risse, wie sie nur
beim Eintrocknen aufgetauchten Schlickbodens entstehen, bezeugen, daß das Gestein in einem sehr flachen, zeitweise trocken-
laufenden Gebiet, also wahrscheinlich recht nahe der Küste,
abgelagert wurde. Das gleiche besagen kleine, runde Einschläge,
wie sie beim Aufprallen von Regentropfen auf den Schlamm zu-

stande kommen, und weiter die „Rippelmarken", kleine Wellen im Gestein, im Sand an der Luft vom Wind oder unter seichtem, windbewegtem Wasser erzeugt. Diese Rippelmarken können sogar Zeugnis für Windrichtungen werden, wie kürzlich erst eine Analyse im rheinischen Raum für Windrichtungen der Devonzeit versucht hat [1]). Tierfährten auf den Schichtflächen, Tunnel,

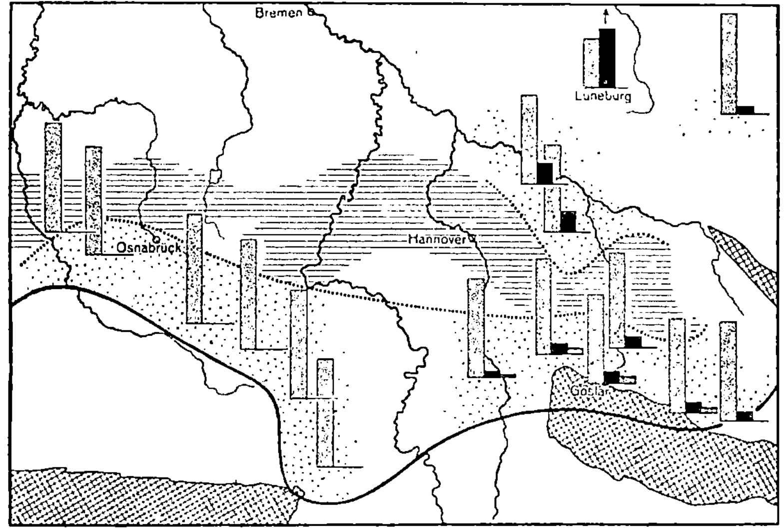

Abb. 9. Neuzeitliche Wege erdgeschichtlicher Urkundenbefragung. — Aus den Gesteinen jenes Meeres, das zu Beginn der Kreidezeit Norddeutschland überflutete, werden die Schwermineralien herausgelöst und auf ihre Zusammensetzung geprüft. Zirkon + Turmalin + Rutil sind hier punktiert dargestellt, Granat + Disthen + Staurolith schwarz und Augit + Hornblende schraffiert. Die Gesamthöhe der Säulen an jedem Punkt ist gleich 100 %. Die ausgezogene Linie ist die zeitgenössische Küstenlinie. Das punktierte Gebiet gibt den Meeresraum mit sandigen Ablagerungen, das waagerecht schraffierte Gebiet den Meeresteil mit tonigen Ablagerungen wieder. Kreuzweise schraffiert sind die alten Gebirgskörper, die auch zur Kreidezeit als Liefergebiet der abgelagerten Stoffe in Frage kommen. Die verschiedene Herkunft der Gesteine im Norden der rheinischen Masse und derjenigen nördlich des Harzes spiegelt sich deutlich im verschiedenartigen Schwermineralgehalt. (Nach H. D e e c k e. Aus R. B r i n k m a n n : Geol. Rundschau 29, 350.)

Kriechgänge von Tieren, die von der Schichtfläche nach unten ins Gestein eindringen, bezeugen, daß der Boden bewohnt war, und besagen also etwa für den schwarzen Schiefer des Huns-

---

[1]) B a u s c h   v a n   B e r t s b e r g h , J. W., Richtungen der Sedimentation in der Rheinischen Geosynkline. Geol. Rundschau 31, 328. Stuttgart 1940.

rücks, daß er nicht aus einem bei der Entstehung schon schwarzen — das bedeutet: vergifteten — Schlamm hervorging, daß der
Schlamm vielmehr ganz und gar nicht lebensfeindlich, sondern
bewohnbar war, also erst durch spätere Vorgänge (nämlich nachdem jeweils eine Schicht durch Überlagerung einer weiteren vom
sauerstoffreichen Meereswasser abgeschlossen war) vergiftet und
geschwärzt wurde [1].

Hier wird nun die Bedeutung sichtbar, die die Überlieferungen
vorzeitlichen Tierlebens, ganz unabhängig zunächst von ihrem
Wert als Zeitmarken für andere erdgeschichtliche Urkunden,
auch als erdgeschichtliche Urkunden selber haben. Daß der in
einem bestimmten Gestein bezeugte Ablagerungsraum nicht Süßwassersee, sondern Meeresgebiet, daß er aber dem Küsten- und
nicht dem Hochsee-Bereich angehörte, ist immer nur an Hand
der in den Gesteinen eingeschlossenen Reste des Lebens (was in
den meisten Fällen bedeutet: des Tierlebens) zu klären möglich.
Es ist das Angepaßtsein der Lebensform an ihren Lebensraum,
das jeder Form neben der lebensgeschichtlichen zugleich die erdgeschichtliche Aussage gibt. Ob ein Meeresgebiet der Vorzeit
mit einem entfernten anderen in Verbindung stand, von einem
benachbarten aber getrennt war, ob zwischen diesen also eine
Landbarre anzunehmen ist, ob diese Barre beständig war oder
schließlich auch im Meer verschwand, ist nur durch paläontologischen Vergleich der Tiergemeinschaften dieser geologisch verglichenen Räume möglich. Die kambrischen Gesteine der Iberischen
Halbinsel scheinen von einer einheitlich weithin zusammenhängenden Meeresüberdeckung in kambrischer Zeit zu berichten. Die Tiergemeinschaften (Trilobiten-Faunen) erst decken Grenzen auf, die
für die Paläogeographie dieser Zeitspanne entscheidend sind:
benachbarte Gebiete erweisen sich als ganz verschiedenen Großmeeren zugehörig, einem, das Nordeuropa bis Skandinavien und
zum Baltikum bedeckte, und einem zweiten, das als westöstlicher
Wassergürtel sich um die Erde legte. Die Geschichte dieses west

---

[1] R i c h t e r , R u d., Tierwelt und Umwelt im Hunsrückschiefer;
zur Entstehung eines schwarzen Schlammsteins. Senckenbergiana **13**,
299. Frankfurt 1931. — R i c h t e r , R u d., Fährten als Zeugnisse des
Lebens auf dem Meeresgrunde. Senckenbergiana **23**. 218. Frankfurt 1941.

östlichen Wassergürtels, von dem die Geschichte des ersten Mittelmeeres zwischen Altafrika und Alteuropa der uns am meisten fesselnde Abschnitt ist, ist oft zu lesen versucht worden. Aber erst die gründliche paläontologische Durcharbeitung der Lebensreste, nach Funden in Spanien und im Gebiet um das Tote Meer (die bei aller Spärlichkeit so gewichtige Zeugen sind), und ihr Vergleich zu nur irgend vergleichbaren Faunen in Europa und Asien haben diesem frühen Mittelmeer sein Gesicht unbezweifelbar nachgezeichnet [1] — zunächst noch in zögernden Strichen, die weitere Untersuchungen herausfordern; doch können auch diese das paläontologische Bild nur dann bereichern, wenn sie gleichfalls paläontologisch begründet sind. Wenn weiter unten von der Schlüsselstellung des Paläontologen für die Datierung erdgeschichtlicher Aussagen die Rede sein wird, so ist hier zu betonen, daß er auch für die Deutung erdgeschichtlicher Aussagen unentbehrlich ist.

So aussagereich nun diese hier allein aus dem Sektor der Paläogeographie in Stichproben angedeutete Mannigfaltigkeit geologischer Urkunden auch ist, so bedeutet sie doch zunächst nichts anderes als eine Fülle von Merkwürdigkeiten, die erst dadurch den Rang von Bausteinen erdgeschichtlicher Erkenntnis erhalten, daß es gelingt, in der uns vorliegenden Anarchie die natürliche Ordnung aufzudecken: die Gleichzeitigkeit in verschiedenen Räumen, die Zeitfolge im gleichen Raum. So erhebt sich die Grundfrage erdgeschichtlicher Forschung, die Frage nach den Zeitmarken der Erde.

3. Kernfrage der Urkundendeutung. Erdgeschichtliche Urkunden der letzten Jahrtausende erhalten durch den Nachweis der Gleichzeitigkeit mit kulturgeschichtlichen Mälern von diesen

---

[1] R i c h t e r , R. und E. Studien im Paläozoikum der Mittelmeerländer. 5. Die Saukianda-Stufe von Andalusien, eine fremde Fauna im europäischen Oberkambrium. Abh. senckenberg. naturf. Ges. 450. Frankfurt a. M. 1940. — R i c h t e r , R. und E., Studien im Paläozoikum der Mittelmeerländer. 6. Die Fauna des Unterkambriums von Cala in Andalusien. Abh. senckenberg. naturf. Ges. 455. Frankfurt a. M. 1941.— R i c h t e r , R. und E., Studien im Paläozoikum der Mittelmeerländer. 7. Das Kambrium am Toten Meer und die älteste Tethys. Abh. senckenberg. naturf. Ges. 460. Frankfurt a. M. 1941.

her ihre Altersordnung. Einige Jahrtausende weiter zurück reicht
der einzigartige Kalender der „Bändertone", der im Bereich der
nordischen Vereisung die seit bestimmten Rückzugstadien der
skandinavisch-norddeutschen Gletscher verflossenen Jahre geradezu abzuzählen gestattet. Doch ist diese Zeitspanne so kurz,
daß sie bei Besprechung des gesamten Ablaufs der Erdgeschichte
so gut wie vernachlässigt werden kann. Zwar trägt auch eine
Reihe von Urkunden der ferner vergangenen Erdzeiten eine
Art Datum in Jahrmillionen; radioaktive Stoffe zerfallen in
gesetzmäßiger Geschwindigkeit; ihr Zerfallszustand ist also ein
Maß für die seit der Bildung jener Mineralien, die diese Stoffe
enthalten, vergangene Zeit — doch vermag nur physikalische
oder chemische Methode dieses Datum zu lesen, der Geologe
empfängt es aus anderer Hand. Zudem sind diese Daten selten,
immer an Gesteine gebunden, die aus dem Schmelzfluß entstanden und jenen Gesteinen, die die eigentlichen aussage-
reichen Dokumente bedeuten, gelegentlich eingelagert sind. Es
wäre nun aber falsch, die Seltenheit dieser Daten zu bedauern.
Denn offenbar führt doch diese Datumsbestimmung gerade deshalb zu eindeutigen Beurteilungen, weil die datierten Punkte weit
voneinander entfernt liegen. Es muß bezweifelt werden, daß man
auch solchen Gesteinen, die nicht sehr viele Millionen Jahre voneinander trennen, sondern nur einige Millionen, mit Hilfe des radioaktiven Zerfalls noch die richtige geschichtliche Ordnung geben
könnte. Nicht nur der Mangel an datierbaren Urkunden, sondern
auch das Wesen der Bestimmungsmethode selber scheint Alters-
angaben nach Millionen Jahren Abstand von der Gegenwart nur
für solche Punkte möglich zu machen, die durch große Intervalle
voneinander getrennt sind und so immer nur den Charakter von
„Stichproben" in der großen erdgeschichtlichen Ereignisreihe
haben können. So kommt, wie schon zuvor erwähnt, der
Altersbestimmung der Urkunden nach Erdjahren nicht der Wert
eines historisch ordnenden Prinzips zu: sie ist nur Mittel zur Festlegung der Größenordnung von Abständen zwischen einzelnen
Punkten, also für Dauer und Geschwindigkeiten. Sie gibt den erd
geschichtlichen Abläufen das Größenmaß, nicht aber die innere
Ordnung.

Die innere Ordnung erdgeschichtlichen Geschehens ist — wie
anders wäre das Wort, daß die Gesteinshülle der Erde erstarrte
Erdgeschichte sei, überhaupt sinnvoll — im Raume festgehalten,
aber nicht ohne weiteres erkennbar. Das ursprüngliche räumliche Nebeneinander der Urkunden, etwa der kambrischen Meere
als Zeugnis für ihre Gleichzeitigkeit, ist durch die jüngeren und
vielleicht tektonischen Schicksale der Erdrinde längst zerrissen,
das räumliche Übereinander der Urkunden nacheinander ab-
gelaufener Ereignisse ist unserem Blick, dem in die Tiefe der
Rinde zu sehen verwehrt ist, fast ganz entzogen, würde aber, auch
wenn der Erfahrung keine Schwierigkeiten entgegenstünden, beständig zu Irrtümern führen. Denn der zeitliche Umfang der oben
behandelten Ablagerungslücken, ja, ihre Existenz überhaupt, sind
an sich zumeist gar nicht erkennbar, da die Grenzfläche zwischen
zwei Gesteinen recht verschiedenen Alters, die — je eines von
oben und unten — eine solche Lücke einrahmen, in den meisten
Fällen nicht anders aussieht als die Grenze zwischen zeitlich unmittelbar aufeinanderfolgenden Gesteinen.

So erhebt sich die Frage nach solchen Zeitmarken, die die
historische Stellung geologischer Urkunden mitteilen, ohne daß
zugleich die räumliche Beziehung der zu datierenden Urkunde
in der Senkrechten wie in der Waagerechten zu anderen Urkunden beachtet werden muß, ohne daß also die räumliche Ordnung, die wir nicht recht zu durchdringen vermögen, sich immer
wieder als Fehlerquelle einschalten kann, — Zeitmarken, die
selbst im kleinsten Steinbruch und gar im Handstück noch un-
fehlbar sind. Daß diese Marken in den Fossilien gefunden sind,
ist schon gesagt worden, auch, daß sie deshalb eindeutige
Marken sind, weil das Leben als einzige Erscheinung der Erdoberfläche eine echte Entwicklung hat, seine Formen daher eine
eindeutige geschichtliche Stellung besitzen.

Hier muß nun aber noch einmal darauf hingewiesen werden,
daß die Entwicklung des Lebens kein Ablauf ist, der von einem gegebenen Punkt, wenn nicht voraus, so doch wenigstens zurück
berechnet oder konstruiert werden könnte, — daß seine eigene
Gesetzlichkeit durch die fortwährende Wandlung vielmehr nur
hindurchklingt und diese Verwandlung selber als Auseinander-

setzung des Lebens mit seinem Lebensraum echte Geschichte ist, die ausschließlich durch Erfahrung zu erfassen ist. Das bedeutet nichts anderes, als daß eine von Spekulation befreite Lebensgeschichte nur deshalb möglich ist, weil die lebensgeschichtlichen Urkunden nicht durcheinander, sondern in die zum räumlichen Nacheinander erstarrten Abfolgen erdgeschichtlicher Urkunden eingebettet vorliegen. Die Entwicklung des Lebens, die heute auf die Fossilien in den Gesteinen als zeit-eichend angewandt wird, müßte also zunächst einmal von diesen Fossilien selber auch abgeleitet werden. Allerdings ist das nun keine Linie, die unfruchtbar und mit allen Fehlern des Beginns wieder zu sich selber führt. Die räumliche Ordnung der Urkunden ist für die Lebensgeschichte nur Stütze und wird überwunden. Die Lücken, die in allen Gesteinsprofilen und immer wieder an verschiedenen Stellen unerkannt auf den Erdgeschichtsforscher als Gefahr lauern, werden nicht zugleich dem Biohistoriker zum Verhängnis. Die erdweite Gleichzeitigkeit der Formen in allen großen Entwicklungsreihen gestattet, die lückenreichen und wenig umfangreichen Einzelprofile miteinander zu verzahnen, wobei die Lücken im Einzelprofil sichtbar werden, und so aus erfahrener Abfolge in den geologischen Urkunden und dabei erkannter Entwicklungstendenz ein für allemal in Formenreihen des Lebens, losgelöst von allen Zufälligkeiten örtlicher Überlieferung, erd- oder doch gebietsweit nachzubauen, die Eichskala für alle später aufzufindenden Zeitmarken-Fossilien einzurichten.

Aus einer geologischen und einer biologischen Wurzel ist die Zeitmarkenbestimmung der erdgeschichtlichen Forschung gewachsen. Die Beurteilung der Zeitmarken ist jedoch eine rein paläontologische Aufgabe. Wenn trotzdem der Geologe häufig selber die Datierung der Marken vornimmt, dann nur, weil er zugleich auch Paläontologe, und zwar, wie eine Übersicht zeigen würde, eigentlich immer Spezialist für solche Tiergruppen ist, die gerade in den von ihm zum Gegenstand der Forschung gewählten Gebieten und Zeitabschnitten besonders zuverlässige Zeitmarken liefern. In allen schwierigen Fällen aber wird der Geologe die Marken-Fossilien dem paläontologischen Spezialforscher zur Beurteilung vorlegen und dessen Datierung dann ohne Möglichkeit eigener Nachprüfung übernehmen müssen, obgleich doch die Gültigkeit aller seiner erdgeschichtlichen Aussagen davon abhängt. So ist es verständlich, daß in den geologischen Urkunden immer wieder nach solchen Marken gesucht wird, die echt geologischer Befragung zugänglich sind und, wenn auch nicht souverän wie die Fossilien, so doch nach einmaliger Eichung durch Fossilien an unzweifelhafter Stelle, nun an anderer Stelle die Notwendigkeit paläontologischer Arbeit zur Datierung von Urkunden ausschalten und selber als Hilfszeitmarken dienen.

Derartige Hilfszeitmarken wären nicht nur von der Forschung, sondern auch von den Urkunden selber her überaus wertvoll. Denn die Gesteine sind ja nicht von den Resten vorzeitlichen Lebens geradezu erfüllt. Vielmehr bedeutet die Überlieferung jedes einzelnen Restes Überwindung einer Vielzahl drohender Vernichtungen; der Untergang der Lebensreste ist die Regel, die Erhaltung ein besonderer Glücksfall. Klaffen also (wie oben gezeigt) zwischen den Urkunden selber Lücken, die im Wesen der Gesteinsbildung begründet sind, ist noch das Abgelagerte von vielen Lücken kleineren Grades, die vom Mechanismus der Ablagerung bedingt werden, durchsetzt, so schieben sich nun auch noch zwischen die Zeitmarken des glücklich überlieferten Gesteins Lücken der Erhaltung der Fossilien ein. Ließen sich in diesen Lücken zwischen den Fundstellen von Marken-Fossilien in Merkmalen des Gesteins Hilfszeitmarken finden, die an anderem Ort vom Zusammenvorkommen mit Fossilien her datiert wären, so bedeutete das eine wesentliche Sicherung der erdgeschichtlichen Ordnung. Noch dringender wird diese Frage für Ablagerungen etwa sehr groben Materials, wie Konglomeraten, zwischen denen von vornherein auch der stabilste Lebensrest zertrümmert wurde, die also völlig von Fossilien frei sind, oder für Gesteine, deren später erlittenes Schicksal alle ehemals vielleicht reichlich vorhandenen Lebensreste unkenntlich gemacht hat.

Dazu kommt nun, daß die Zeitbestimmung der Fossilien unmittelbar immer nur für die Entstehungszeit des Gesteins gilt, in das sie eingebettet sind, sich aber im allgemeinen nur mit Schwierigkeit und Unsicherheit auf späteres Schicksal von Gesteinen beziehen läßt. Die Zeitbestimmung der Fossilien dient zunächst der Paläogeographie und kann nur mittelbar der Tektonik dienstbar gemacht werden. Eine Faltung von Gestein etwa läßt sich nur zeitlich einengen, indem sie sicher jünger als die Zeitmarken der gefalteten Gesteine, aber sicher älter als die Zeitmarken darüberlagernder Schichten ist, die keine Spur gleicher Beanspruchung mehr erkennen lassen. (Abb. 10.) Die Zeitspanne zwischen beiden Marken ist oft recht groß; da sich tektonisches Geschehen fast immer in der Paläogeographie und also auch in den Ablagerungen benachbarter Räume auswirkt, kann von den Gesteinen des Nachbargebiets und ihren Zeitmarken her das Zeitintervall eine weitere Einengung erfahren, doch führt das kaum

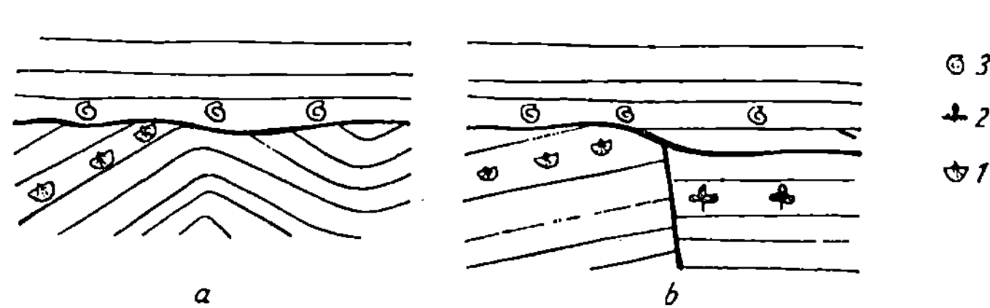

a   b

Abb. 10. Die historische Stellung tektonischer Ereignisse kann durch zeitbestimmende Fossilien nicht markiert, sondern nur eingeengt werden. a) Über gefaltete und bereits wieder abgetragene Schichten mit der Zeitmarke 1 legen sich Schichten mit der Marke 3. Die Faltung ist jünger als 1, aber älter als 3; eine nähere Altersbestimmung ist nicht möglich. b) Die hier gezeigte Verwerfung ist ebenfalls älter als die unbekümmert darüber hinwegziehenden Schichten mit der Zeitmarke 3, sie ist jünger als die von ihr gestörten Gesteine mit der Marke 1; doch kann hier das Aufreißen der Verwerfung noch weiter eingeengt werden: rechts der Störung tritt in Gesteinen die Zeitmarke 2 auf. Der Bruch ist also eingetreten zwischen den von 2 und 3 vertretenen Zeiten.

zu eindeutigen und nie zu völlig exakten Zeitbestimmungen. Selten nur gelingt es einmal, ein Gestein zu entdecken, das sich als während und infolge einer Gebirgsbildung entstanden erweist und zugleich eindeutige Zeitmarken birgt, so daß die tektonische Verformung der älteren Gesteine eine sichere geschichtliche Einordnung erhalten kann. Darf von hierher nun nicht auch die tektonische Verformung an anderem Ort, die die gleichen älteren Gesteine betroffen hat (und die sich durch umrahmende Zeitmarken auf ein Intervall einengen läßt, das den Zeitpunkt der Verformung am zuvor untersuchten Ort einschließt) in die gleiche geschichtliche Stellung gerückt werden? Kann die Gebirgsbildung, die Strukturveränderung im Gestein selber, wenn sie einmal an günstigem Ort geeicht ist, zur Hilfszeitmarke werden?

Man sieht, die Frage nach den Hilfszeitmarken der Erdgeschichte läuft auf die Frage hinaus, ob sich geologische Kennzeichen im Gestein aufdecken lassen, die erdweit oder wenigstens gebietsweit verfolgbar sind und an allen beobachteten Stellen die gleiche geschichtliche Stellung besitzen. Gibt es erdgeschichtliches Geschehen, das erdweit oder gebietsweit einmalig-gleichartig-gleichzeitig verläuft?

Die Prüfung dieser Frage wird in der vorliegenden Schrift einen umfangreichen Raum beanspruchen. Das Ergebnis kann hier vorweggenommen werden: Kein erdgeschichtliches Geschehen ist einmalig und über größere Gebiete hinweg gleichartig-gleichzeitig; keine erdgeschichtliche Urkunde ist regional weit verbreitet und zugleich historisch eindeutig. Geologische Hilfszeitmarken sind über größere Gebiete hinweg unzuverlässig, ja Fehlerquellen.

So ist die Grundlage erdgeschichtlicher Forschung zugleich ihre Grenze. Nichts vermag der Geologe ohne zuverlässige Zeitmarken; aber nicht er selber kann ihre Zuverlässigkeit überwachen, sondern allein der Paläontologe. Dieser trägt die letzte Verantwortung für das erdgeschichtliche Bild.

Zweites Kapitel

Nichtgeologische Urkunden als Zeitmarken

1. Jahresringe. Lavaströme, die in erdgeschichtlicher Vergangenheit innerhalb tausend oder auch zehn- oder fünfzigtausend Jahren nacheinander einem Vulkan entflossen sind, werden zwar für den späteren Betrachter in ihrem Übereinander als nacheinander entstanden bezeugt, doch bleibt die Größe der Zeitspanne, die beide Eruptionen trennt, verborgen. Liegen die Ströme nicht in räumlichem Verbande, sondern an verschiedenen geographischen Orten, müssen sie als völlig gleichzeitig erscheinen, da es für die geologische Ferne keinen Indikator der Zeit von einer Empfindlichkeit gibt, die derart kurze Intervalle noch erkennen lassen könnte. Es wäre daher im Rahmen erdgeschichtlicher Betrachtung auch unwesentlich, ob ein Vulkanausbruch in geschichtlicher Zeit sich tausend Jahre vor oder zweitausend Jahre nach Christi Geburt vollzogen hat, ja, eine so exakte Datierung würde in der Reihe der übrigen geologischen Zeitbestimmungen nur als Kuriosum erscheinen, käme nicht diesen der Gegenwart nächstgelegenen Ereignissen ein besonderer und geradezu grundsätzlicher Wert zu. Denn durch einen derart genau festgelegten Punkt der jüngsten Vergangenheit und die Gegenwart des Beobachters wird aus dem erdgeschichtlichen Ablauf eine Zeitstrecke herausgeschnitten, die (nach geologischen Maßstäben) mit höchster Genauigkeit die Geschwindigkeit von Vorgängen zu ermitteln gestattet, deren Wirken wir gerade auch in der fernsten Vergangenheit anzunehmen haben. So gewinnen wir ein Maß für die Zeit, in der — um beim Lavastrom zu bleiben — eine glasig erstarrte natürliche Schmelze in den kristallenen Zustand übergeht, oder ein Maß für den Fortschritt der Verwitterung und die Geschwindigkeit der Besiedlung von Lavaströmen durch die Pflanze.

Die Datierung geologischer Vorgänge in geschichtlicher Zeit
verdankt man zumeist den Chronisten, in Gebieten ohne Geschichtsschreibung aber vermag die Natur auch selber die Regi-
strierung zu übernehmen.

Daß die Bäume in ihren Wachstumsringen die Jahre nicht
nur zählen, sondern auch die klimatische Besonderheit der Jahre
spiegeln, ist die Grundlage der Dendro-Chronologie, des „Einzeitens nach Jahresringen" [1]. Zunächst hoffte man, in den Schnittbildern der Bäume den Rhythmus der Sonnenfleckentätigkeit
wiederzufinden. Mitteleuropäische Wälder, deren Wetter dem
wechselnden Einfluß der nahen Meere unterliegt, wären zu diesen
Untersuchungen nicht geeignet gewesen. Im nordamerikanischen
Westen aber sind die hohen Kettengebirge dem inneren Festland
vorgelagert, dort können sich Schwankungen der Sonnenstrahlung über große Gebiete hin ungetrübt auswirken. Schnitte von
hunderten Gelbkiefern (Pinus ponderosa) aus Nordarizona zeigten
dem Astronomen D o u g l a s einen übereinstimmenden Ablauf
der Wachstumsschwankungen in den letzten 500 Jahren. Für
Archäologie und Geologie bedeutsam wurde die Dendro-Chronologie, als es gelang, die erfaßte Zeitspanne nach rückwärts über
die Lebenszeit der gegenwärtigen Baumgenerationen hinaus zu
erweitern.

In vorspanischen Ruinen der Pueblo-Indianer im Südwesten
Arizonas sind zahllose Balken eingebaut, zumeist Gelbkiefer. Ein
Vergleich gleichzeitig verbauter Balken zeigt auch bei ihnen
einen gemeinsamen Ablauf der Wachstumsschwankungen. Da
diese also über lange Zeiten gebietsweit den Schnittbildern der
Bäume sich eingeprägt haben, ist es berechtigt, die Schnitte von
Bäumen verschiedener, sich überschneidender Lebenszeiten an
Hand der Wachstumsschwankungen miteinander zu verzahnen
und so einen kontinuierlichen Jahresring-Kalender zu schaffen.
Man stellte also von dem einzelnen Baum eine Wachstumsskala
her, derart, daß auf einem Streifen Papier die Abstände der Ringe
voneinander markiert sind und in jedem dieser Markierungs-

---

[1] M c G r e g o r , J. C., Das Einzeiten nach Jahresringen (Dendro-
Chronologie). Natur und Volk 63, 397. Frankfurt a. M. 1933. Dort
weiteres Schrifttum.

punkte auf der Meßlinie eine Senkrechte errichtet wird, deren
Länge die verschiedene Breite des Dichtholzes jedes Ringes an-
gibt. Die Skalen verschieden alter Bäume werden dann in einer
Weise, wie Abb. 11 schematisch zeigt, in den ihnen gemeinsamen
Zeitspannen, die sich aus der Eigenart der Skala zu erkennen
gibt, zur Deckung gebracht und so zu langen Reihen miteinander
vereinigt. Bisher ist eine lückenlose Folge für die letzten 1200
Jahre zustande gekommen.

Um 1930 entdeckte man Indianerhütten, die unter den Aschen
des San Franzisko-Vulkangebiets vergraben waren. Die Schnitt-

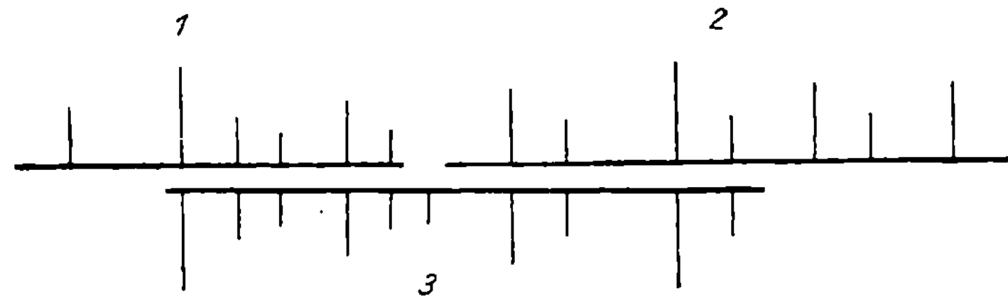

Abb. 11. Schema zur Entstehung der Jahresringkalender. — Auf Papierstreifen werden
in den Abständen der Jahresringe eines Baumes Linien aufgetragen, deren Länge die
Breite des Dichtholzes jedes Ringes angibt. Da die Wachstumsschwankungen alle Bäume
gleicherweise betroffen haben, müssen gleichzeitige Abschnitte der hier gewonnenen
Skalen verschiedener Bäume gleiches Aussehen haben. Indem man die Skalen der verschiedenen Generationen in ihren gleichen Teilen zur Deckung bringt, läßt sich ein
kontinuierlicher Kalender aufstellen, mit dem man heute bereits 1200 Jahre von der
Gegenwart zurückrechnen kann.

bilder der hier eingebauten Balken wiesen nach ihrem Einpassen
in den Jahresring-Kalender aus, daß dieser Ausbruch vor etwa
1100 Jahren sich abspielte, wobei ein Höchstfehler des Einzeitens
von 100 Jahren bestehen mag.

2. Kulturgeschichtliche Mäler.
Für eine Anzahl jüngster erd-
geschichtlicher Ereignisse kann das Alter durch ihre Beziehung zu
Schöpfungen menschlicher Technik und Kultur bestimmt werden,
die ihrerseits von zeitgenössischen Chronisten datiert worden sind
oder sich durch ihren Stil einer bestimmten Generation, einem bestimmten Jahrhundert oder Jahrtausend zuordnen lassen. Ruinen
von Bauwerken, Werkzeuge, Scherben unter Lavaströmen machen
Aussage über das Höchstalter vulkanischer Ausbrüche; Feuer-

stellen oder Gräber auf Terrassen in Flußtälern geben Auskunft über das Mindestalter dieser Terrassen. Steinwerkzeuge zwischen den Geröllen der Schotterbedeckung von Flußterrassen dürfen als zeitgenössisch angesehen werden, wenn es sich um wohlerhaltene Stücke handelt; abgerollte Artefakte dagegen kommen als Altersindikatoren der Ablagerungen nicht in Betracht.

Auch bei der Zeitbestimmung an Hand kulturgeschichtlicher Reste kann es nicht darauf ankommen, das verhältnismäßig exakte Alter der einzelnen Punkte um dieser wenigen Punkte willen zu suchen, die im Rahmen der übrigen erdgeschichtlichen Zeitbestimmung doch nur Kuriosa sind. Vielmehr liegt der eigentliche Wert darin, daß durch einen ersten derart festgelegten Punkt und einen zweiten oder statt seiner die Gegenwart ein Zeitabschnitt aus dem Erdgeschehen herausgeschnitten wird, an dem die Geschwindigkeit geologischer Vorgänge wenigstens nach ihrer Größenordnung ermittelt werden kann.

Besondere Bedeutung gewinnen die kulturgeschichtlichen Mäler als Zeitmarken an Meeresküsten. Kein Festland besitzt unveränderliche Höhenlage; Hebung, Senkung und kürzere Spannen der Ruhe wechseln beständig miteinander ab. Über Jahrzehntausende oder Jahrmillionen hinweg mag der Meeresspiegel Schwankungen (durch verschieden starke Bindung von Eis an den Polkappen) unterliegen; für die letzten 8000 Jahre darf er jedoch als konstant angenommen werden. Mit dem Meeresspiegel als räumlichem Festpunkt und den kulturgeschichtlichen Resten als zeitlichen Festpunkten läßt sich das jüngste Oszillieren der Festländer vorzüglich verfolgen und für grundsätzliche Einsicht in ihre Geschwindigkeit auswerten.

Ein jüngst beschriebenes Beispiel für derartige Untersuchungen[1] sei hier angeführt. Die Küste der Bretagne, besonders die Südküste, die Küste des Morbihan, ist gesäumt von Megalithen, Dolmen (steinerne Grabstätten) und Menhiren (aufragende Steinmäler). Die Datierung durch Vorgeschichtsforscher ergibt übereinstimmend, daß sie nicht früher als 2000 Jahre vor

---

[1] S i m o n , W., Kulturgeschichtliche Mäler als erdgeschichtliche Marken. Natur und Volk **72**, 55. Frankfurt 1942.

Christi Geburt errichtet worden sind. Nun findet man Megalithen nicht nur am Meer, sondern auch in den Küstengewässern, teilweise oder ganz vom Meer überspült. Es besteht kein Zweifel, daß sich die Bretagne in den letzten 3000 bis 4000 Jahren gesenkt hat. Dagegen weist nun aber die Umgebung des vielgerühmten Berges Saint-Michel an der Nordküste der Bretagne und mancher Hafen an der Südküste aus, daß sich gegenwärtig die Halbinsel

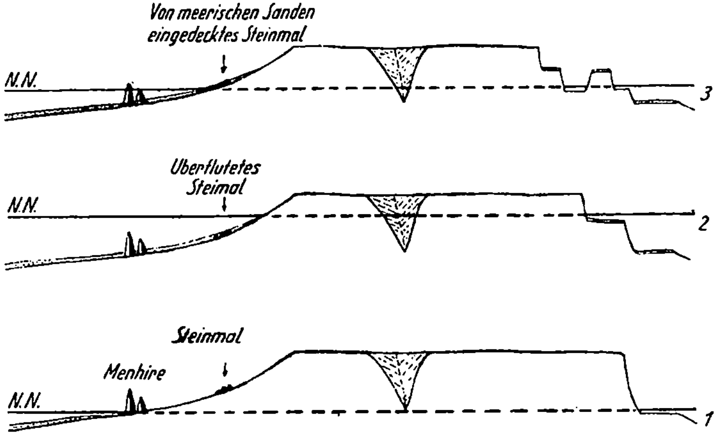

Abb. 12. Die jüngsten Bewegungen der Insel Groix. — Ihr Ausmaß kann am Meeresspiegel als räumlichem Festpunkt, ihre Geschwindigkeit an kulturgeschichtlichen Mälern, an denen die Bewegung Spuren hinterlassen hat, festgestellt werden. Weitere Einzelheiten im Text.

aus dem Meer emporhebt. So ist das Gebiet in der kurzen Spanne seit der Jung-Steinzeit von Senkung und Hebung betroffen worden. Schlüssel zu den Problemen dieser Bewegungen ist eine kleine Insel vor der Südküste, die Ile de Groix (Abb. 12).

Die Südostspitze der Insel ist eine flache, allmählich ins Meer abtauchende Felsplatte, auf der im Bereich der Gezeiten ein gestürzter Menhir und an der Grenze des Hochwassers ein zweiter liegt. Oberhalb des Hochwasserbereiches ist die Felsplatte von einer mehrere Dezimeter mächtigen Schicht jüngster, unverfestigter Sande mit Muschelschill bedeckt. Vergraben in diesen jungen Ablagerungen findet sich eine zerfallene Steinbühne, die

42

der Megalithenkultur zuzurechnen ist. Die Sande ziehen sich einen schrägen Hang hinauf bis zu mehr als 10 m Höhenlage. Westlich der beschriebenen Spitze und an der Nordseite der Insel sind Dolmen in 8 bis 10 m Höhe über dem Meer zum Teil eingedeckt. In etwa der gleichen Höhe lassen sich Reste von Terrassen entlang der Steilküste verfolgen, die nur durch die Brandung geschaffen sein können. Aus all dem geht hervor, daß sich in jüngster Zeit das Land um mehr als 10 m gehoben hat. Es hat sich zuvor aber gesenkt, und zwar um mehr als den Betrag der Hebung. Darauf weisen nicht nur die trotz der Heraushebung immer noch vom Meer bespülten Menhire hin, die ursprünglich auf dem trockenen Lande errichtet worden sind, sondern auch die heute gleichfalls noch ertrunkenen Tälchen der Insel. So ist der Hebung eine Senkung vorausgegangen, die mehr als 15 m betragen haben muß. In höchstens 4000 Jahren haben sich also an dieser Insel, im Morbihan und wahrscheinlich in weiteren Teilen der Bretagne, senkrechte Bewegungen vollzogen, die insgesamt 30 m erreichen. Dazu herrschte zwischen der älteren Senkung und der jüngeren Hebung eine Zeitruhe, die genügend lang war, daß die Brandung Strandterrassen ausarbeiten konnte. Bei vorsichtiger Beurteilung muß man den Bewegungen eine durchschnittliche Geschwindigkeit von annähernd 1 m im Jahrhundert zuschreiben.

3. Jahresschichtung. Wenn jede von jenen Muscheln, die Generation auf Generation siedeln und so Kalkriffe bauen, 4 oder 5 Jahre lebt, und wenn 20 bis 30 Generationen vergehen müssen, bis das Riff um 1 cm gewachsen ist, dann läßt sich errechnen, daß für 1 m Riffwachstum 10 000 oder 12 000 Jahre erforderlich sind. Für Kalkansammlungen, die nicht schon aus den lebenden Muscheln wachsen, sondern aus ihren Resten zusammengespült werden, mag die doppelte Zeit einzusetzen sein. Derart fand Georg Wagner die Bildungsdauer des deutschen Muschelkalks mit 6 Millionen Jahren [1]).

---

[1]) Wagner, G., Riffbildung als Maßstab geologischer Zeiträume. Aus der Heimat, Naturw. Msch. **49**, 157—160, 1936.

Aus dem jährlichen oder jahrzehntlichen Zuwachs von Stoff
in Ablagerungen — im Flußdelta, im See, im Meer, vor dem
Gletscher — die Bildungsdauer mächtiger Ablagerungen zu bestimmen, ist oft versucht worden. So hat der Altmeister der
Alpengeologie, Albert H e i m , aus Schlammabsätzen an einem
Moränenwall beim Vierwaldstätter See für die seit der letzten Eiszeit verflossene Zeit eine Dauer von 16 000 Jahren abgeleitet, —
ein Wert, der dem heute aus der Sonnenstrahlungskurve be-
kannten sehr nahekommt. Die Bildungszeit der gesamten Gesteinsfolgen seit Beginn des Erdaltertums haben ältere Autoren auf
100 Millionen Jahre geschätzt, einer auf 26 Millionen, und der
gleiche ein Jahrzehnt später auf 34 bis 80 Millionen Jahre. Diese
Ableitungen sind nun nicht nur untereinander sehr verschieden,
sondern bleiben auch gegenüber den inzwischen aus radioaktiven
Mineralien ermittelten wahren Zeiten erheblich zurück. Die Bedingungen, denen die Geschwindigkeit der Gesteinsbildung unterliegt, sind von Zeit zu Zeit und in jeder Zeit von Ort zu Ort
derart schwankend, daß aus der Menge des Abgelagerten im allgemeinen überhaupt keine rechnerisch zu erfassende Beziehung
zur Ablagerungszeit gewonnen werden kann. Der Lauf der Zeit
spiegelt sich nur selten in der Menge, weit eher in der Gliederung der Gesteine.

Rhythmische Schichtung im Weißen Jura Schwabens, Wechsel
von Kalk und Mergel, ist auf eine Klimaperiode von 35 Jahren
zurückgeführt worden, rhythmische Schichtung im thüringischen
Unterkarbon auf Sonnenfleckenperioden. Doch sind solche Deutungen als Unterlage für Zeitdauerberechnungen zu ungewiß.
Eine zuverlässige Grundlage ergibt sich erst, wenn sich ein
Rhythmus der Gesteinsgliederung als Jahres-Rhythmus nachweisen läßt. Das Jahr, das als Sonnenumlaufszeit der Erde die
natürliche Einheit der irdischen Zeit ist, bedeutet nicht nur für
die Organismen, sondern auch für die chemisch-physikalischen
Abläufe der Erdoberfläche eine ständig sich wiederholende Periode. In niederen Breiten wechseln Regen und Trockenzeiten
miteinander ab, in höheren Breiten Zeiten des fließenden und des
gefrorenen Wassers. So besteht also grundsätzlich die Möglichkeit, daß sich der Gang der Jahreszeiten in den Ablagerungen

abbildet, daß derart Gesteine zum Kalender werden, in denen jedes einzelne Jahr ihrer Bildungszeit registriert wird. Voraussetzung ist allerdings, daß es sich um völlig ruhige Ablagerungsgebiete handelt, in denen jedes Stoffteilchen so, wie es ursprünglich niedergelegt wurde, auch konserviert wird. Somit scheiden die Küstenbereiche der Weltmeere nahezu völlig aus, küstenfernere Teile im flachen offenen Meere kommen ebenfalls nur beschränkt in Frage, die Verhältnisse der Tiefsee brauchen nicht berücksichtigt zu werden, da ihre Ablagerungen unter den erdgeschichtlichen Urkunden fast fehlen. Am ehesten noch sind die Binnenseen der Bildung geologischer Kalender günstig.

Im südspanischen Kambrium nehmen marine Bänderkalke einen großen Raum ein, die aus einer mehrhundertfachen Folge von Kalkbänkchen (1 bis 50 mm dick) und Tonbänkchen (0,1 bis 10 mm dick) bestehen. Man sah die Erklärung in einer sehr langsamen Sedimentation in ruhigem Wasser [1]. Im einzelnen könnte man sich also diesen Vorgang etwa so vorstellen: Es besteht (wie es dem gegenwärtigen Klima des gleichen Raumes entspricht) ein starker Unterschied der Wasserführung und damit der Transportkraft der Flüsse zwischen Winter und Sommer, so daß im Sommer sehr wenig, im Winter sehr viel Schlamm ins Meer gelangt. Der Kalkschlamm dagegen fällt (möglicherweise in mikrobiologischen Prozessen) das ganze Jahr hindurch gleichmäßig oder sogar im Sommer (der erhöhten Temperatur wegen) stärker als im Winter aus dem Meerwasser aus. So müßte notwendig eine jahreszeitliche Bänderung in Kalk- und Tonlagen in den Bodenablagerungen des Meeres eintreten. In jungkarbonischen Süßwasserablagerungen Südspaniens ist ein etwa 20 m mächtiges Tongestein in 5 bis 10 mm hohe Folgen gegliedert, von denen sich jede von unten nach oben zu feinstem Material entwickelt. Ist hier nicht ein jahreszeitlicher Wechsel stärkerer und schwächerer Stoffzufuhr gespiegelt? Braucht man nicht, ebenso wie bei jenen Bänderkalken, nur die Abfolgen durchzuzählen, um die Dauer der Ablagerungszeit aufgedeckt zu sehen?

---

[1] M a c P h e r s o n , J., Estudio geologico del Norte de la Provincia de Sevilla. Palencia 1879.

Nun läßt sich allerdings der Bänderkalk auch auf andere Art
als aus periodischer Ablagerung deuten, nämlich als eine Entmischung aus einem ursprünglich homogen abgelagerten Kalk—-
Ton-Gemisch während der Diagenese, d. h. während der Verfestigung des Schlamms zu Gestein; vielleicht kann man diesen Vorgang grundsätzlich mit der Entmischung eines Wasser—Lehm-
Gemisches beim Gefrieren vergleichen [1]. — Auch für das jung-
karbonische Tongestein ist eine andere Entstehung als die oben
für möglich gehaltene wahrscheinlich [2]. Jede kleinste Stoffolge
ist in ihrem tiefen, groben Teil braun, oben aber weißlich gefärbt;
das läßt sich als Bleichung nach dem Absetzen auf dem Grund
deuten. Daß die Stoffe unter Moorwasser abgelagert wurden,
dafür spricht auch anderes. Damit wäre aber jede Folge als in
sich geschlossene, kurzfristig vollzogene Ablagerung aufzufassen,
die erst im Absetzen eine Sichtung nach der Korngröße erfuhr.
Die Anzahl der Perioden ist nur die Anzahl episodischer Stoff-
schüttungen, über deren zeitlichen Abstand nichts auszusagen ist.
— Eine große Zahl periodisch gegliederter Ablagerungen können
die beiden mitgeteilten Beispiele anzeigen, sie können aber nicht in
jedem Falle als jahreszeitlich bedingte Bildungen gedeutet werden.

Als Zeitmarken dürfen jedenfalls nur solche verwendet
werden, bei denen es sich um Jahresschichten handeln muß.

Von vornherein wird ein einsinnig gerichteter Schichtwechsel
von der Form 1, 2, 3 — 1, 2, 3 — 1, 2, 3 usw. sich mit größerer
Wahrscheinlichkeit von einem Jahresablauf herleiten als ein ·
symmetrischer Schichtwechsel der Form 1, 2, 1, 2, 1, 2, 1 usw.
In Abb. 13 ist in den gerichteten Ablauf an gleichbleibender
Stelle ein Schichtglied eingeschaltet, das sich als organismischen
Ursprungs erweist, und dessen Entstehung auf das Jahr des
Lebens zurückgeführt werden kann.

In der oligozänen Molasse von Lausanne zeigt sich eine feine
Streifung, die von periodischer Einschwemmung von Blättern
herrühren dürfte. 15 % der zeitgenössischen Waldflora bestand

---

[1] S i m o n , W., Lithogenesis kambrischer Kalke der Sierra Morena
(Spanien). Senckenbergiana **21**, 297, 1939.
[2] S i m o n , W., Variscische Sedimente der Sierra Morena (Spanien).
Die Schichten von San Nicolás del Puerto. Senckenbergiana **23**, 260, 1941.

aus laubabwerfenden Blättern; so scheinen die Streifen den herbstlichen Blätterabfall zu bezeugen. 1,64 mm beträgt der mittlere Abstand der Streifen, auf 1 m Schichtmächtigkeit entfallen 610; 610 Jahre waren also zur Bildung des Schichtmeters erforderlich. So läßt sich für die 3000 m Gesamtmächtigkeit der Molasse eine Entstehungszeit von 2,5 bis 3 Millionen Jahren ableiten [1]. In den gegenwärtig von Jahr zu Jahr wachsenden Bodenablagerungen des Schwarzen Meeres kommt eine Jahres-

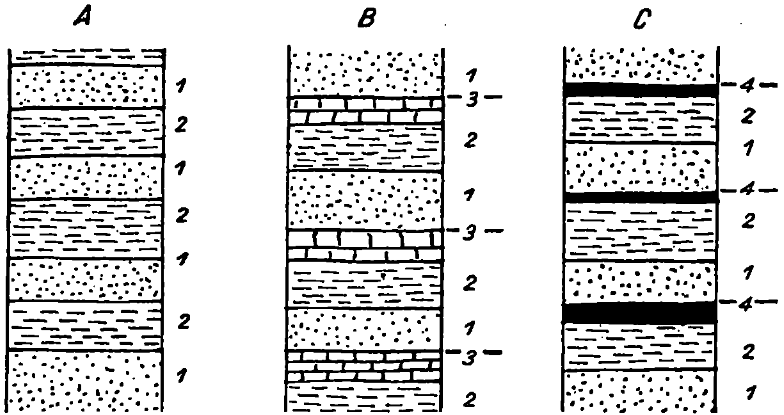

Abb. 13. Periodische Sedimentation als Jahresspiegel. — Die Folge 1212 der Säule A ist mehrdeutig. Eher läßt sich die deutlich gerichtete Folge 123 der Säule B auf den polaren Ablauf des Jahres beziehen. Wenn die Periode mit einer Schicht endet, die starke organische Beimengungen hat (herbstlich abgestorbene Blätter, winterlich verendetes Plankton), ist kaum ein Zweifel möglich, daß hier jede Periode ein Jahr festhält. (Säule C.)

gliederung durch sandige Einlagerungen bei der Schneeschmelze und durch Faulschlammbildung als Folge des herbstlichen Planktonsterbens zustande. Das ist der Schlüssel für vergleichbare Ablagerungen im Tertiär des Kubangebietes. 5600 Lagen entfallen hier auf 1 m Schichtmächtigkeit. Für die Gesamtheit dieser historisch vom mittleren Oligozän bis zum mittleren Miozän sich erstreckenden Ablagerungen sind daraus 36 Millionen Jahre Bildungszeit errechnet worden.

---

[1] Nach A. B e r s i e r in Bull. Soc. vaudoise Sc. nat. 59, 103. Lausanne 1936.

Auch in Gesteinen aus älteren Erdzeiten ist Jahresschichtung beobachtet und ausgedeutet worden; aus dem frühen Erdaltertum und dem Präkambrium haben wir Kunde von derartigen Bildungen. Im ganzen sind sie jedoch recht spärlich, haben daher nur örtliche Bedeutung und gewinnen selbst für das engere Gebiet kaum einen größeren Wert als den, ein bemerkenswertes Streiflicht auf die Geschwindigkeit der einen oder anderen Gesteinsbildung zu werfen.

Nur einer einzigen Gruppe von Ablagerungen mit Jahresschichtung aus jüngster geologischer Vergangenheit kommt eine größere und allerdings ganz besondere Bedeutung zu, den Bändertonen. Vor den seit der letzten Eiszeit aus Mitteleuropa nach Skandinavien sich zurückziehenden Zungen des großen Inlandeises bildeten sich Schmelzwasserseen, denen mit dem Eiswasser auch ausgespültes, feines Moränenmaterial zugeführt wurde. Mit den jahreszeitlichen Schwankungen im Ausmaß der Eisschmelze war die Stoffzufuhr verschieden. So geht die jährliche Ablagerung aus einer hellen, sandreichen Tonlage als Sommerschicht über in eine dunkler gefärbte, reine Tonlage, schließlich in eine tiefschwarze Lage mit organischen Beimengungen als Winterschicht. Jede dieser Abfolgen wird nach dem schwedischen Wort für Kreis und periodische Wiederkehr „varw" als Warwe bezeichnet. Warwen sind in Norddeutschland, Dänemark, Schweden, Finnland zahlreich. Überall, wo sie auftreten, haben sie den Wert örtlicher Kalender.

Die Warwen haben aber nun nicht nur die laufenden Jahre registriert, sondern auch ihre klimatischen Besonderheiten festgehalten. Größere Dicke der einzelnen Warwe weist auf vermehrte Stoffzufuhr, also stärkere Eisschmelze und wärmeres Jahr; verminderte Warwenstärke deutet umgekehrt auf ein kälteres Jahr. Klimaschwankungen machen sich über größere Gebiete, wenn auch nicht gleich bedeutend, so doch gleichartig bemerkbar; ein warmes Jahr muß sich in allen Warwenbildungen dieses Jahres widerspiegeln. Damit sind nun alle Festpunkte gewonnen, an denen die örtlichen Warwenfolgen in zeitliche Beziehung zueinander gebracht werden können. Das geschieht praktisch so, daß über ein freigelegtes Bändertonprofil ein Papierstreifen ge-

legt wird, auf dem man die Breite der einzelnen Warwen mit
Strichen markiert. Auseinandergeschnitten und auf eine Grundlinie
in gleichen Abständen als Senkrechte aufgeklebt, machen diese die
jährlichen Wechsel der Warwenstärke unmittelbar vergleichbar.
Verbindet man die Enden untereinander, so ergibt sich die Kurve
der Warwenschwankungen. Indem Kurven von Profilen verschiedener Orte mit ihren gleich oder ähnlich verlaufenden Abschnitten zur Deckung gebracht werden, lassen sich die erdgeschichtlich gleichgestellten Teile beider Profile aufdecken.
(Abb. 14.) Auf diese Weise kann Profil an Profil angeschlossen
werden, und so ergibt sich schließlich aus der Überdeckung
aller Einzelprofile eine kontinuierliche Reihe, die von den jüngsten Ablagerungen vor den Gletschern im schwedischen Gebirge
zurück in die Vergangenheit wächst. Jeder spätere isolierte Fund
eines Warwenprofils kann in diesen Kalender eingepaßt werden.
Als der Schöpfer der Geochronologie, der Schwede G. d e G e e r ,
1912 die erste Mitteilung darüber im deutschen Schrifttum gab [1]),
umfaßte der Bänderton-Kalender bereits 12 000 Jahre, heute reicht
er fast 20 000 Jahre vor die Gegenwart zurück. Für Bänderton
von Stolp in Pommern ist unlängst ein Alter von mehr als 16 500
Jahren errechnet worden [2]). Mit dieser Methode ist es möglich,
den Rückzug der letzten Vereisung, aber auch die Verbreitung
von Tieren, die Wanderung von Pflanzen (aus eingewehten
Pollen) und auch die Entwicklung der menschlichen Frühkultur
mit einer Genauigkeit zu verfolgen, die derjenigen der historischen Forschung nicht nachsteht und nicht nur für alle älteren Erdzeiten, sondern in Gebieten, die der diluvialen Vereisung nicht
unterworfen waren, auch für die jüngste Vergangenheit unerreich-
bar ist.

Klimatische Schwankungen sind in den meisten Fällen kosmischen Ursprungs, sie müssen die gesamte Erde betroffen haben.
Das brachte d e G e e r auf den Gedanken, von den Bändertonen
auch anderer Gebiete diluvialer Vereisung Warwenkurven her-

---

[1]) d e G e e r , G., Geochronologie der letzten 12 000 Jahre. Geol.
Rundschau 3, 457. Leipzig 1912.
[2]) V i e r k e , M., in Z. Geschiebeforschung u. Flachlandgeologie 14,
Beiheft 1938.

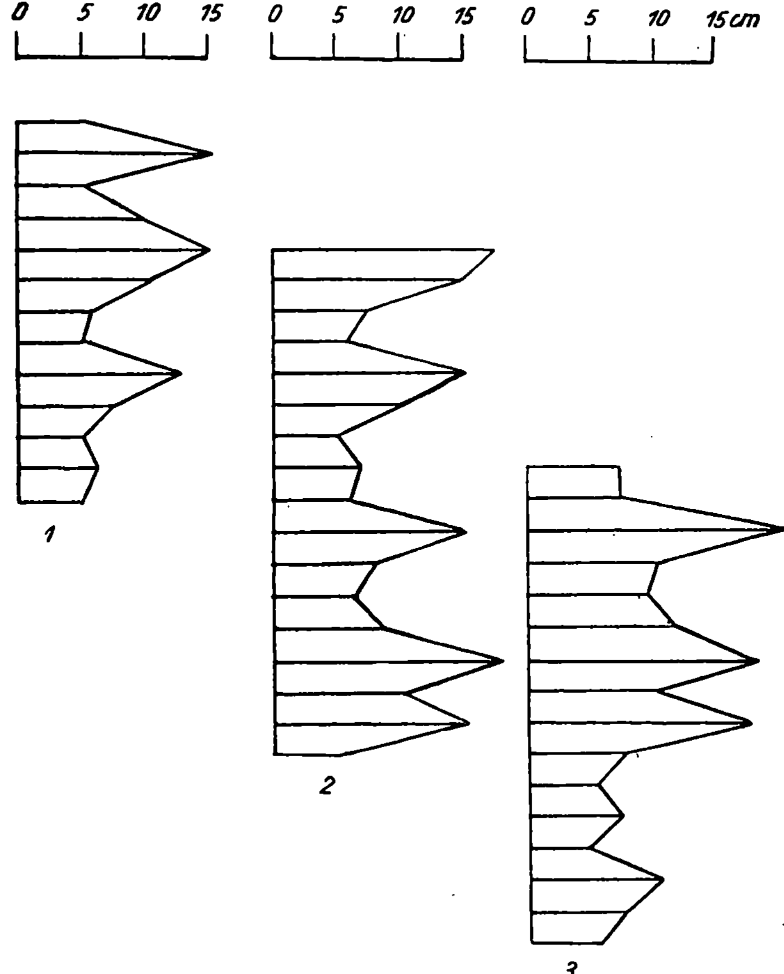

Abb. 14. Das Anschließen der Warwenprofile. — Die Länge der in gleichen Abständen auf einem Streifen aufgetragenen Linien gibt die Stärke der einzelnen Warwen wieder. Die Kurve, die die Spitzen verbindet, spiegelt die jährlichen Klimaschwankungen. Gleichverlaufende Kurvenabschnitte verschiedener Profile weisen auf Gleichzeitigkeit der entsprechenden Ablagerungen hin. So ist Profil an Profil angeschlossen worden; Ergebnis ist ein lückenloser Kalender der letzten 20 000 Jahre.

50

zustellen und an die in Nordeuropa aufgestellte und dort
als zuverlässig erwiesene Chronologie anzuschließen [1]). So wurden Warwenmessungen auf Island, in Kanada, Argentinien, Chile
und im Himalaja durchgeführt. In mehr als 80 % der Fälle soll
die Warwenbildung gleichmäßig verlaufen sein, so daß die War-
wen-Variation in der Tat die Variation der Sonnenstrahlung zu
spiegeln scheint. Hier könnte sich für die Zukunft ein großes
Feld erdweitvergleichender exaktester Chronologie auftun. Allerdings sind an der Gültigkeit der bisher durchgeführten Paral-
lelisierungen von Bändertonen über den Ozean hinweg Zweifel
aufgetreten. Warwen von Toronto, die d e G e e r nach Einpassen
der Kurve in den Warwen-Kalender einem bestimmten Stadium
im Rückzug der letzten Vereisung zuordnete, haben sich inzwischen als wesentlich älter erwiesen [2]).

4. Schwankende Sonnenstrahlung. Kurzperiodische Schwankungen der Sonnenstrahlung geben uns in Tag und Jahr die Zeiteinheiten für das werktätige Leben und die Geschichte. Lang-
periodische Schwankungen der Sonnenwärme bleiben dagegen dem
Bewußtsein der Menschen verborgen, und auch in den Hinter-
lassenschaften der Zeiten, den geologischen Urkunden, bezeugen
sie sich im allgemeinen nicht. Nur in einem einzigen Falle, in dem
über Jahrhunderttausende erdgeschichtliches Geschehen an der
Grenze extremer Klimaverhältnisse und unter dem Einfluß des
Wanderns dieser Grenze sich vollzog, hat sich der Gang der säkularen Strahlungsschwankungen in den erdgeschichtlichen Gebilden
aufzeichnen und, da diese Vorgänge der jüngsten Vergangenheit
angehören, auch lesbar bis auf unsere Tage erhalten können. So
ergibt sich aus dem rechnerisch ermittelten Gang der Strahlungsänderung und den in geologischer Felderfahrung aufgedeckten
Äquivalenten der Formgestaltung und Stoffanhäufung (zunächst

---

[1]) Vgl. z. B. d e G e e r , G., Geochronology as based on solar radiation
and its relation to archeology. Ann. Rep. Smithsonian Institution for 1928,
S. 687. Washington 1929.

[2]) C o l e m a n , A. P., Long range correlation of varves. Journ. of
Geol. **37**, 387, 1929.

auf deutschem Boden) für ihre einzelnen Phasen die astronomische
Chronologie des Eiszeitalters.

Diese Strahlungsschwankungen werden zuweilen in die Erörterung über die Ursachen der Eiszeit hineingezogen. Sie
müssen dann mit der Begründung ausgeschaltet werden, daß derartige Schwankungen ja nicht nur während der letzten Million,
sondern während all der hunderte Millionen Jahre der Erdgeschichte wirksam waren, und daß in ihnen daher keine Erklärung für den außerordentlichen Zustand der Erdoberfläche in
den letzten Jahrhunderttausenden gefunden werden kann. Damit
scheint dann die astronomische Strahlungskurve für die geologische Betrachtung erledigt zu sein. Tatsächlich handelt es
sich hier aber um ein Mißverständnis. Die an der erdgeschichtlichen Auslegung der Strahlungskurve maßgeblich beteiligten
Forscher haben schon in den ersten Veröffentlichungen dazu ausdrücklich hervorgehoben, daß diese Perioden „keineswegs letztursächlich am Zustandekommen von Eiszeiten beteiligt" (S o e r -
g e l 1925), daß sie „nichts zur Erklärung des Eiszeitalters als
Ganzem" zu sagen imstande seien (K ö p p e n - W e g e n e r 1924).
Erst nachdem andere Faktoren — sei es,-daß man mit K ö p p e n -
W e g e n e r eine Verlagerung der Pole annimmt oder etwa mit
N ö l k e eine Minderung der Sonnenstrahlung durch Einschieben
kosmischer Wolken zwischen Erde und Sonne — für bestimmte
Breiten der Erde „Schwellenwerte" des Klimas geschaffen haben,
die eine Vereisung möglich werden lassen, werden auch die
Perioden der Strahlung bedeutsamer als zu gewöhnlichen Zeiten.
Sie bestimmen den Einzelgang von Anwachsen und Abschmelzen
der Eismassen. Sie verursachen nicht die Eiszeiten, aber sie gliedern
sie; so darf auch die nachträgliche Analyse dieses Zeitalters
Zeitmarken von ihnen erwarten.

Die langperiodischen Schwankungen der Sonnenstrahlung auf
der Erde haben ihre Ursachen in langperiodischen Änderungen
von Elementen der Erdbahn. Die Exzentrizität der Erdbahn
schwankt zwischen Maxima und Minima in Perioden von 91 800
Jahren. Das Perihel macht seinen Umlauf durch alle Jahreszeiten
in 20 700 Jahren. Die Ekliptikschiefe, der Neigungswinkel zwischen Erdachse und Erdbahnebene, schwankt zwischen 22⁰ und

24,5⁰ in einer Periode von 40 400 Jahren. Ob außerordentliche Ausschläge in der Bestrahlung zustande kommen, hängt davon ab, ob ein Zeitpunkt, zu dem die Werte der beiden letzten Perioden günstig zusammenfallen, zugleich eine Zeit großer Exzentrizität ist.

Maxima und Minima der Exzentrizität sind schon in den siebziger Jahren von S t o c k w e l l für 800 000 Jahre zurückberechnet worden. Um die Jahrhundertwende hat T i l g r i m für den gleichen Zeitraum die Schwankung aller drei Elemente rechnerisch verfolgt. Aus den beiden Fundamentalkurven, von denen die eine den Gang der Ekliptikschiefe, die andere eine Beziehung zwischen Exzentrizität und Perihellänge ausdrückt, haben dann K ö p p e n - W e g e n e r[1]) eine angenäherte Strahlungskurve abgeleitet. Die exakte mathematische Durchdringung dieses Problems ist von M i l a n k o w i t s c h unternommen worden. Untersucht wurden die Strahlungsverhältnisse während der Sommerhalbjahre, da der Schlüssel für das Zustandekommen von Eiszeiten nicht in besonderen winterlichen Verhältnissen, sondern in kalten, eiserhaltenden Sommern zu suchen ist. Als wichtigstes Ergebnis legte M i l a n k o w i t s c h in dem Buch von K ö p p e n - W e g e n e r die Kurve der Sonnenstrahlung in den Sommerhalbjahren der letzten 650 000 Jahre vor, und zwar gesondert für 55⁰, 60⁰ und 65⁰ nördlicher Breite. (Vgl. Abb. 15.) Die Darstellung ist dadurch besonders sprechend, daß sie die jeweilige Strahlungsmenge in Breiten-Äquivalenten angibt: vor 70 000 Jahren erhielt 65⁰ Nordbreite eine Strahlung, wie sie heute 72⁰ Nordbreite empfängt (Strahlungsminimum), vor 330 000 Jahren eine Strahlung wie gegenwärtig 60⁰ (Strahlungsmaximum).

Aus den zahlreichen Zacken der Kurve lösen sich vier auffällige Paare je mehrtausendjähriger Scharen kalter Sommer, die bei der 65⁰-Linie über 68⁰ hinauswachsen; an ihnen hat die Parallelisierung des Bestrahlungsganges mit der geologischen Folge begonnen. Sie wurden von K ö p p e n - W e g e n e r mit den vier Elementen der Grundgliederung des Eiszeitalters, mit Günz-,

---

[1]) K ö p p e n , W. und W e g e n e r , A., Die Klimate der geologischen Vorzeit. Gebr. Borntraeger, Berlin 1924.

Mindel-, Riß- und Würm-Eiszeit gleichgestellt. Als Ermutigung
zu dieser Zuordnung dürfte die Übereinstimmung des großen Ab-
standes zwischen dem zweiten und dritten Paar mit der aus
geologischer Erfahrung geschlossenen „großen Interglazialzeit"
zwischen der zweiten und dritten Eiszeit aufgefaßt werden. Ungewohnt war allerdings, daß sich jede der als einheitlich auf-
gefaßten Eiszeiten in zwei Phasen aufgliedern sollte, die getrennt
werden durch jeweils annähernd 40 Jahrtausende wärmerer
Sommer. K ö p p e n - W e g e n e r versuchten den Einwand, der
hier aus dem geologischen Tatsachenmaterial sich zu erheben
scheint, zu entkräften: eine einmal gebildete, umfangreiche
Inland-Eismasse kann auch in wärmerem Klima, in dem ihre Neu-
bildung nicht möglich wäre, noch lange fortbestehen; ein Rest
wird die warme Zeit überdauern, wodurch in der dann erneut
einsetzenden Abkühlung das Wachstum um so früher und stärker
einsetzt, so daß von der nun größeren Eiskappe die Endmoränen
des früheren Vorstoßes überrannt und damit die sicheren Zeugnisse seiner Eigenständigkeit verwischt werden. Im Vertrauen
auf die Zuverlässigkeit der Klimakurve haben K ö p p e n -
W e g e n e r die Existenz von zehn statt bisher vier getrennten
Eiszeiten behauptet.

Ganz unabhängig davon ist zur gleichen Zeit eine neue Gliederung des Eiszeitalters aus geologischen Urkunden gewonnen
worden. Die Ansicht, daß im Gebiet der Vereisungen niemals
eine Vollgliederung zu gewinnen sei, da es hier als ein besonderer Glücksfall angesehen werden muß, wenn die Urkunden der
einen Eiszeit nicht durch die Vorgänge der nachfolgenden unleserlich geworden sind, hat S o e r g e l in die Randgebiete vor

---

Abb. 15. Die Schwankungen der Sonnenstrahlung in den höheren Breiten der Erde
während der letzten 650 000 Jahre. (Aus K ö p p e n - W e g e n e r : Die Klimate der geologischen Vorzeit. Berlin, Gebr. Borntraeger, 1924.) — Die Zackenkurven I, II und III sind
von M i l a n k o w i t s c h entworfen worden. Sie stellen die Strahlungsänderung durch
entsprechende Änderung der geographischen Breite dar. Die beiden Kurvengruppen IV
und V geben in den dicken Linien die von K ö p p e n - W e g e n e r entworfene Kurve des
angenäherten Ganges der sommerlichen Bestrahlung wieder, wie sie sich aus den beiden
(dünn bzw. gestrichelt dargestellten) Fundamentalkurven von E (Ekliptikschiefe) und
$e \cdot \sin \Pi$ (Beziehung von Exzentrizität und Perihel) ergibt, und zwar IV für die nördliche,
V für die südliche Erdhalbkugel (für 65° Breite). Die säkulare Strahlungsschwankung verläuft auf beiden Erdhälften grundverschieden.

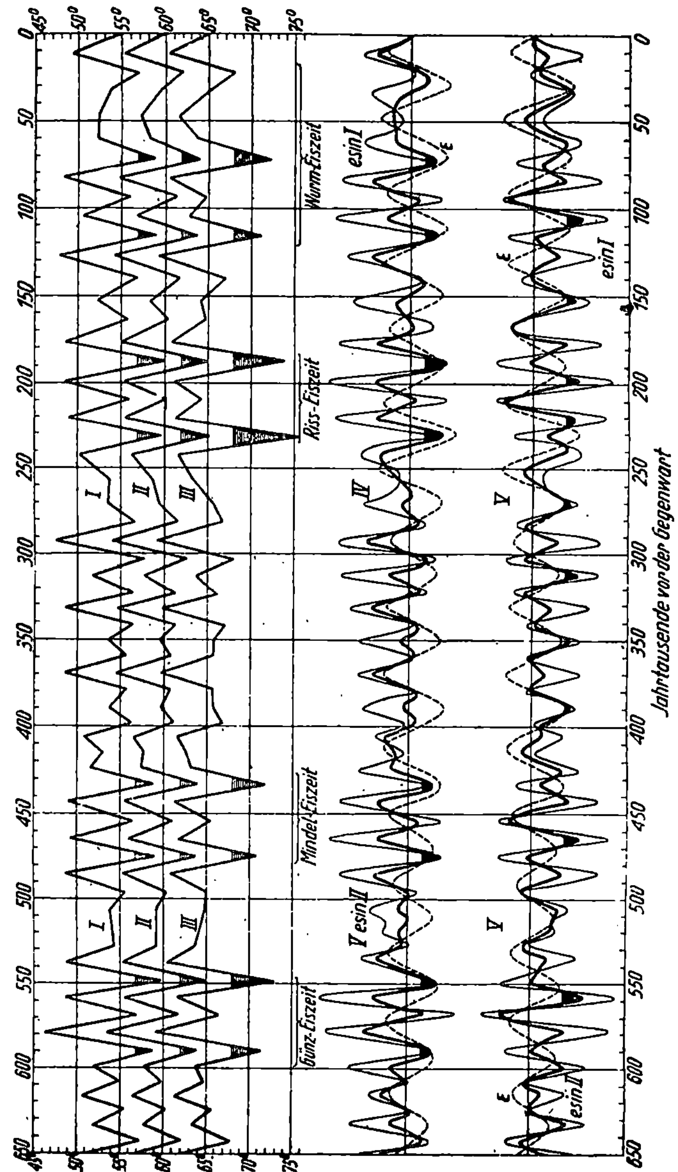

Abb. 15. Erläuterung nebenstehend.

55

dem Eis geführt [1]). Hier muß sich der Gang des Klimas in der
Tätigkeit des fließenden Wassers bemerkbar gemacht haben. Das
Einschneiden der Flußtäler während des Diluviums ist zwar durch
tektonische Vorgänge möglich geworden, durch das Absinken
Norddeutschlands und als korrelate Bewegung das regionale Aufsteigen der deutschen Mittelgebirgsschollen; doch darf — wenn
man S o e r g e l folgen will — der Wechsel zwischen Phasen der
Erosion und Phasen der Talverbreiterung sowie Aufschotterung
der Talböden (woraus sich nach erneuter Erosion die Schotter-
terrassen auf dem Talgehänge ergeben) nicht auf einen Wechsel von
tektonischer Bewegung und Ruhe zurückgeführt werden, sondern
auf Klimaschwankungen. In den Zwischeneiszeiten tieften sich
die Flüsse ein, in den Eiszeiten begruben sie ihren Talboden
unter Schutt. Die Theorie dieser Vorstellung ist von S o e r g e l
ausführlich dargelegt worden. Entscheidend ist, daß sich eine
Anzahl von Flußterrassen auf dem Wege über die Gleichstellung
mit Löß-Ablagerungen bestimmten Eiszeiten zuordnen läßt. In
verschiedenen Talgebieten, zunächst der Ilm—Saale und der
Werra—Weser, haben in der räumlichen Ordnung einander entsprechende Terrassen sich auch als zeitlich entsprechend, und
zwar als zur gleichen Phase der Vereisung gehörend, zu erkennen
gegeben. Später hat dann für alle großen deutschen Flußsysteme
— des Rheins, der Weser, der Elbe, der Oder (dazu der Themse) —
die gleiche Abfolge und Terrassenbildung nachgewiesen werden
können [2]).

Die entscheidende Untersuchung an den Terrassen der Ilm
führte 1924 zur Forderung nach elf kalten Perioden des Eiszeitalters. Sie wurde im gleichen Jahr wie das gleichsinnig von
der hergebrachten Eiszeitgliederung abweichende System von
K ö p p e n - W e g e n e r veröffentlicht. Vier der Terrassen des
Ilm-Saale-Gebiets hatten schon früher von S o e r g e l eine eindeutige Altersbestimmung erfahren. So war für den Vergleich
des neuen geologischen mit dem neuen astronomischen System

---

[1]) S o e r g e l , W., Die Gliederung und absolute Zeitrechnung des
Eiszeitalters. Fortschr. d. Geol. u. Paläontologie, Heft 13. Berlin 1925.
[2]) S o e r g e l , W., Das diluviale System I. Die geologischen Grundlagen der Vollgliederung des Eiszeitalters. Fortschr. d. Geol. u. Paläontologie. Berlin 1939.

eine vierfach gesicherte Bezugsbasis gegeben. Der Vergleich ergab, daß die zunächst gegenüber der zehnteiligen Klimakurve überzählige elfte Terrasse S o e r g e l s nur zwischen der zweiten Riß-Eiszeit und der ersten Würm-Eiszeit eingeordnet werden konnte, wo die Strahlungskurve in der Tat noch ein ausgeprägtes Minimum (um 140 000) aufweist; damit war eine völlige Gleichsetzung möglich. Die Vollgliederung des Eiszeitalters nach K ö p p e n - W e g e n e r - S o e r g e l gewann so dieses Gesicht:

Zeit	Zwischeneiszeit	Jahre vor der Gegenwart in Jahrtausenden	Dauer in Jahrtausenden
Würm III		26—21	5
	Würm II — Würm III	66—26	40
Würm II		74—66	8
	Würm I — Würm II	110—74	36
Würm I		118—110	8
	Prä-Würm — Würm I	139—118	21
Prä-Würm		144—139	5
	Riß II — Prä-Würm	183—144	37
Riß II		193—183	10
	Riß I — Riß II	225—193	32
Riß I		236—225	11
	Prä-Riß — Riß I	302—236	66
Prä-Riß		306—302	4
	Mindel II — Prä-Riß	429—306	123
Mindel II		434—429	5
	Mindel I — Mindel II	470—434	36
Mindel I		478—470	8
	Günz II — Mindel I	543—478	65
Günz II		550—543	7
	Günz I — Günz II	585—550	35
Günz I		592—585	7

Die Zuverlässigkeit dieser Geschichtszahlen-Tafel des Eiszeitalters ist von S o e r g e l eingehend erörtert worden. Am schwersten wiegt das Bedenken, daß die Beobachtungsgrundlagen für die rechnerische Behandlung der Himmelsmechanik einem recht kurzen Zeitraum entstammen, kleinste Fehler sich also bei Rechnungen für eine halbe Million Jahre oder mehr zu recht gewichtigen Abweichungen summieren können. „Eine solche Fehlermöglichkeit können wir nie völlig ausschalten, nur mindern. Sie darf uns nicht abhalten, Ergebnisse der Astronomie der Geologie nutzbar zu machen, und sie kann die Bedeutung einer astrono-

misch fundierten absoluten Gliederung des Eiszeitalters nicht
herabdrücken. Für den hier in Betracht kommenden Zeitraum
werden die ‚Fehler die Anzahl der als Eiszeit gedeuteten, besonders charakterisierten Phasen nicht verändern, und wenn sie
zeitliche Verschiebungen dieser Phasen in dem System um einige
Jahrtausende bedingen, so ist das im Rahmen des ganzen in
Anspruch genommenen Zeitraums für uns völlig belanglos."
(1925.) Wichtig erscheint die Warnung, die sich hieraus ergibt,
daß nämlich die bis auf 1000 Jahre genau mitgeteilten Zahlen
keineswegs eine Genauigkeit bis zu dieser Stelle besitzen. Die
Fehlergrenze vielmehr günstigenfalls das Jahrzehnttausend nicht
unterschreitet. Das gilt selbst für den Fall, daß der Kurve Un-
fehlbarkeit zukäme; denn dann wäre immer noch die exakte
Fixierung der Grenzen zwischen den Zeiten die ja in Wirklichkeit genau wie die Kurve fließende Übergänge waren, eine
Frage, die zu verschiedenen Antworten führen kann. So ist es
auch nur von geringer Bedeutung, daß einige Jahreszahlen um
mehrere tausend Jahre verschoben worden sind. Wichtig sind
nicht die Korrekturen der letzten Zeit, die sich durchaus innerhalb der hier genannten Genauigkeitsgrenze der Zeitzahlen
halten, sondern die Ergänzungen zur Vollgliederung. So ist in der
Mindel II—Prä-Riß—Zwischeneiszeit eine weitere kalte Periode
ausgemacht worden, die in die Strahlungskurve bei 402,5—394,5
Jahrtausende eingefügt worden ist. Schotter im Lech—Iller-Gebiet,
die älter als Günz I sind, ließen E b e r l weitere fünf kalte Perioden in der Zeit vor 650 000 vor der Gegenwart vermuten.
M i l a n k o w i t s c h errechnete den Gang der Strahlung für
weitere 400 000 Jahre und deckte dabei noch folgende fünf Kälte-
perioden auf:

Donau III	688—674	Jahrtausende vor der Gegenwart
Donau II	730—710	„ „ „ „
Donau I	770—750	„ „ „ „
Staufenberg-Schotter	845—820	„ „ . „ „
Ottobeurer-Schotter	940—925	„ „ „ „

Reizvoll ist es, die Brauchbarkeit der Strahlungskurve von
M i l a n k o w i t s c h für das Einzeiten von Ablagerungen an
einem Beispiel zu veranschaulichen. Dazu sei ein Diluvialprofil

gewählt, dem in mancher Hinsicht grundsätzliche Bedeutung zukommt und das schon zu den klassischen Aufschlüssen der Erdrinde gezählt werden darf: Das Profil der Kalkbrüche von Ehringsdorf

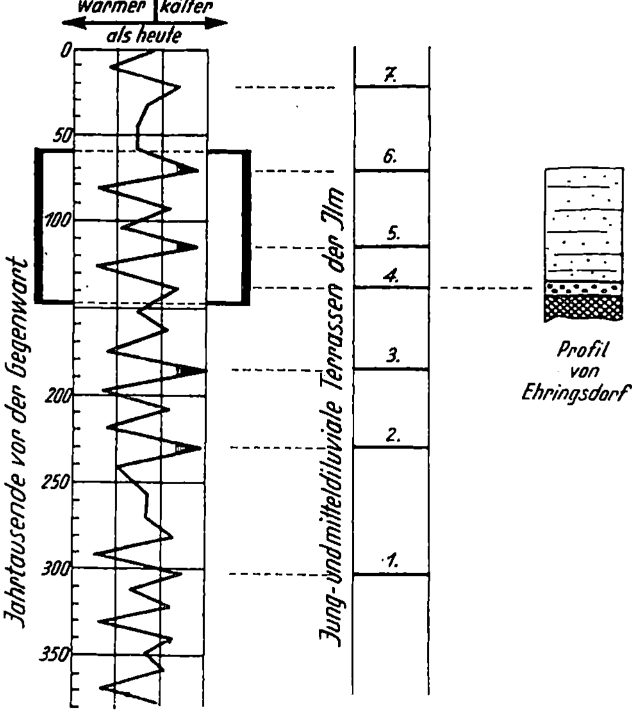

Abb. 16. Die Kurve der Sonnenbestrahlung als Zeitmesser für geologische Urkundenfolgen. — Beispiel: Das Diluvialprofil von Ehringsdorf in Thüringen (nach Angaben und Zeichnungen von S o e r g e l 1925 und 1939 zusammengestellt und umgezeichnet).

16a. Das Diluvialprofil von Ehringsdorf beginnt mit einer Kiesschicht über Tonen aus der Keuperzeit. Es liegt auf einer Schotterterrasse der Ilm, und zwar auf der vierten der sieben mittel- und jungdiluvialen Terrassen. Die sieben Ilm-Terrassen werden mit sieben Kältespitzen in der Zackenkurve der Sonnenbestrahlung gleichgesetzt. Dabei ergibt sich für die vierte ein Alter von ungefähr 140 000 Jahren. Das ist der erste Festpunkt für die Altersbestimmung der einzelnen Schichten von Ehringsdorf.

(Abb. 16 a u. b). Es besteht aus drei Schichtfolgen von Travertin, Kalkabsätzen aus Quellwässern, die gegliedert werden durch zwei eingelagerte Schichten von zusammengeschwemmtem Schutt.

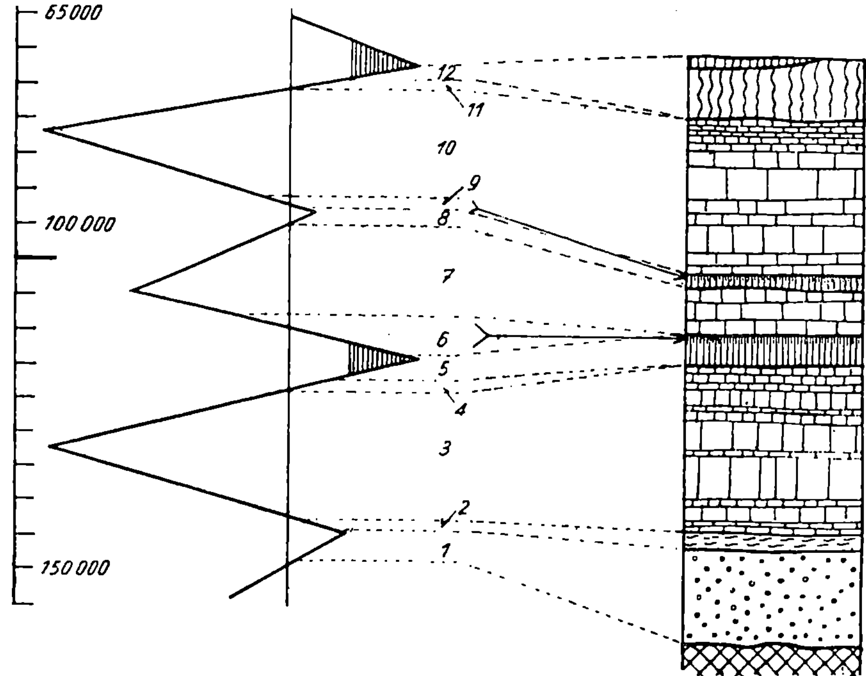

Abb. 16 b. Aus dem Profil von Ehringsdorf können von oben nach unten diese Vorgänge abgelesen werden.

12. Aufschwemmung von Löß und Lößlehm.
11. Oberflächenabtragung des oberen Travertin.
10. Bildung des oberen Travertin.
9. Bildung einer Verlehmungs- und Humifizierungsrinde der zweiten Schicht zusammengeschwemmten feinen Schutts.
8. Aufschwemmung feinen Schutts.
7. Bildung von Travertin.
6. Bildung der Verlehmungs- und Humifizierungsrinde der ersten Schicht zusammengeschwemmten feinen Schutts.
5. Bildung der ersten Schicht aufgeschwemmten Schutts mit Löß.
4. Oberflächenabtragung des unteren Travertin.
3. Bildung des unteren Travertin.
2. Absatz von Mergeln über den Ilmkiesen.
1. Vierte mitteldiluviale Aufschotterung.

Die darin bezeugte Folge klimatischer Veränderungen läßt sich mit dem Verlauf der Sonnenstrahlungskurve in der dargestellten Weise zur Deckung bringen. Das Alter der einzelnen Vorgänge läßt sich nun unmittelbar ablesen. Andere Einzelheiten hierzu gibt der Text.

60

Diese Abfolge liegt über den Schottern der vierten, mitteldiluvialen Ilm-Terrasse. Es ist diejenige Schotterterrasse, die bei der Einordnung ins astronomische System zunächst als überzählig erschien und sich dann der Kurvenzacke um 140 Jahrtausende vor der Gegenwart zuordnen ließ. Damit ist bereits ein erster Festpunkt für die Altersbestimmung des Profils gegeben. Seine Ablagerungen sind jünger als 140 000 Jahre. Welches genaue Alter kommt aber nun etwa dem mittleren Travertinband zu?

Der untere Travertin gibt sich nach den eingeschlossenen Tier- und Pflanzenresten als eine Bildung unter warmgemäßigtem Klima zu erkennen. Die darauf folgende Schicht zusammengeschwemmten Materials, das reichlich Löß enthalten soll, ist aus mehreren Hinweisen als unter kaltem Klima entstanden vorzustellen. Es ist Zeugnis für eine Eiszeit. Der danach abgelagerte Travertin wird durch seinen Schnecken- und Säugetierbestand einem kälteren Klima als der untere zugewiesen. Die zweite Einlagerung von Schutt und Lehm bezeugt eine erneute Klimaverschlechterung. Für den dritten Travertin ist auf Grund der enthaltenen Faunenreste ein mildes, gemäßigtes Klima, dem Klima zur Bildungszeit des ersten Travertin recht ähnlich, anzunehmen. Die Deckenschichten schließlich, zunächst wieder zusammengeschwemmtes Material, dann Löß, gehören eindeutig einer weiteren Eiszeit an. So ergibt sich also eine Folge von drei Warm-, drei Kaltzeiten, unter denen die mittlere Warmzeit weniger ausgeprägt ist als die beiden anderen. Dieser Forderung entspricht der Verlauf der Strahlungskurve unmittelbar nach der 140 000-Jahr-Eiszeit in der Zeitspanne bis 70 000 völlig; Einzelheiten der Parallelisierung gehen aus Abb. 16 hervor. Die oben gestellte Frage läßt sich nun durch Abgreifen der Zahlen aus der Kurve beantworten: der mittlere Travertin ist um 100 000 Jahre alt.

Die hier skizzierte Chronologie des Eiszeitalters hat nun allerdings nicht erdweite Gültigkeit. Wie ein Vergleich der Kurven IV und V in Abb. 15 zeigt, ist der Gang der Strahlungsschwankungen auf beiden Halbkugeln völlig verschieden. Die diesen (nicht quantitativ zuverlässigen) angenäherten Kurven zugrunde liegenden beiden Fundamentalkurven sind zwar für beide Erdhälften identisch, doch fällt diejenige, die eine Beziehung darstellt, im

Süden umgekehrt wie im Norden. So besteht lediglich die Übereinstimmung, daß beträchtliche Schwankungen an Zeiten großer Exzentrizität gebunden sind. Für die diluvialen Urkunden der Südhalbkugel müßte also eine gesonderte Klimakurve aufgestellt und eine von der Nordgliederung völlig unabhängige Parallelisierung des astronomischen und des geologischen Ablaufs durchgeführt werden.

In der Entdeckung, daß die einzelnen Eiszeiten der beiden Halbkugeln verschiedenzeitig verlaufen sein müssen, liegt nun der grundsätzliche erdgeschichtliche Wert der Strahlungskurve, der auch dann erhalten bliebe, wenn sie sich einmal in Einzelheiten als unzuverlässig oder gar in der absoluten Zeitgliederung überhaupt als irreführend erweisen würde. Sie warnt davor, Abläufe in zwei entgegengesetzten Gebieten, die derart wirksam getrennt sind, daß sich ihre Urkunden nicht im Raume begegnen und also auch nichts über ihre gegenseitigen Altersverhältnisse unmittelbar aussagen, in unberechtigte Beziehungen zueinander zu setzen, und beugt so einem Anachronismus vor, der zweifellos als Gefahr vorhanden wäre, da für das schnellebige und gegensatzreiche Geschehen dieses jungen Erdzeitalters vielfach keine oder nicht genügend empfindliche Fossilien als Marken relativer Zeitbestimmung verfügbar sind.

5. Radioaktive Mineralien. Unter allen zur absoluten oder relativen Zeitbestimmung dienenden Marken nehmen die radioaktiven Mineralien eine eigentümliche Stellung ein. Während·die übrigen in ihrer Gestalt (Fossilien) oder ihrem Gefüge (Bändertone) einen zeitkennzeichnenden Zustand bewahrt haben, durch den sie sich als dieser oder jener Zeit zugehörig erweisen, machen die radioaktiven Mineralien umgekehrt ihre Aussage durch die Verwandlung, die sie seit der Zeit ihrer Bildung erlitten haben. Sie tragen weder ein Datum (Fossilien), noch registrieren sie die Jahre (Bändertone), sondern sie wirken als „geologische Uhren". J. P. M a r b l e [1]), ein Mitglied des Ausschusses für die Messung der

---

[1]) Berechnung geologischer Zeit durch chemische Analyse. Natur und Volk **65**, 204. ·Frankfurt. a. M. 1935.

geologischen Zeit, hat sie sehr treffend mit Sanduhren verglichen. Kennen wir die Geschwindigkeit, mit der in einer solchen der Sand niederrieselt, so können wir aus dem Verhältnis der Menge des bereits herabgefallenen Sandes zu der des noch oben befindlichen Restes in jedem Augenblick die Zeit berechnen, die seit dem Beginn ihres Laufs verstrichen ist.

Geologische „Sanduhren" entstehen in der Reihe der Mineralbildungen aus magmatischen Schmelzen. Schmelzflüsse, die aus der Unterkruste der Erde aufdringen, enthalten zunächst sämtliche chemischen Elemente, wenn auch in sehr verschiedener Konzentration. Wenn sie dann in den oberen Stockwerken der Erdrinde erkalten, so scheiden sich zunächst die acht wichtigsten gesteinbildenden Elemente (Sauerstoff, Silizium, Aluminium, Eisen, Kalzium, Natrium, Kalium, Magnesium) als Silikate aus. Die übrigen, mit sehr kleinen Mengen beteiligten Elemente reichern sich bei fortschreitender Abkühlung in der Restschmelze soweit an, daß auch die quantitativ gänzlich unbedeutenden radioaktiven Elemente, insbesondere Uran und Thorium, mit Sauerstoff Verbindungen eingehen und auskristallisieren können, Uranoxyd etwa zu dem Mineral Pechblende, wie es in den Bergwerken von Joachimstal gefördert wird. Die Zahl der radioaktiven Mineralien ist nicht gering, wenn man auch diejenigen berücksichtigt, in denen Uran und Thorium nicht die Hauptrolle spielen, sondern nur als untergeordnete Gemengteile enthalten sind. In diesen Mineralien beginnt nun im Augenblick ihrer Bildung die „Sanduhr" zu laufen.

Wir wollen dies am Beispiel eines Uranminerals genauer betrachten. Die Atome der radioaktiven Elemente, also auch des Urans, sind im Gegensatz zu denen der übrigen in der Natur vorkommenden Elemente nicht stabil. Sie wandeln sich im Laufe der Zeit von selbst in andere Elemente um. Diese Umwandlung erfolgt dadurch, daß sie aus ihrem Kern Teilchen ausschleudern. Das kann auf zwei verschiedene Weisen erfolgen. Entweder wird ein sogenanntes Alphateilchen ausgeschleudert. Dieses ist identisch mit dem Atomkern des Edelgases Helium und trägt eine positive elektrische Ladung. Die andere Art der Umwandlung besteht in der Ausschleuderung eines sogenannten Betateilchens.

Dieses ist ein Elektron, ein negativ elektrisches Teilchen, dessen
Masse nur rund $1/1840$ der Masse eines Wasserstoffatoms beträgt.
Außerdem wird bei einzelnen dieser Umwandlungen eine Gamma-
strahlung ausgesandt, eine äußerst kurzwellige, mit dem Licht
wesensgleiche, elektromagnetische Wellenstrahlung. Das Uran
sendet eine Alphastrahlung aus und verwandelt sich dabei in ein
anderes Element, das Uran X_1, welches aber wiederum instabil
ist und sich in ein anderes, ebenfalls instabiles Element umwandelt, und so fort. So schließt sich an den Zerfall eines Uran-
atoms eine ganze „Zerfallsreihe" instabiler Atomarten an, welche
sämtlich viel kurzlebiger sind als das Uran. Die Reihe endet
schließlich in einem stabilen Endprodukt, dem Radium G. Ein
Glied dieser Zerfallsreihe ist auch das bekannte Radium. Im
ganzen finden in der Zerfallsreihe des Urans 14 aufeinander-
folgende Umwandlungen statt, von denen 8 unter Aussendung
von Alphastrahlen, 6 unter Aussendung von Betastrahlen erfolgen. Die chemische Untersuchung des stabilen Endprodukts,
des Radium G, ergibt nun, daß es sich chemisch identisch mit
dem gewöhnlichen Blei verhält. Andererseits aber kann man das
Atomgewicht des Radium G auch berechnen. Das Atomgewicht
des Urans beträgt 238. Bis zu seiner Umwandlung in Radium G
hat es 8 Alphateilchen verloren. Da das Atomgewicht des
Heliums 4 beträgt, so muß dabei das Atomgewicht um $8 \times 4 =$
32 Einheiten, also auf 206, abgenommen haben. (Die ebenfalls
ausgesandten Betateilchen haben auf die Atomgewichtsänderung
wegen ihrer sehr geringen Masse keinen wesentlichen Einfluß.)
Diese Berechnung wird auch durch eine unmittelbare Messung
des Atomgewichtes bestätigt. Das gewöhnliche, in der Natur vor-
kommende Blei hat aber das Atomgewicht 207,21. Wie wir heute
wissen, ist das gewöhnliche Blei ein sogenanntes Isotopen-
gemisch, das heißt ein Gemisch aus Bleiatomen von verschie-
denem Atomgewicht, unter denen sich auch das Radium G
befindet. Dieses ist also ein Bleiisotop, eine von mehreren, chemisch völlig gleichartigen Bleiarten. Ähnlich verhält es sich mit
dem Thorium. Seine Zerfallsreihe besteht aus 10 Gliedern, und
es tritt in ihr 6mal eine Alphastrahlung, 4mal eine Beta-
strahlung auf. Ihr stabiles Endprodukt ist das Thorium D. Das

Atomgewicht des Thoriums beträgt 232. Demnach muß das Atomgewicht des Thoriums D um $6 \times 4 = 24$ kleiner sein, also 208 betragen. Es ist ebenfalls ein Bleiisotop. Eine dritte Zerfallsreihe, die von dem sehr seltenen Element Actinium U ausgeht, endet in einem Bleiisotop vom Atomgewicht 207.

Die Analogie mit einer Sanduhr läßt sich nun auf zwei Weisen ziehen. Dem noch oben in der Uhr enthaltenen Sand entspricht in jedem Fall die im Mineral noch enthaltene, noch nicht umgewandelte Menge an Uran oder Thorium. Mit dem bereits herabgefallenen Sande aber kann man entweder die bereits gebildete Menge des stabilen Bleiisotops oder die gebildete und im Mineral eingeschlossene Heliummenge vergleichen. Wir brauchen zur Berechnung der seit der Bildung des Minerals verflossenen Zeit nur zu wissen, welcher Bruchteil der vorhandenen Uran- oder Thoriumatome sich jeweils in einer bestimmten Zeit umwandelt, oder — das ist die übliche Angabe — die Halbwertzeit des Urans oder Thoriums zu kennen. Die Halbwertzeit ist diejenige Zeit, in welcher sich jeweils die Hälfte der anfänglich vorhandenen Menge umwandelt.

Diese Berechnung wäre aber nicht möglich, wenn nicht durch Versuche gesichert wäre, daß die Halbwertzeit, also die Geschwindigkeit der Umwandlung, von allen äußeren Bedingungen völlig unabhängig ist, also auch durch sehr hohe Drucke und Temperaturen in keiner Weise beeinflußt wird. Wir sind daher berechtigt, die im Laboratorium ermittelten Halbwertzeiten auch auf die radioaktiven Mineralien anzuwenden, ohne Rücksicht auf ihre Schicksale und auf die ungeheure Länge der in Frage kommenden Zeiten.

Die Halbwertzeit des Urans beträgt 4,5 Milliarden Jahre, die des Thoriums 15 Milliarden Jahre. Würde man also etwa fest stellen, daß sich in einem von gewöhnlichem Blei freien Uranmineral gerade ebenso viele Atome des Bleiisotops vom Atomgewicht 206 befinden wie Uranatome, so müßte man schließen, daß gerade die Hälfte der anfänglich vorhandenen Uranatome umgewandelt ist, also seit der Bildung des Minerals 4,5 Milliarden Jahre verstrichen sind. Andererseits müssen sich in der gleichen Zeit achtmal so viel Heliumatome angesammelt haben, wie in

ihr Uranatome umgewandelt sind. Entsprechend läßt sich die seit
der Bildung des Minerals verflossene Zeit jeweils aus dem durch
Analyse des Minerals ermittelten Verhältnis Blei : Uran oder
Helium : Uran berechnen.

Wir haben hier bereits stillschweigend die experimentell exakt
bestätigte Voraussetzung gemacht, daß von einer jeweils noch
vorhandenen Menge Uran oder Thorium stets in gleichen Zeiten
nicht etwa die gleiche Menge, sondern der gleiche Bruchteil zerfällt. Den mathematischen Ausdruck für diesen Sachverhalt gibt
die Gleichung

$$N = N_0\, e^{-\lambda t}.$$

Hierin ist N_0 die Zahl der anfänglich vorhandenen Atome des
Ausgangselements, N ihre Anzahl nach Ablauf der Zeit t; e ist
die Basis des natürlichen Logarithmensystems (e = 2,718 . . .);
λ ist die sogenannte Zerfallskonstante des Elements, welche in
einer einfachen Beziehung zur Halbwertzeit steht. Die Zahl der
in der Zeit t gebildeten Atome des stabilen Bleiisotops beträgt

$$N' = N_0 - N = N\,(e^{\lambda t} - 1).$$

Die Zahl der gebildeten Heliumatome ist, wie man leicht sieht,
$8\,N'$. Da λ bekannt ist, so kann die Zeit t auf Grund der vor-
stehenden Gleichungen ohne weiteres aus dem Verhältnis N'/N
berechnet werden. Dieses Verhältnis ist aber auf Grund der be-
kannten Atomgewichte ohne weiteres berechenbar, wenn man
das Gewichtsverhältnis des Bleiisotopgehalts zum Uran- bzw.
Thoriumgehalt bzw. statt des ersteren des Heliumgehalts des
Minerals ermittelt hat. Das Alter t desselben ergibt sich dann —
unter einer Vereinfachung, die zulässig ist, weil die in Frage
kommenden Zeiten stets klein gegen die Halbwertzeiten sind —
nach der Bleimethode aus der einfachen Gleichung

$$t = \frac{\text{Bleigewicht}}{\text{Urangewicht}} \cdot C \text{ Millionen Jahre.}$$

Die Konstante C hängt in einfacher Weise mit der Halbwertzeit
zusammen und beträgt bei Uranmineralien rund 7600. Uran-

mineralien enthalten aber fast immer auch Thorium. In diesem
Fall gilt die Gleichung

$$t = \frac{\text{Bleigewicht}}{\text{Urangewicht} + k \cdot \text{Thoriumgewicht}} \cdot C \text{ Millionen Jahre.}$$

k ist eine Konstante, die die Bleiabspaltung des Thoriums in die-
jenige des Urans umrechnet; als bester Wert wird 0,36 angegeben.
Eine Anzahl von Altersberechnungen nach der Bleimethode hat
M a r b l e 1935 zu einer Tabelle zusammengestellt, die wir in der
Abb. 17 wiedergeben.

Entsprechend verfährt man bei der Heliummethode. Hier berechnet sich das Alter t nach der Gleichung

$$t = \frac{\text{Heliumvolumen}}{\text{Urangewicht} + k' \cdot \text{Thoriumgewicht}} \cdot C' \text{ Millionen Jahre.}$$

Die Konstanten betragen $C' = 8,8$ und $k' = 0,27$. Das Volumen
des aus dem Mineral entbundenen Heliums ist auf dasjenige bei
0^0 C und Atmosphärendruck umzurechnen.

Die Blei- und die Heliummethode haben je nach dem Alter
des Minerals ihre Vor- und Nachteile. Bei sehr jungen Mineralien
versagt die Bleimethode wegen zu geringer Menge des gebildeten
Bleis. Bei älteren Mineralien besteht bei Anwendung der Heliummethode immer der Verdacht, daß ein Teil des gebildeten Heliums
— etwa durch hohe Temperaturen oder infolge seines eigenen,
mit der Zeit ständig wachsenden Drucks — aus dem Mineral vorzeitig entwichen ist. Besonders fällt dieser Verdacht auf Gesteine,
die stärkere Durchbewegung mitgemacht haben. So ist die Bleimethode vor allem bei älteren, die Heliummethode bei jüngeren
Mineralien anwendbar, und so ergänzen sie sich gegenseitig.

Eine andere, allerdings weit weniger genaue Altersbestimmung ist bei Mineralien möglich, welche radioaktive Einschlüsse
in Form kleiner Körner enthalten, etwa bei Glimmer und Turmalin. Der Beschuß durch die ausgesandten Alphateilchen übt
einen Einfluß auf das Kristallgitter des Wirtsminerals aus, der
sich in einer Verfärbung desselben äußert. Das Körnchen umgibt
sich mit einem farbigen, pleochroitischen Hof. Die Intensität der
Färbung ist von der Menge des eingeschlossenen radioaktiven
Stoffes und der Dauer seiner Einwirkung, also vom Alter des

Minerals, abhängig und kann daher zu dessen Bestimmung dienen, sofern man die Menge kennt. Diese läßt sich aber nur ungefähr ermitteln. Man rechnet daher mit einem Höchstwert derselben und erhält so ein Mindestalter des Minerals.

Die Ausdeutung der pleochroitischen Höfe ist also ungenau; die Heliummethode ist nur auf jüngere Mineralien anwendbar. So kommt für die Mehrzahl der Mineralien nur die Bleimethode in Frage. Doch müssen ihre Fehlerquellen und ihre Grenzen genau beachtet werden.

Zunächst ist zu beachten, daß das Mineral bereits von Anfang an einen Gehalt an Blei besitzen kann. Würde man in einem solchen Fall den Gesamtgehalt an Blei in Rechnung setzen, so würde sich ein mehr oder minder zu hohes Alter ergeben. Man kann aber eine Verunreinigung von Blei radioaktiver Abkunft mit gewöhnlichem Blei aus dem Intensitätsverhältnis der Linien im Massenspektrum des Bleis erkennen. Die Abb. 18 zeigt dies am Beispiel eines anderen Stoffes, an einem Massenspektrum von natürlichem und auf radioaktivem Wege gebildeten Strontium.

Eine weitere Gefahr besteht darin, daß entweder ein Teil des ursprünglich vorhandenen Urans oder Thoriums oder ein Teil des gebildeten Bleis durch Auslaugungen verlorengegangen ist. Die Altersbestimmung wäre im einen Fall zu hoch, im anderen zu gering. Solche Auslaugungen können durch ein „Auto-Radiograph" erkannt werden, das heißt durch die Einwirkung der vom Mineral auf einer enganliegenden photographischen Platte (bei einer Bestrahlungszeit bis zu 14 Tagen) erzeugten Schwärzung. Ihr örtlicher Grad hängt von der örtlichen Verteilung der radioaktiven Stoffe im Mineral ab. Aus der Verteilung heller und dunkler Stellen erkennt man Auslaugungen und auch Verunreinigungen.

Eine andere Schwierigkeit ergibt sich daraus, daß in Uranmineralien meist nicht nur ein einziges Uranisotop, das Uran I, die Muttersubstanz der Uran-Zerfallsreihe, enthalten ist. Erstens ist auch eines der Glieder dieser Zerfallsreihe selbst wiederum ein Uranisotop, das Uran II. Es ist jedoch kurzlebig (kurze Halbwertzeit) und bedeutet daher keine ins Gewicht fallende Fehlerquelle. Schwerer wiegt, daß die Muttersubstanz der Actinium-

Zerfallsreihe, das Actinium-Uran vom Atomgewicht 235, ebenfalls ein Uranisotop ist, und daß alle Uranmineralien auch dieses Isotop zu enthalten scheinen. Das stabile Endprodukt der Actiniumreihe ist ein Bleiisotop vom Atomgewicht 207. Die Halbwertzeit des Actino-Urans beträgt aber nur etwa $^1/_{10}$ derjenigen des Urans I; es wandelt sich also sehr viel schneller um. Mit wachsendem Alter des Minerals verschiebt sich also das Verhältnis Uran I : Actinium-Uran zugunsten des Uran I. Bei Mineralien, welche nicht älter als etwa 1 Milliarde Jahre sind, begeht man keinen allzu großen Fehler, wenn man den Gehalt an Actinium-Uran nicht in Rechnung setzt und das Alter einfach aus dem Verhältnis Bleigehalt : Gesamtgehalt an Uran berechnet so, als ob es sich nur um die Umwandlung von Uran I handele. Bei älteren Mineralien aber muß das Verhältnis von Blei 207 zu Blei 206 ermittelt und aus ihm der Anfangsgehalt an Actinium-Uran berechnet werden. Diese sehr mühsame Bleianalyse wird noch erschwert durch die immer mögliche Beimengung von gewöhnlichem Blei, das ja auch ein Atomgewicht von ungefähr 207 besitzt. Eine Anzahl von Altersbestimmungen, die auf diese Weise korrigiert wurden, sind nach H o l m e s (1937) in der folgenden Tabelle zusammengestellt [1].

Vor kurzem ist nun aber von O. H a h n [2] eine neue Altersbestimmung gerade für ältere Mineralien entwickelt worden, welche die eben genannten Schwierigkeiten nicht besitzt. Außer den Gliedern der schon erwähnten Zerfallsreihen, welche durchweg zu den Elementen mit den höchsten Atomgewichten gehören, gibt es noch einige vereinzelte Fälle von Radioaktivität bei leichteren Elementen. So besitzt das Rubidium — und zwar das zu 27 % im natürlichen Rubidium enthaltene Rubidiumisotop vom Atomgewicht 87 — eine sehr schwache Radioaktivität. Es ist ein Betastrahler und wandelt sich mit einer Halbwertzeit von 63 Milliarden Jahren in ein Strontiumisotop — ebenfalls vom Atomgewicht 87 — um (Abb. 18). Die Umwandlung erfolgt also außer-

---

[1] Aus S. v o n B u b n o f f, Einführung in die Erdgeschichte, I. Teil: Voraussetzung — Urzeit — Altzeit. Berlin 1941.
[2] H a h n , O., Geologische Altersbestimmung nach der Strontiummethode Forschungen und Fortschritte **18**, 353. Berlin 1943.

Erd-geschichtliches Zeitalter	Alter Millionen Jahre	Mineral	Ort	Pb/(U+0,36 Th)	Bemerkung
Alluv					Auf diese Weise nicht zu berechnen
Diluv					Auf diese Weise nicht zu berechnen
Pliozän			–		Keine Angaben
Miozän	35 (?)	Brannerit	Custer County, Idaho, USA.	0,005	Etwas unsicher
Oligozän					Keine Angaben
Eozän	64	Pechblende	Central City, Colorado, USA.	0,009	Laramische Gebirgsbildung
Kreide		Pechblende	Lusk, Wyoming, USA.	0,007 +	Unsicher. Späte Kreide oder [Frühes Tertiär
Jura	125 +	Ishikawit	Japan	0,017	
Trias					Keine Angaben
Perm	196	Pechblende Pechblende	Joachimstal, Böhmen Wölsendorf, Bayern	0,028—0,032 0,026	Noch zu verbessern Noch zu verbessern
Ober-Karbon	211—242 244	Thorit Uranothorit	Langesundfjord, Norwegen Krogeroe, Norwegen	0,0222 0,022 +	Unsicher. Diese Mineralien können älter und im Karbon aufgearbeitet worden sein
Unter-Karbon					Keine Angaben
Gotlandium	377—381	Uraninit Cyrtolit Uraninit Monazit	Fitchburg, Mass., USA. Bedford, N. Y., USA. Branchville, Conn., USA.	0,051 0,051—0,052 0,051	Taconische Gebirgsbildung
Ordovizium					Keine Angaben
Kambrium	425	Kolm	Westergötland, Schweden	0,059	Oberstes Kambrium
Oberes Vorkambrium	814 800 + 790 820—905 800 800 (?)	Uraninit Pechblende Thorianit Bröggerit Allanit Thorianit	Morogoro, Deutsch-Ostafrika Katanga, Belgisch-Kongo, Afrika Easton, Pa., USA. Moss, Norwegen Amherst County, Virginia, USA. Ceylon	0,084—0,091 0,09 0,10 0,11—0,125 0,112 0,09—0,12	Leicht unsicher Vielleicht ein wenig zu ändern Leicht unsicher
Mittleres Vorkambrium	860 900 + 1000 + 1046 1000 (?)	Samarskit Monazit Euxenit Uraninit Uraninit	Norwegen Süd-Australien Rogachev-Baranovka, Wolhynien, USSR. Wilberforce, Ontario, Canada Pied-des-Monts, Quebec, Canada	0,133 0,142 0,153 0,16 0,15	Vielleicht zu ändern (möglicherweise jünger) Unsicher Laurentische Gebirgsbildung Wahrscheinlich Laurentium Grenville-Kalk: Keine Angaben
Unteres Vorkambrium	1275 1500 1750 + 1900 +	Pechblende Uraninit Uraninit Monazit Uraninit	Great Bear Lake, N.W.T., Canada Keystone, So. Dakota, USA. Huron Claim, Manitoba, Canada Polyani Krug, Karelien, USSR.	0,197 0,226 0,273 0,296	Wahrscheinlich Keewatin-Alter Archaisch

Abb. 17. Jahreszahlen für Punkte aus allen Erdaltern, ermittelt aus dem Verhältnis von Blei zu Uranium (und Thorium) in Mineralien dieser Erdzeitpunkte. (Tabelle von M a r b l e aus Natur und Volk 65, 207. Frankfurt a. M., 1935.)

ordentlich langsam und kann nur bei sehr alten Mineralien auswertbare Mengen an Strontium liefern. Überdies ist Voraussetzung, daß das Mineral ursprünglich so gut wie frei von natürlichem Strontium war. Es gelang O. H a h n , in einem kanadischen rubidiumhaltigen Glimmer ein Mineral zu entdecken, dessen Strontiumgehalt zu 99 % aus dem reinen Isotop vom Atomgewicht 87 besteht, das also anfänglich nahezu frei von Strontium gewesen sein

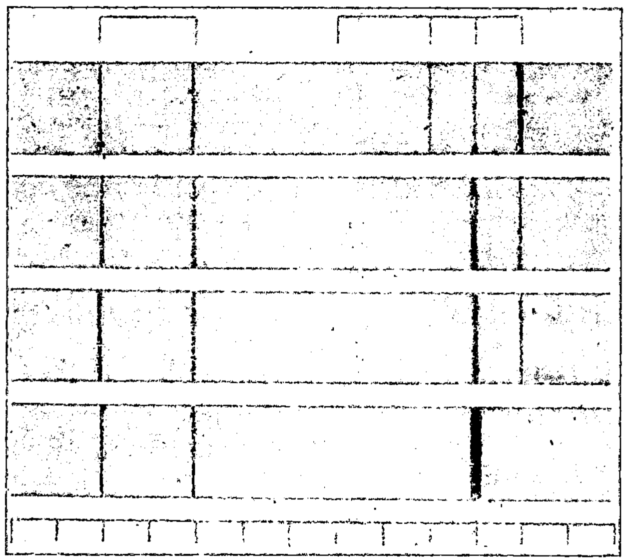

Abb. 18. Massenspektroskopische Aufnahmen von Strontium, die den Anteil von gewöhnlichem und von aus radioaktivem Zerfall entstandenem Strontium in jeder Probe aufdecken. (Nach H a h n , 1943.)

muß. Da das Alter dieses Minerals aus begleitenden Uranmineralien nach der Bleimethode bestimmt werden konnte, so wurde hierdurch die genauere Ermittlung der Halbwertzeit des Rubidiums überhaupt erst möglich, da sie im Laboratorium wegen des überaus langsamen Zerfalls nur äußerst ungenau gemessen werden kann. Nachdem auf diese Weise die Anwendbarkeit der Strontiummethode für genügend alte, rubidiumhaltige, anfänglich strontiumfreie Mineralien erwiesen ist, scheint sie für alte Mineralien, bei denen die Bleimethode kompliziert wird, einen verhältnismäßig leicht lesbaren Altersindikator zu liefern. Das Alter t ergibt sich in diesem Fall aus der einfachen Gleichung

$$t = \frac{1}{\lambda} \frac{N'}{N} \text{ Jahre}$$

mit $\lambda = 1{,}1 \cdot 10^{-11}$.

Wenn die Zuverlässigkeit dieser Methode durch weitere Erfahrungen bestätigt sein wird, so verspricht sie besonders wertvoll zu werden, da sie eine unmittelbare Altersbestimmung bei zahlreichen Glimmern und Feldspaten möglich macht. Fehlereinflüsse, wie sie bei den anderen Methoden durch Veränderungen des Kristallgefüges oder durch den Einschluß großer Heliummengen entstehen können — beim Zerfall des Rubidiums wird ja kein Helium gebildet — treten hier nicht auf. Allerdings bedarf die Halbwertzeit des Rubidiums noch einer genaueren Nachprüfung. Doch können die vorläufigen Berechnungen später ohne weiteres korrigiert werden. Überdies wird das nur durch das Verhältnis N'/N gegebene Altersverhältnis zweier Mineralien durch diese Unsicherheit nicht berührt.

Das älteste bekannte Mineral ist eine Pechblende aus Karelien, deren Alter zu 1900 Millionen Jahren bestimmt wurde. Damit ergibt sich für die feste Gesteinskruste der Erde ein Mindestalter von rund zwei Milliarden Jahren. Ob das etwa bereits ihrem tatsächlichen Alter, also der seit dem Beginn der Erstarrungsvorgänge auf der von der Sonne abgespaltenen jungen Erde verflossenen Zeit entspricht, oder ob diese Zeit mehr oder weniger höher anzusetzen ist, steht dahin. Es gibt Gründe, die dafür sprechen, daß die Bildung einer festen Erdrinde schon verhältnismäßig früh nach der Entstehung der Erde aus der Sonne eingetreten ist. In diesem Zusammenhange sei erwähnt, daß eine Altersschätzung der Sonne, welche S t. M e y e r ausgeführt hat, für diese nur auf ein Alter von 6 bis 7 Milliarden Jahren geführt hat. Diese Berechnung beruht auf dem Verhältnis des auf der Erde vorhandenen natürlichen Bleis zu dem auf ihr vor 2 Milliarden Jahren vorhanden gewesenen Uran — vom Thorium und Actinium, deren Mengen erheblich geringer sind, wurde hierbei abgesehen — und auf der Annahme, daß es auf der Sonne bei ihrer Entstehung noch kein Blei gegeben habe, sondern daß dieses sämtlich erst nach ihrer Entstehung aus ihrem Urangehalt gebildet worden sei. (Die Berechnung ergibt also ein Höchstalter.) Auf diese Weise ergibt sich für die Zeit seit der Bildung der Sonne bis zur Abspaltung der Erde ein Wert von 4 bis 5 Milliarden Jahren, und unter Hinzurechnung des mit 2 Milliarden Jahren angesetzten Alters der Erde ein Alter der Sonne von rund 6 Milliarden Jahren.

In diesem Zusammenhang erwähnen wir noch ein an 50 Eisenmeteoriten nach der Heliummethode gewonnenes Ergebnis. Bei diesen darf man annehmen, daß das aus ihrem Urangehalt gebildete Helium quantitativ festgehalten wurde und daher zu einer Altersbestimmung dienen kann. Von diesen Meteoriten erwiesen sich vierzehn älter als 4, vier älter als 6 und zwei älter als 6 Milliarden Jahre. Die Übereinstimmung in der Größenordnung mit den obigen Altersbestimmungen ist also befriedigend.

Im Vergleich zu älteren Schätzungen des Alters des Weltalls überhaupt, die sich in der Größenordnung von einigen Billionen Jahren beliefen, ist dieses Alter sehr gering. Indessen haben neuere Überlegungen, die sich unter anderem auf die Expansionsgeschwindigkeit des Weltalls gründen, aus der man auf den Zeitpunkt des Beginns dieser Expansion schließen kann, auf erheblich kleinere Werte in der Größenordnung von 10 bis 20 Milliarden Jahren geführt. Im Vergleich hiermit erscheinen die Altersbestimmungen der Sonne mit 6 bis 7 Milliarden, und der Erde mit rund 2 Milliarden Jahren immerhin einleuchtend.

Die radioaktiven Zeitmarken haben eine Genauigkeit, die derjenigen von Leitfossilien, aber nicht solchen größter Empfindlichkeit, vergleichbar wäre, wenn sich die Zeitmarken exakt auf das dem radioaktiven Mineral im primären Gestein historisch gleichwertige sekundäre Gestein übertragen ließen und die von ihnen festgelegten Punkte genügend dicht lägen. Tatsächlich sind die der Auswertung verfügbaren Punkte aber recht spärlich; weder als absolute noch als relative Marken können die radioaktiven Mineralien jemals ein Ersatz für die organismischen Zeitmarken werden. Ihre Bedeutung wird vielmehr — wie schon in der Einleitung betont — darauf beschränkt bleiben müssen, das elastische

und vor dem rückschauenden Blick zusammengeschrumpfte Band
der erdgeschichtlichen Abläufe, deren Ordnung von andersartigen
Zeitmarken gewährleistet wird, auf die wahre Dauer zurückzu-
dehnen und am Gerüst der Weltzeit zurechtgerückt festzuheften
(Abb. 19 und 20).

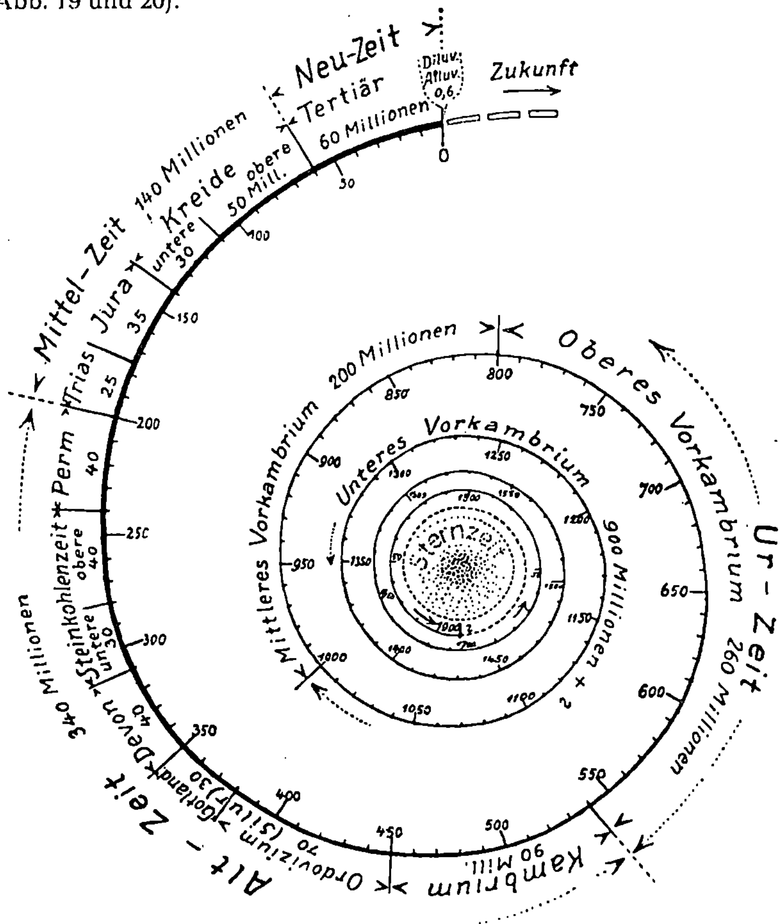

Abb. 19. Die Dauer der Erdzeitalter. (In Anlehnung an W h i t e von Rud. Richter
in Natur und Volk 65, 209, 1935 veröffentlicht.) — Das Alter der Erde ist unbekannt.
Darum wurde die schneckenförmige Darstellung gewählt. Alle Zeit, die vor dem in einem
karelischen radioaktiven Mineral bezeugten 1900-Jahrmillionenpunkt liegt, verschwindet in
den inneren Windungen.

Die Gültigkeit der Zeitansage radioaktiver Umwandlungen im großen ist hinreichend bestätigt: die Reihenfolge, die die Zahlen absoluter Altersbestimmung den aktiven Mineralien vorschreiben, stimmt völlig überein mit der Reihe, in die die Gesteine um jene radioaktiven Mineralien. zuvor durch Marken relativer Zeitbestimmung geordnet worden waren.

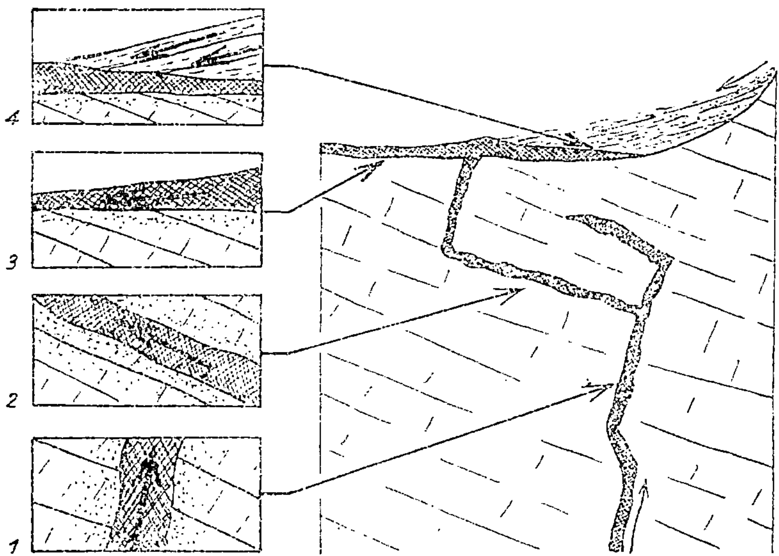

Abb. 20. Schwierigkeit der Übertragung von Altersbestimmungen an radioaktiven Mineralien auf die erdgeschichtlichen Urkunden. — Aussagereichste geologische Urkunden sind die aus dem Stoffkreislauf an der Erdoberfläche hervorgehenden sekundären Gesteine. Radioaktive Mineralien entstehen aus den Schmelzen, die aus der Tiefe kommen und die die sekundären Gesteine durchdringen; sie sind an die primären Gesteine geknüpft. Primäre und sekundäre Gesteine können recht verschiedene und zumeist mehrdeutige Altersbeziehungen zueinander haben: 1. Tiefengesteinsgang, Ausfüllung einer Spalte in den Absatzgesteinen. Er ist jünger, oft um vieles jünger als diese; 2. Tiefengesteinsgang, zwischen die Schichten der Absatzgesteine und parallel ihrer Lagerung eingedrungen. Er zerreißt die kontinuierliche Gesteinsfolge, in der das nächsthöhere Glied auch das nächstjüngere ist und schiebt sich als jüngstes ein. So entsteht eine Folge dieses Schemas: 3-4-5-6-23-7-8-9-10 usw. Daß die eine Schicht wirklich jünger ist als die darüber folgende, wird häufig in deren Veränderung durch Hitzeeinwirkung (auf den Skizzen punktiert dargestellt) bezeugt; 3. Lavaerguß, jünger als die unterlagernden Schichten; 4. Lavaerguß, unter jüngerem Schutt begraben. Nur in diesem letzten Fall sind Alter des Schutts und der Lava geologisch einander zeitnahe. In den übrigen Beispielen gibt es häufig überhaupt keinen Weg zur Altersbeziehung.

Drittes Kapitel

Urkunden der Erd- und Lebensgeschichte als Zeitmarken

I. Gesteine als Zeitmarken

1. Gesteine. Über den Wortsinn altüberlieferter Namen für erdgeschichtliche Zeitabschnitte — Devon, Bundsandstein, Tertiär — nachzudenken, ist zwar erkenntnisgeschichtlich sehr reizvoll, für den praktischen Umgang mit diesen Namen jedoch ohne Belang. Die erdgeschichtliche Nomenklatur ist genau so wie die zoologische nichts anderes als ein System von Kennziffern, die, ohne selber mit irgendeinem Inhalt belastet zu sein, allein die schnelle Verständigung über umfangreiche und vielschichtige Gegenstände der Forschung möglich machen sollen, nicht anders, als Häuser durch Hausnummern gekennzeichnet werden. Davon wird noch zu sprechen sein (IV). Wenn aber gegenwärtig mit dem ausdrücklichen Vorsatz, dieses leere, formale System der „Formations-Namen" durch ein anderes, aussagereiches zu ersetzen, für neue Namen geworben wird, dann ist bei diesen gerade auf den Wortsinn als das Wesentliche zu achten. Wenn also etwa die kambrisch-silurische Zeit neuerdings als „Schwarzschiefer-Formation" auftritt, ein Abschnitt der Jurazeit als „Oolith-Formation", d. h. wenn hier Namen für Erdzeiten von Gesteinen abgeleitet sind, dann ist das bewußt geschehen. Das kann nun aber, ohne die Beweggründe der Urheber dieser Namen zuvor erörtern zu müssen, nur in zwei Fällen berechtigt erscheinen, nämlich dann, wenn das namengebende Gestein entweder die erdweit verbreitete, beherrschende Ablagerung dieser Zeit bildet, oder wenn es im Rahmen der übrigen Ablagerungen gleicher Zeit zwar nach Ausdehnung und Verbreitung zurücktritt, jedoch auf diese Zeit beschränkt ist, also gleichsam ihr charakteristisches Gestein bedeutet.

Eine vom Verfasser erkundete kambrisch-silurische Schichtenfolge der Sierra Morena (im Gebiet der Provinz Sevilla; Spanien)
setzt sich aus leuchtend weißen und blauen Kalksteinen, grünen,
blauen und roten Mergeln und Schiefern sowie aus ungewohnt
hellen Sandsteinen zusammen. Nur etwa ein Vierzigstel der Gesamtmächtigkeit dieser Ablagerung wird von Gesteinen ein-
genommen, denen der Name „Schwarzschiefer" (im weitesten
Sinne) zukäme. Es liegt auch schon eine kritische Durchsicht der
kambrisch-silurischen Schichtenfolgen der ganzen Erde vor, die
das grundsätzliche Vorherrschen heller Farben zumindest für die
kambrischen Gesteine feststellt (R u d. R i c h t e r 1940). Ebenso
sind in der zweiten herausgegriffenen neubenannten Zeitspanne,
der „Oolith-Formation", die Oolithe (Gesteine aus kugelig ge-
wachsenen chemischen Fällungen von Verbindungen, etwa des
Eisens oder des Kalziums, aus dem Meerwasser) keineswegs das
vorherrschende Gestein. (Vgl. Abb. 75.)

So fragt sich denn, ob Oolithe und Schwarzschiefer etwa cha-
rakteristische Gesteine der ihnen zugeschriebenen Zeiten sind.
Nun beschränken sich Oolithe keineswegs auf die „Oolith-Formation", sondern treten gerade auch im jüngeren Teil der
„Schwarzschiefer-Formation" auf, und zwar in ganz auffallender
Verbreitung. Auch die Schwarzschiefer sind umgekehrt außerhalb
der „Schwarzschiefer-Formation" in einem Ausmaß verbreitet,
daß etwa die Ablagerungen des Devons insgesamt einen weit
düstereren Farbeindruck machen als der größte Teil der „Schwarzschiefer-Formation". Die im Wortsinn der Namen, der ja der
Zweck ihrer Neuaufstellung sein soll, verborgene Behauptung
erweist sich bei näherem Zusehen demnach als trübend. So wird
erneut die alte und grundsätzliche Frage aufgeworfen, ob denn
Gesteine überhaupt als einmalige Geschöpfe einer bestimmten
Zeit und so als diese Zeit kennzeichnend angesehen werden
dürfen, — ob Gesteinen der Wert von Zeitmarken zukommen
kann.

Schwarzschiefer, Oolithe und die übrigen durch mechanischen
Absatz oder chemische Fällung aus den Resten von älteren Gesteinen, die zuvor durch Verwitterung und Abtragung zerstört
wurden, entstandenen Ablagerungen sind insgesamt das Ergebnis

chemisch-physikalischer Vorgänge und Zustände an der Erdoberfläche, von denen die ausschlaggebende, weil eigentlich aktive Gruppe aufs engste klimagebunden ist. Erdweit gleichförmige Ablagerungen einer bestimmten Zeit sind von vornherein schon deshalb unmöglich, weil die Erde, entsprechend ihrer Kugelgestalt und dem so vom Äquator zum Pol sich wandelnden Winkel des Einfalls von Sonnenlicht und Sonnenwärme, in Zonen verschiedener, ja extremer Klimate aufgegliedert ist. Einen Sandstein etwa, der schon für das Auge durch leuchtend rote Färbung und auch für feinere Untersuchungsmethoden durch eine Reihe übereinstimmender Merkmale sich in den verschiedenen erdweit verbreiteten Fundgebieten als petrographisch eng verwandt erweist, allein dieser petrographischen Einheitlichkeit wegen an allen Fundstellen auch als gleich alt aufzufassen, ist also nicht nur ungesichert, sondern von vornherein ein Irrtum. Roter Wüstensandstein (um bei dem begonnenen Beispiel zu bleiben) in verschiedenen geographischen Breiten ist, bis zum Nachweis des Gegenteils durch unbezweifelbare Zeitmarken, als verschiedenaltrig zu behandeln. Daß trotz der Konstanz der Klimazonen-Teilung eine Streuung selbst klimatisch so streng gebundener Ablagerungen, wie der Wüstensandstein eine ist, über die ganze Erde möglich wird, kann dreierlei Voraussetzungen haben. Entweder wandeln sich die klimatischen Verhältnisse insgesamt, derart, daß einzelne Klimazonen nacheinander die Inhalte wechseln, oder die Erde dreht sich bei unveränderten klimatischen Verhältnissen infolge Änderungen der Achsenlage durch die Klimazonen hindurch, oder die Schollen der Erdrinde wechseln in großzügiger waagerechter Drift ihre geographische Lage.

EineWandlung der klimatischen Verhältnisse kann als kontinuierlich oder periodisch bzw. episodisch vorgestellt werden. Für die Frühzeit der Erde, das Vor-Geologikum amerikanischer Forscher, die allerdings jeder Erfahrung verschlossen bleibt, muß mit einer kontinuierlichen Änderung der Verhältnisse in der Lufthülle im Zusammenhang mit der fortschreitenden Abkühlung der Gesamterde gerechnet werden. Wenn eine lange Zeit hindurch die Strukturumwandlungen in der festen Erdrinde, die „Gebirgsbildungen", aus dem fortgesetzten Zusammenbruch der Rinde infolge einer auch in erdgeschichtlich erschließbaren Zeitaltern noch weitergehenden Abkühlung des Erdballs gedeutet wurden, so war damit zugleich der Boden geschaffen für die Vorstellung von einer gleichfalls weitergehenden Abkühlung der Lufthülle. Daß nun aus den letzten Jahrzehnten eine nicht geringe Zahl von Versuchen vorliegt, die tektonischen Vorgänge der Erdrinde auf andere Ursachen als auf Schrumpfung durch Wärmeverlust zurückzuführen, macht am besten die Unsicherheit sichtbar, in der man inzwischen nach tieferem Einblick dem Wärmehaushalt der Erde und den daraus erwachsenden Folgen gegenübersteht. Die mehrfach aufgestellte These, daß die Erde gegenwärtig statt zu schrumpfen sich umgekehrt gerade ausdehne — als eine Folge des Zerfalls radioaktiver Stoffe und der dabei entstehenden Wärme — besitzt zwar kein sicheres Fundament, doch muß man der radioaktiven Wärme einen den Wärmehaushalt steuernden Einfluß zuschreiben. Es ist bezeichnend, daß inzwischen auch für die Schrumpfung der Erde ein anderer Grund als die Wärmeausstrahlung gesucht wurde und in physikalischen Zustands- und chemischen Stoffänderungen gefunden sein soll.

Auch in erdgeschichtlichen Urkunden, und selbst in solchen, die durch große Zwischenzeiten getrennt werden, macht sich keine kontinuierliche Temperaturänderung der Erdoberfläche oder Lufthülle bemerkbar. Die „Eiszeit" ist kein später Zustand einer ausgekühlten Lufthülle; denn schon vom Ausgang des Erdaltertums und gar vor seinem Beginn (gleich dem Beginn der Entfaltung des irdischen Lebens) sind Glazialzeiten bezeugt. Und die „Steinkohlenzeit", die gewiß eines warm-feuchten Klimas bedurfte, ist ebenso wenig ein früher Zustand einer noch nicht abgekühlten Atmosphäre. Denn nicht nur das Karbon, dem Mitteleuropa seine Steinkohlen verdankt, sondern auch das Erdmittelalter (das die größten asiatischen Vorkommen hinterließ) und noch die junge Tertiärzeit haben das der Kohlebildung günstige Klima gehabt. Die Tertiärzeit geht aber unmittelbar dem Diluvium voran, die jüngsten mitteleuropäischen Kohlen sind nicht so sehr viel früher als die mitteleuropäischen Glazialbildungen entstanden.

Weder aus der Theorie noch aus der Erfahrung läßt sich eine beträchtliche Abkühlung der Erdhaut und ihrer Lufthülle in erdgeschichtlicher Zeit ableiten oder auch nur möglich machen. Es spricht vielmehr alles dagegen. Eine echte Klima-Entwicklung fehlt in dem gesamten von menschlicher Erfahrung überhaupt eingesehenen Abschnitt der Erdgeschichte. Damit entfällt nun auch die Möglichkeit, daß Gesteine vom Klima her Merkmale empfangen, die mit den Erdzeiten verschieden und daher zeiteigen wären. Das gleiche gilt von den Temperaturen der Meeresräume, die, soweit erdgeschichtliche Urkunden überhaupt lesbar sind, keine einsinnige Veränderung, nämlich Abnahme, zeigen, so daß auch von hierher (also vom Medium, in dem die Gesteinsbildung zum wesentlichen Teil vor sich geht) die Gesteine kein mit der Zeit sich wandelndes Gepräge erhalten können.

Dagegen sind periodische Klimaschwankungen unbestreitbar. Der Zusammenhang zwischen den säkularen Schwankungen der Sonnenstrahlung und den Eiszeiten ist schon in einem früheren Abschnitt behandelt worden. Es ist auch schon angedeutet worden, daß daneben noch mit andersartigen Schwankungen des Klimas als der eigentlichen Ursache der Eiszeitalter zu rechnen ist, es sei denn, man faßt die Vereisung Europas als Einbruch von Eismassen auf, die von vereisten nordischen Festlandsblöcken infolge Aufwölbung dieser Blöcke abgeglitten seien, d. h. man suchte für die Eiszeiten eine tektonische und keine klimatische Begründung, wie schon unternommen worden ist, allerdings nur in einem geistreichen Entwurf. Die Ursache dieser Klimaschwankungen ist noch recht problematisch: Zeitweise plötzliche Abgabe der durch radioaktiven Zerfall in der Erdrinde aufgespeicherten Wärmemengen an den Weltenraum im Zusammenhang mit strukturellen Umbrüchen der Rinde? Zeitweise starke Erhöhung des Kohlensäuregehalts der Luft durch Gasausbrüche aus einer Überzahl von Vulkanschloten, ebenfalls in ursächlichem Zusammenhang mit den Gefügeveränderungen der Rinde („Gebirgsbildungen")? Oder zeitweise Verminderung zwar nicht der Wärmestrahlung der Sonne, aber doch des davon auf die Erde gelangenden Teils durch Wolken kosmischen Staubes,

deren Existenz bekannt ist, und die sich zuweilen auch zwischen
Erde und Sonne einschieben mögen? —

Inwieweit die beiden anderen Möglichkeiten einer Begründung für das Vorkommen gleichen Klimas in gegenwärtig verschiedenen Breiten und verschiedenen Klimas am gleichen Ort
im Laufe der Erdgeschichte, nämlich Polwanderung und Verlagerung der Erdrindenschollen (Verschiebung der Kontinente), auch
geologische Wirklichkeit sind, findet ganz verschiedene Antworten, je nachdem man diese oder jene „Auffassung“ als Basis
wählt. Denn hier gibt es zur Zeit noch keinen anderen Boden
als den unsicherer Theorien und Hypothesen.

.Bei aller Ungewißheit aber, an der die Vorstellungen von den
Änderungen des Klimas irdischer Landschaften im Laufe der Erdgeschichte noch kranken, ist soviel doch sicher: Es gibt keine
echte Klima-Entwicklung, keine einsinnige Änderung, die notwendig zu einer Reihe einmaliger Stationen geführt haben müßte.
Die in geologischen Urkunden bezeugten Klimaschwankungen
lassen sich einstweilen noch mehrsinnig begründen, doch immer
durch solche Ursachen, die periodisch oder episodisch zur Wiederholung bereits früher verwirklichter Zustände auch später und
beliebig oft führen. Es sind keine einmaligen Katastrophen bekannt, die in die Ordnung der außenbürtigen, klimagebundenen
Kräfte der Erdrinde einbrechen würden. Es gibt keine klimatischen Besonderheiten, die erdgeschichtlich notwendig einmalig
wären. Aus dieser Faktorengruppe der Gesteinsbildung wird also
den Ablagerungen keine einmalige zeiteigene Eigenart zuteil.

Die zweite Gruppe der gesteinsbildenden Kräfte, jene, die den
ständig bereiten atmosphärischen Kräften immer erneut den An-
satzpunkt verschafft, die geotektonische, die Gruppe der innenbürtigen Kräfte, besitzt zwar reiche Möglichkeiten, sich zu
äußern, doch kommt es für die Gesteinsbildung im Grunde immer
nur auf die senkrechte Komponente in allen von ihnen bewirkten
Veränderungen der Erdrinde an, — nämlich darauf, daß die eine
Scholle über den Meeresspiegel gehoben, die andere darunter
gesenkt wird, diese zum Sammelbecken, jene zum Liefergebiet
wird. Dabei entblößt die gehobene Scholle immer wieder die
gleiche Mannigfaltigkeit der Stoffe, die im Abtransport vermengt

und schließlich im Ablagerungsgebiet wiederum nach gleichbleibenden einfachen mechanischen Prinzipien sortiert wird, wofür der folgende Abschnitt noch ein Beispiel bringen wird. Jedenfalls kommen auch von seiten der innenbürtigen Kräfte keine Bedingungen zustande, die jeweils unwiederholbar, also für eine bestimmte Zeit kennzeichnend wären. —

Allerdings ist in die Gesteinsbildung noch eine dritte Gruppe von Faktoren eingeschaltet: Das pflanzliche und tierische Leben im Ablagerungs- wie im Abtragungsbereich. Zunächst gibt es ja Gesteine, die völlig oder doch überwiegend aus organismischen Resten aufgebaut sind: aus Foraminiferen, aus Diatomeen, aus Muschelschill, aus Knochenbruch, aus Pflanzenresten (Kohle, Torf). Daß sie oft schon für den ersten Blick den Stempel der Zeit tragen, der sie entstammen, unverkennbar, ja aufdringlich, verdanken sie der Zeitgebundenheit organismischer Gestalt, und das trennt sie von all den anderen Gesteinen. Sie sind nichts anderes als eine Anhäufung von organismischen Zeitmarken. Die in diesem Abschnitt aufgeworfene Frage, ob petrographische Eigenart zeiteigen sei, kann bei ihnen gar nicht gestellt werden.

Auch bei völligem Fehlen von fossilen Einschlüssen ist hinter dem Gestein oft organismisches Wirken verborgen. Feinkörnige, reine Kalke sind der Entstehung durch bakterielle Fällung verdächtig. Ein eigentliches Bacterium calcis hat zwar nur im Schrifttum eine Weile ein Dasein gehabt, doch ist Kalkfällung mit dem Stoffwechsel einer ganzen Gruppe von Bakterien verbunden Auch bei der Ausscheidung von Brauneisen aus Quellwässern wirken Mikroorganismen mit. Im Liefergebiet verläuft der Angriff der außenbürtigen Kräfte auf das Festland anders und hat der Schutt, aus dem das künftige Gestein hervorgehen wird, ein anderes Gesicht, wenn das Land völlig kahl ist (vorherrschend mechanische Verwitterung), als wenn es von einem dichten Pflanzenteppich bedeckt ist (vorherrschend chemische Verwitterung).

Allerdings darf die Bedeutung des organismischen Einflusses auf die Vorgänge an den beiden Polen der Gesteinsbildung diesseits und jenseits des Stofftransports, im Liefer- und im Ablagerungsgebiet, für die hier geprüfte Frage nicht überschätzt werden.

Kalkausscheidung geht auch ohne Mitwirkung von Organismen vor sich (und das gleiche gilt für die Brauneisenbildung), nämlich dann, wenn das Wasser mit den gelösten Stoffen mehr als gesättigt ist. Hier sind Organismen also nur insofern eingeschaltet, als sie gesteinbildende Prozesse, die auch ohne sie möglich wären, vorzeitig auslösen und in ihrem Ablauf wahrscheinlich auch beschleunigen; aber sie geben ihnen kein spezifisches Gepräge. Im Gegensatz dazu zeigt das dritte der oben genannten Beispiele, die Wirksamkeit der Pflanzenbedeckung des Festlandes, einen spezifisch organismischen Einfluß. Aber diese Wirkung geht doch nur von der Existenz einer Pflanzendecke schlechthin aus, ist jedoch nicht oder nicht erkennbar mit der Entwicklung dieser Festlandpflanzen wandelbar. Die Pflanzenwelt mittlerer Breiten auf den Festländern der Jurazeit mag chemische Prozesse im Boden verursacht oder begünstigt haben, die in Feinheiten möglicherweise von den entsprechenden Prozessen der Gegenwart abweichen. Aber der so beeinflußte, nämlich unter Mitwirkung von Pflanzen chemisch verwitterte Untergrund wird ja nicht an sich konserviert, sondern liefert nur den Rohstoff, der erst nach Umlagerung, Aufbereitung und erneutem Absatz in zumeist entferntem Gebiet und überwiegend in einem durchaus aktiven Medium, im Meerwasser, zur Ruhe kommt und fossil wird, Gestein wird. Wenn der Boden noch Merkmale tragen mag, die auf bestimmte Pflanzengemeinschaften (und also weiter auf bestimmte Stufen der Lebensgeschichte gleich Zeiten der Erdgeschichte) eindeutig hinweisen, in den angedeuteten Vorgängen müssen sie unkenntlich werden. Die Einwirkung der Pflanzen auf die Gesteinsbildung kann nicht zeitempfindlich sein. Auch die Zäsur, die zwischen den Zeiten vor der Eroberung des Festlands durch die Pflanzen und nachher als eine, wenngleich grobe, Zeitmarke möglich wäre, spielt praktisch keine Rolle. Denn die Besiedlung des Festlands reicht weit zurück und ihre Anfänge sind dunkel; jedenfalls liegen sie im frühen Erdaltertum. Zur Devonzeit sind sicher Landpflanzen vorhanden; die Besiedlung des ganzen Festlands ging . allmählich vor sich, wo wäre da ein Schnitt in der petrographischen Eigenart der Gesteine bezeugt, ja, wo wäre er überhaupt zu erwarten?

Die Mitwirkung lebender Organismen bei der Gesteinsbildung vermag dem Gestein keine Merkmale zu geben, die für bestimmte Zeiten einmalig, also von eindeutiger erdgeschichtlicher Eigenart wären, — es sei denn, daß die Organismen selber nach ihrem Tod als Reste erhalten bleiben und in ihm dem Gestein eine Zeitmarke mitgeben.

Gewiß ist der jüngst wieder aufgegriffene Satz von Erich Kaiser gültig, daß sich nicht ein jedes Gestein zu jeder Zeit der Erdgeschichte gebildet hat; doch ist zu ergänzen: es hat sich aber zu mehr als einer Zeit bilden können, und das ist in dem hier erörterten Zusammenhang entscheidend.

Empfängt so das Gestein durch die gesteinbildenden Vorgänge schlechterdings keinerlei eindeutig zeitgebundene und daher für die nachträgliche Betrachtung zeitbestimmende Kennzeichnung, so ließe sich doch vorstellen, daß dem Gestein nach seiner Entstehung von der verfließenden Zeit Spuren aufgeprägt werden, die man „Altern" nennen könnte; von hierher wäre wenigstens ein ungefähres Maß für die Altersbeziehungen der Gesteine untereinander zu gewinnen. Tatsächlich ist aber die Reihe der nachträglichen Veränderungen eines Gesteines, die vom lockeren über das verfestigte zum gefalteten, geschieferten und schließlich zum gänzlich umkristallisierten Gestein, zum Gneis führt, keine Reihe des Alterns, sondern des erlittenen Schicksals, das völlig unabhängig ist von Erdzeit und Zeitdauer und allein bestimmt wird von der Intensität der tektonischen Beanspruchung, die in den verschiedenen Teilen des Schollen-Mosaiks der Erdkruste zwischen Extremen wechselt. So ist auf der schon vor dem Präkambrium tektonisch zur Ruhe gekommenen russischen Tafel der um den Beginn der kambrischen Zeit abgelagerte Blaue Ton von Petersburg und vom baltischen Glint noch geradezu plastisch, obgleich er zu den ältesten europäischen Gesteinen gehört, während junge Tone in der in jüngster Zeit stark durchbewegten Zone der Alpen zu Tonschiefer verhärtet und verformt wurden. Die Gneise der ureuropäischen Gebirge Skandinaviens und Finnlands sind aus der Umschmelzung ältester Gesteine hervorgegangen; in die Gneise des Alpenkerns dagegen dürften recht junge Ablagerungen einbezogen sein: es gibt keine Möglichkeit, dem Gestein an sich das Alter anzusehen. In einem Bohrprofil zu Dünaburg werden die gleichen Gesteine von dem einen Bearbeiter zum Devon, vom zweiten zum Silur gerechnet. Den darüberliegenden mürben Sandstein oder festen Sand zählt man zur Eiszeit. Es ließe sich aber auch möglicherweise behaupten — und manche Schwierigkeit, die die bestehende Deutung gebracht hat, verschwände dann —, daß diese Ablagerungen gleichfalls als devonisch anzusehen wären. Rote Sandsteine, Tone und Konglomerate am Rio Viar in Andalusien sind wechselweise für Buntsandstein und Rotliegendes gehalten worden; Fossilien haben nun erwiesen, daß sie tatsächlich dem jüngsten Abschnitt der Steinkohlenzeit angehören. In diesen Beispielen, die durch Dutzende vermehrt werden könnten, wird die Unmöglichkeit erdgeschichtlicher Einstufung von Ablagerungen nur auf Grund petrographischer Merkmale ganz deutlich.

Allerdings haben wir bisher nur an solche Gesteine gedacht, die aus dem Stoffumsatz an der Erdoberfläche zustande kommen; wie verhält es sich also mit jenen, die aus dem Schmelzfluß der Tiefe als gleichsam jungfräuliche, primäre Gesteine ausgeschieden und den sekundären — als Tiefen-, Gang-, Ergußgesteine — eingeschaltet sind? Daß sie in den radioaktiven Mineralien geologische Uhren bergen, die das absolute Alter mitteilen, ist schon zuvor besprochen worden; doch handelt es sich hier um die Frage, ob das primäre Gestein in seinem mineralogischen Charakter eine Aussage über das relative erdgeschichtliche Alter zu machen imstande sei.

Unter welchen Kräften die Mutterschmelze der primären Gesteine flüssig wird und in höhere Teile der Erdrinde aufsteigt, braucht hier nicht erörtert zu werden. Sie empfängt ihre Stoffe jedenfalls aus der örtlich wieder aufgeschmolzenen tieferen Rinde und verändert ihre Zusammensetzung unter Umständen wesentlich, während sie sich durch die überlagernden Gesteinsmassen hindurchfrißt und Teile davon sich einverleibt. Die Außenkruste ist sicher inhomogen, die Unterkruste weitgehend homogen; aber selbst wenn auch sie einen außerordentlich wechselnden stofflichen Bestand hätte, so wäre doch alle Differenzierung seit wenigstens 2 oder 3 Millarden Jahren für die Unterkruste

wie für die Oberkruste als vollendet anzunehmen. Unterschiede
der Schmelzflüsse wären demnach Merkmale des Raumes, dem
sie entstammen, nicht aber der Zeit, in der sie aktiv werden. Tatsächlich zeigen die Gesteinsschmelzen vielfach so starke Übereinstimmung, daß zumindest ein Teil der aus ihnen hervorgehenden
Gesteine völlig identisch ist. Quarz-Feldspat-Glimmergesteine,
Granite, kommen aus allen geologischen Zeiten. Wenn wirklich
einmal stofflich sehr nahe verwandte Ergußgesteine im frühen
Erdaltertum, im späten Erdaltertum und in der Neuzeit so verschiedene Tracht besitzen, daß sie verschiedene Namen erhielten,
wie Grünstein, Melaphyr, Basalt auf deutschem Boden, dann liegt
da einer der wenigen Fälle vor, wo man einmal dem Gestein sein
Alter ansehen kann. In erdweiter Betrachtung würde diese
Gliederung allerdings ihre Gültigkeit verlieren.

2. Gesteinsfolgen. Wenn nun auch jedes Absatzgestein grundsätzlich zu mehr als einer Zeit möglich ist, so dürfte doch das
Zustandekommen bestimmter Abfolgen aus derart an sich all-
täglichen Gesteinen als weit seltener angenommen werden. Drei
Gesteine, X, Y, Z, mögen jedes für sich keine erdgeschichtliche
Besonderheit sein; daß aber an einem Ort diese Gesteine in einer
bestimmten Reihe Z, X, Y übereinanderliegen, also zu einer Zeit
in dieser bestimmten Folge nacheinander entstanden sind, setzt
doch eine so besondere Reihe von Wandlungen geologischer
Bedingungen voraus, daß ihre Wiederholung zu anderer Zeit
nicht allzu oft eintreten wird. Handelt es sich noch dazu um
Gesteine, die schon an sich auffällige und nicht gerade häufige
Erscheinungen sind, so liegt die Vermutung nahe, daß diese
bestimmte zeitliche Kombination einmalig sei und daher überall
dort, wo sie an anderen Orten wieder angetroffen wird, als gleichzeitig entstanden aufgefaßt werden dürfte. — Ist das einzelne
Gestein keine Zeitmarke, auch keine behelfsmäßige, so kann doch
eine bestimmte, auffällige Gesteinsfolge als Zeitmarke dienen:
diese Überzeugung ist die Grundlage mehr als einer erdgeschichtlichen Parallelisierung von Profilen, denen zuverlässige Alters-
zeugen fehlen, und deren Schichtglieder allein durch ausgeprägte
Übereinstimmung wesentlicher petrographischer Merkmale zuein-

ander hinweisen. Ob dieses Verfahren berechtigt ist, soll an einem besonders eindrucksvollen Beispiel aus der Geologie von Spanien geprüft werden.

Aus den Keltiberischen Ketten Aragoniens wird 1929 [1]) eine kambrische Gesteinsfolge aus hellen Sandsteinen und Schiefern, bunten Mergeln und weißen Kalken mitgeteilt, deren Alters-stellung innerhalb der Zeit „Kambrium" durch Trilobiten in leb-haft grünen Mergeln über dem Kalk fixiert wird. Die Fossilien erweisen sich als mittel-kambrisch; entsprechend wird der Kalk als nahe der Grenze Mittel/Unterkambrium angesprochen; die Einstufung der übrigen Schichtenglieder ist natürlich eine Frage persönlichen Abwägens. Eine recht ähnliche Abfolge von hellen Sandsteinen, Schiefern und weißem Kalk war schon durch M a c - P h e r s o n 1879 aus der Sierra Morena im Gebiet der Provinz Sevilla bekanntgemacht worden. Daß auch diese Schichten dem Kambrium entstammen, war durch ein einziges Fossil, einen Kieselschwamm Archaeocyathus, belegt, der aber keine nähere Aussage über die Altersstellung innerhalb der kambrischen Zeit gestattet. Dieses genaue Alter scheint nun, nachdem das petro-graphisch recht entsprechende Profil von Aragonien gefunden ist, von diesem her zu erhellen: Was liegt näher, als die weißen Kalke beider Gebiete als zeitliche Äquivalente aufzufassen? Nachdem dann 1937 in der Provinz Sevilla auch noch die leuch-tend grünen Mergel, mit Trilobiten über dem Kalk, wieder ge-funden werden, erhält die Überzeugung von 1929 noch eine ganz besonders sichere Stütze. Gleichzeitig wird in der westlichen Sierra Morena (Provinz Huelva) noch einmal ein überraschend gleichartiges Gesteinsprofil festgestellt, in dem wieder über weißem Kalk bunte, trilobitenreiche Mergel auftreten. — Damit scheint nun ein recht durchsichtiges Bild von den paläogeographischen Verhältnissen der südlichen und westlichen iberischen Halbinsel in kambrischer Zeit gewonnen zu sein: ein durchgehend einheit-liches Meer bedeckte diese Gebiete. Nach genauer Prüfung der

---

[1]) L o t z e , F., Stratigraphie und Tektonik des Keltiberischen Grund-gebirges (Spanien). Beiträge zur Geologie der westlichen Mediterran-gebiete Nr. 3. Abh. Ges. Wiss., Göttingen. Math.-Physikal. Kl., N. F. 14, Heft 2. Berlin 1929.

Fossilien, die durch tektonische Formveränderung des Gesteins
in Verzerrungen vorliegen und daher nicht auf den ersten Blick
schon eine erdgeschichtliche Aussage machen, erweist sich
jedoch eine für alle an diesen Forschungen beteiligten Forscher
ganz unerwartete Ungleichzeitigkeit dieser so gleichartigen
Schichtenfolgen. (Vgl. Fußnoten S. 31.) Zwar ist Zugehörigkeit
der vorliegenden fossilen Faunen zur gleichen engsten erdgeschichtlichen Zeiteinheit natürlich nie zu erwarten gewesen.
Der Übergang etwa von den kalk- zu mergelabscheidenden Verhältnissen im Meer durfte nicht als an allen Punkten exakt
gleichzeitig vorgestellt werden. Geschah der Übergang aber dennoch zur exakt gleichen Zeit, so kann diese nicht bezeugt sein, da
Fossilien nur in einigen Bänken der Mergelablagerungen erhalten
sind und diese von Lücken durchschossen werden, die, auf die ihnen
entsprechenden Zeitspannen bezogen, voraussichtlich von Ort zu
Ort verschieden sind; die Fossilien können also, obgleich die
Ablagerungen völlig gleichzeitig sind, aus verschiedenen, wenn
auch nahe benachbarten engsten Zeitabschnitten stammen. Um
solche geringfügigen Abweichungen der Altersaussagen handelt
es sich hier jedoch nicht: die petrographisch gleichartigen Ablagerungen an petrostratigraphisch gleichartiger Stelle im Profil,
die in Aragonien dem Mittelkambrium zugehören, sind in der
Provinz Huelva sicher unterkambrisch und in der Provinz Sevilla,
nur eine Tagesreise von jenem Fundgebiet entfernt, sicher ober-
kambrisch. Dazu kommt nun noch die weitere Überraschung, daß
zwar die Mergel in Aragonien und in Huelva, wie die Fauna ausweist, wenigstens räumlich dem gleichen Meer entstammen, die
Mergel in Sevilla jedoch einem anderen Meeresgebiet, das von
jenem so völlig getrennt war, daß die Entwicklung des Tierlebens
in ihm ganz eigene Wege einschlug. War das kambrische Meer
über Aragonien um Huelva ein Teil des großen europäischen
Meeres, von dem in Schweden und im Baltikum klassische Zeugen
überliefert sind, so weist das Meer von Sevilla gerade umgekehrt
nach Süden und auf Verbindung zu einem asiatisch-ameri-
kanischen Großmeer hin. Damit ist die geläufige Vorstellung, daß
gleichartige Gesteinsfolgen verschiedener Gebiete als Beweis für
die Zugehörigkeit zum gleichen Großabschnitt der Erdgeschichte

und ihre Gesteinsglieder bis zum Nachweis der exakten Altersbeziehungen als zeitliche Äquivalente anzusehen seien, entwertet.
Daß ihre petrographische Übereinstimmung tatsächlich keine
erdgeschichtliche Auswertung erlaubt, wird am leichtesten an
einer schematischen Bildreihe gezeigt, die von den entwickelten
Verhältnissen in Spanien unter Verzicht auf alles, was grundsätzlich unbedeutend wäre, abgeleitet ist. (Abb. 21 a und b.)

Als Liefergebiet für die zu betrachtenden Ablagerungsgesteine
im Meer wird ein altes Festland angenommen, das aus großen
Granitmassiven und Gneisgebieten besteht und bei mineralogischer und petrographischer Vielgestaltigkeit doch stofflich
recht homogen ist. Größere Festlandsgebiete, die diesen Bedingungen entsprechen, bestehen heute wie zu allen Erdzeiten und
dürften im Kambrium besonders verbreitet gewesen sein. Daß zu
dieser Zeit auch die heutige Iberische Halbinsel einen Festlandkern gleichen petrographischen Charakters besaß, ist bezeugt.
Ein derartiges Festland liefert nach allen Richtungen und zu allen
Zeiten den gleichen Schutt, solange die klimatischen Bedingungen
als Regler der außenbürtigen Kräfte der Erdrinde, die sich in
Verwitterung und Abtragung auswirken, in bestimmten Grenzen
die gleichen bleiben. Für den Bereich einer erdgeschichtlichen
Epoche, wie das Kambrium, brauchen nun in der Tat keine oder
doch keine wesentlichen Klimaänderungen angenommen zu werden.

Das Festland mag man sich als eine nach Norden in ein Meer
vorstoßende Halbinsel vorstellen, von der uns im folgenden drei
Punkte, X, Y, Z, in einem westöstlichen Streifen über das Festland verteilt, besonders angehen. Ringsum legt sich an die Küste
ein Saum von grobem und feinem Schutt, den die Flüsse ins Meer
verfrachtet haben. Dann folgt eine Zone, in der feinste Schwebeteilchen dieses Schutts sich mit Kalkschlamm mengen, und
schließlich eine weite Fläche Meeresboden, auf der sich Kalkschlamm, unter klimatischer Gunst möglicherweise von Bakterien
ausgeschieden und durch keine Stoffzufuhr vom Festland getrübt,
ansammelt. Zu einem Zeitpunkt 1 liegt Punkt X vor der westlichen Küste, er empfängt also zu dieser Zeit grob-mechanische
Ablagerungen; die Punkte Y und Z liegen auf dem Land, in ihnen
wird sich also späterhin diese Zeit durch kein Gestein bezeugen.

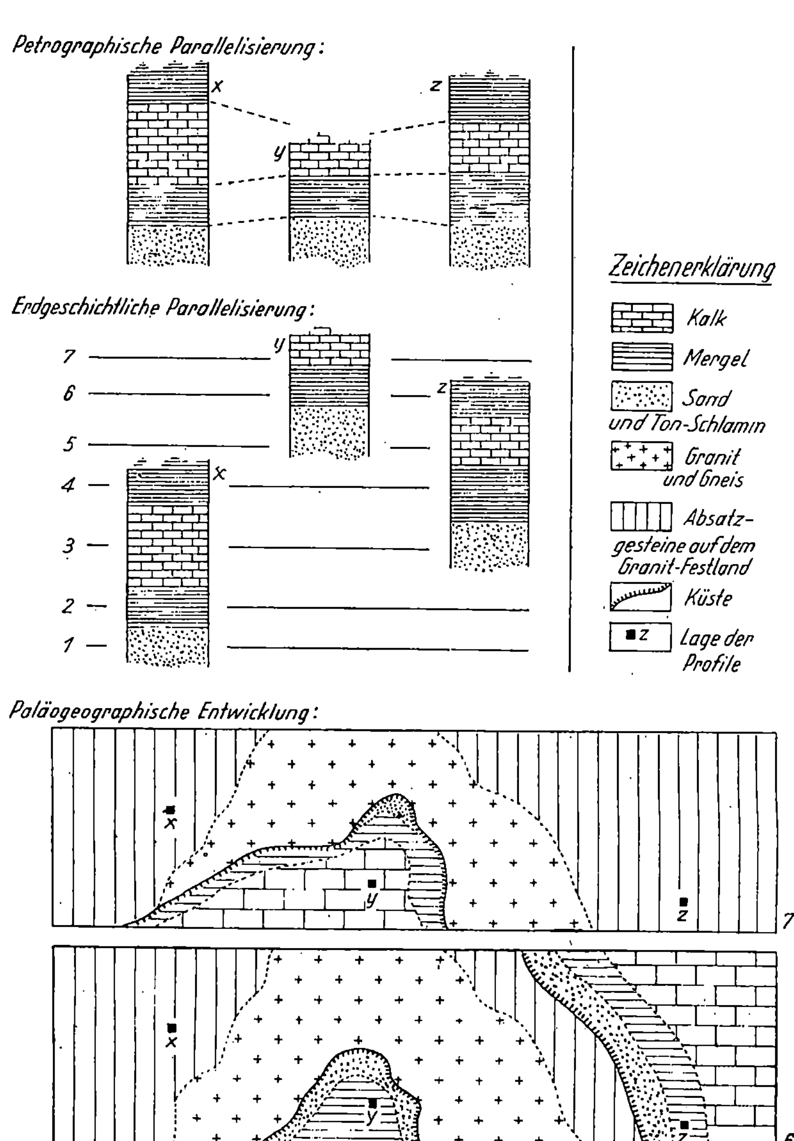

Abb. 21 a

Abb. 21. Gesteinsprofile an drei Orten X, Y, Z von gleicher petrographischer Abfolge, aber verschiedener erdgeschichtlicher Stellung und ihre Deutung aus der paläogeogra-

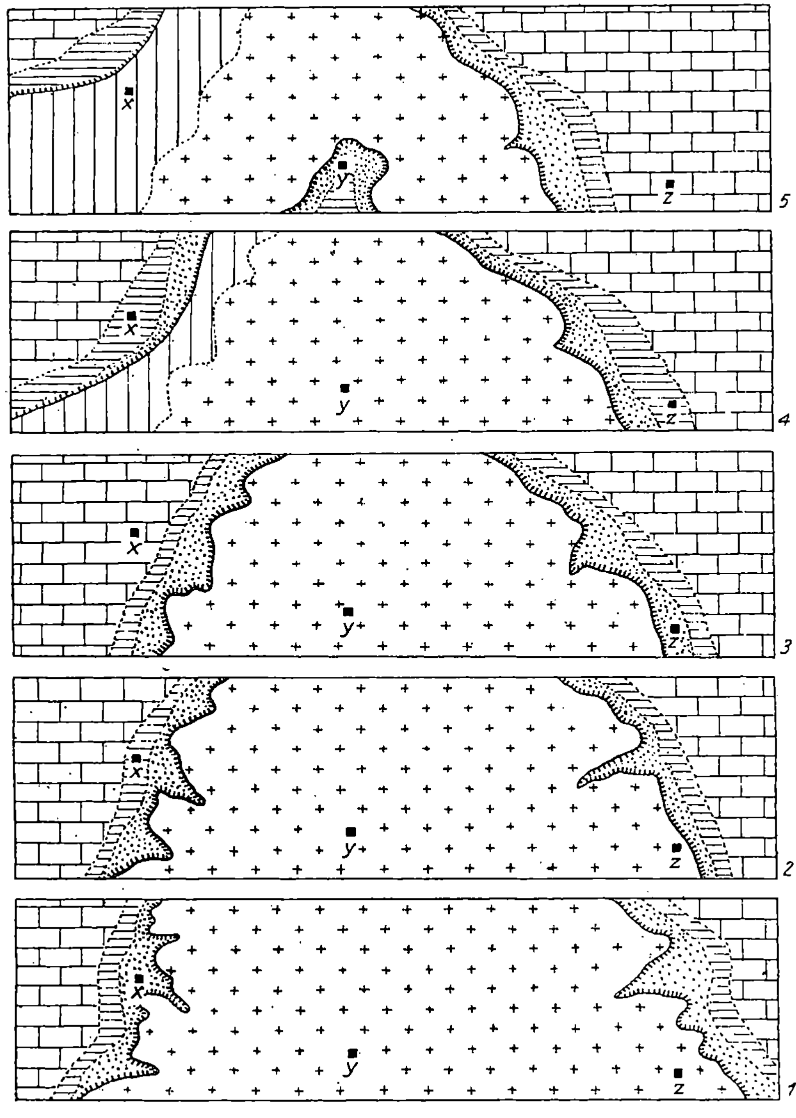

Abb. 21 b

phischen Entwicklung, die in einer Reihe von sieben Kartenskizzen (von oben nach unten
die Folge vom jüngsten zum ältesten Zustand wiedergebend) dargestellt ist. Erläuterung
im Text.

Das Festland senkt sich. Zu einem Zeitpunkt 2 ist die Küste bei
X weiter landeinwärts gewandert, X empfängt Kalk-Tonschlamm
(Mergel); Y und Z liegen noch auf dem Festland. Im Zeitpunkt 3
haben sich bei fortdauernder Senkung die Küste und die Ablagerungszonen unter Y noch weiter nach Osten bewegt; X empfängt Kalkschlamm. Bei Z ist das Land nun auch ertrunken;
Z erhält Sand. Auf der Ostseite des Festlands dauert die Senkung
weiter an, so daß im Zeitpunkt 4 Z bereits Kalk-Tonschlamm erhält. Im Westen dagegen hat sich die senkrechte Landbewegung
inzwischen umgekehrt: das Land hebt sich, die Küste weicht
zurück. Schon liegen größere Gebiete junger Ablagerungen
trocken, X ist wieder in die Kalk-Tonschlamm-Zone gelangt. Im
Zeitpunkt 5 ist der Festlandseinfluß bei Z ganz verschwunden,
denn das Land hat sich hier weiter gesenkt, die Küste ist weiter
nach Westen gewandert. X liegt inzwischen trocken, da die Hebung angehalten hat. Vor dem breiten, flachen Land der eben
entstandenen Ablagerungen hat die Anfuhr groben Schutts zur
Küste aufgehört. Währenddessen hat sich die Festlandsscholle
zu einem flachen Becken eingewölbt, derart, daß von Süden her
ein anderes Meer den inneren Teil der Landscholle überfluten
konnte; die Küste ist schon über Y hinausgewandert, in Y hat
die Ablagerung nun auch begonnen. Bis zum Zeitpunkt 6 hat
sich auch die Senkung der Ostküste in eine Hebung umgewandelt, über Z macht der Landeinfluß sich wieder bemerkbar. Die
Einbiegung zum inneren Teil des Festlands macht Fortschritte;
Y liegt schon weiter meerwärts. Zeitpunkt 7 schließlich findet Z
dem Festland angegliedert. Das nördliche Meer ist völlig zurückgewichen; die Einbiegung im Inneren nimmt stärkere Formen an,
das südliche Meer erobert weitere Gebiete.

So unterliegen also X, Y und Z nacheinander den gleichen
paläogeographischen Wandlungen. Diese Wandlungen werden
in geologischen Urkunden festgehalten, die in X, Y und Z gleichartig sind, sofern das Liefergebiet stofflich homogen ist und das
Klima keine großen Veränderungen durchmacht. Die Gleichartigkeit dieser Wandlungen drängt sich geradezu auf, wenn Eigenarten
der Ausgangsgesteine oder klimatisch bedingte Eigenarten der Verwitterung auf dem Festland die eine oder andere der entstehenden

Urkunden (Gesteine) etwa durch leuchtende grüne oder rote Farbtöne ganz besonders zeichnen.

Gleiche Gesteinsfolgen an verschiedenen zusammenhanglosen Punkten eines größeren Gebietes bezeugen also nur Gleichheit der geologischen Schicksale und Gleichheit der physikalisch-chemischen Bedingungen dabei, — nicht aber Gleichzeitigkeit. Im Gegenteil wird man auf den beigegebenen Skizzen erkennen, daß für drei beliebig herausgegriffene Punkte X, Y und Z die gleiche Gesteinsfolge nahezu immer zu verschiedenen Zeiten entstanden sein muß. Selbst wenn alle drei Punkte der Westküste angehörten, wäre es ein kaum zu erhoffender Zufall, daß sie nun gerade einen solchen Streifen miteinander bilden, der parallel zu den Ablagerungszonen während der Senkung verläuft und an allen Punkten gleichzeitig sein Gesicht ändert. Aber auch wenn dieser Zufall vorläge, wäre noch die weitere Hilfsannahme erforderlich, daß bei der Hebung die Zonen parallel denjenigen bei der Senkung verlaufen, was nur dann erreichbar sein könnte, wenn die Hebung ein getreues Spiegelbild der Senkung wäre; und auch das ist nicht zu erwarten.

Gleiche Schichtenfolgen in verschiedenen Gebieten erdgeschichtlich zu parallelisieren, ist nur dann zulässig, wenn die Gleichzeitigkeit durch zuverlässige Zeitmarken-Fossilien im einzelnen erwiesen ist. Im allgemeinen ist aber damit zu rechnen, daß sie keine zeitlichen Äquivalente sind. Petrographische Übereinstimmung von Schichtenfolgen selbst in Einzelheiten ist keine Zeitmarke, oder höchstens insofern, als sie zunächst den Verdacht gerade der Ungleichzeitigkeit dieser Gesteinsbildungen erwecken müßte.

3. Gesteinsgrenzen. Eine scharfe Grenze zwischen petrographisch verschiedenen Gesteinen, etwa einem Sandstein und darüberlagerndem Mergel, erweckt zunächst den Verdacht, daß hier nicht ein augenblicklicher Wechsel der Ablagerungsbedingungen bezeugt, sondern eine Lücke innerhalb der Ablagerung verborgen wird. Durch Hebung ist das Ablagerungsgebiet des Sandsteins zu einem Abtragungsgebiet und dann nach einem Stoffverlust, dessen Umfang zumeist nicht zu ermitteln ist, erneut

durch Senkung zu einem Sammelbecken geworden, in dem nun
andersartige Bedingungen als vor der Hebung herrschen; unvermittelt legt sich die neue Ablagerung auf die von ihr verschiedene ältere. Hier steht die Grenze im Gestein nicht für eine
Wende zwischen zwei Zeiten (von zweierlei Schicksal erfüllten
Zeiten), sondern sie steht selber für eine Zeit schwer bestimmbarer, aber längerer Dauer, die eine Unterbrechung der Ablagerung
und teilweise Zerstörung des schon Abgelagerten brachte (Abb. 22).

Kontinuierliche Ablagerung dagegen kennt zumeist nur gleitende Übergänge; hier können scharfe Grenzen nur durch Einbruch fremdartiger Kräfte in den Ablauf der Gesteinsbildung
zustande kommen: wenn sich ein vulkanischer Ausbruch (über-
oder untermeerisch) vollzieht und in die laufende Ablagerung ein
fremdes petrographisches Element einschaltet, oder wenn heftige
Erdrindenbewegung mit einem Erdbeben das Land plötzlich um
einen wesentlichen Betrag hebt oder senkt und dabei einem bestimmten Punkt des Ablagerungsgebietes ruckartig größere Küstennähe oder -ferne, also andersartige Stoffbelieferung gibt (was
jedenfalls als möglich vorstellbar ist).

Sowohl vulkanische Ausbrüche wie heftige Bodenbewegungen
können an verschiedenen Orten eines größeren Gebietes zu
gleicher Zeit eintreten, — doch sicher nur in seltenen Fällen und
als Ausnahme. Jedenfalls besteht keine Notwendigkeit dafür.
Die durch sie verursachten Unterbrechungen und Grenzen im
Gesteinsprofil sind keine weithin gültigen Zeitmarken; vielmehr
bedarf ihre Gleichzeitigkeit in jedem einzelnen Fall erneut des
Nachweises durch andere, gesicherte Zeitmarken.

Nahezu allgegenwärtig in jedem Raum, zu jeder Zeit, sind die
steten, langsamen, senkrechten Bewegungen der Erdrinde. Ein
einziges Ereignis wird auch bei ihnen als scharf markierte Grenze
in ihrer petrographischen Hinterlassenschaft überliefert: der Zeitpunkt, an dem die Oberfläche eines sinkenden Landes ins Wasser
taucht. Über ältere Gesteine, die in vielen Fällen geprägt und
verlagert wurden, die gefaltet oder geneigt unter der Landoberfläche abbrechen, legen sich waagerecht die jüngeren Ablagerungen. Nicht selten beginnen sie mit einer Schicht groben
Schutts, der in der Brandung gerollt und gerundet wurde, einem

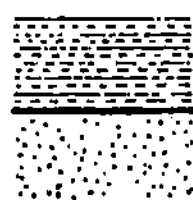

A. DIE GRENZE ALS LÜCKE:

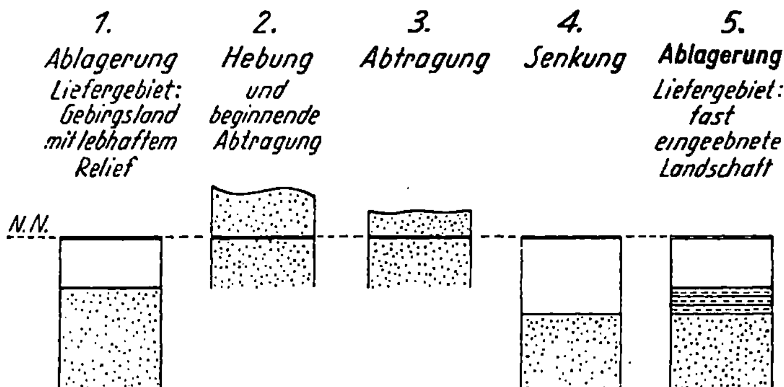

B. DIE GRENZE ALS SPRUNG

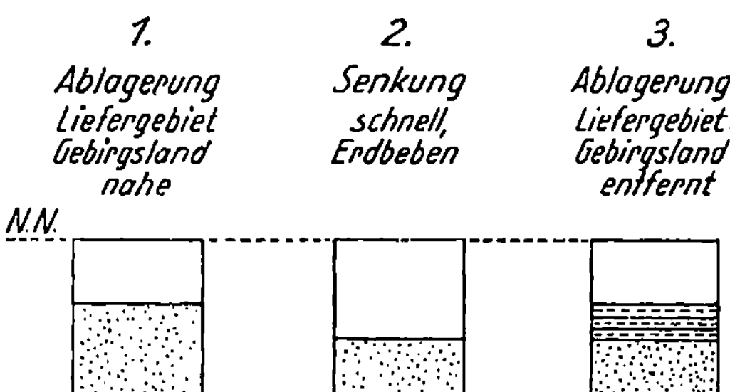

DIE BEIDEN GESCHEHNISSE ALS KURVEN:

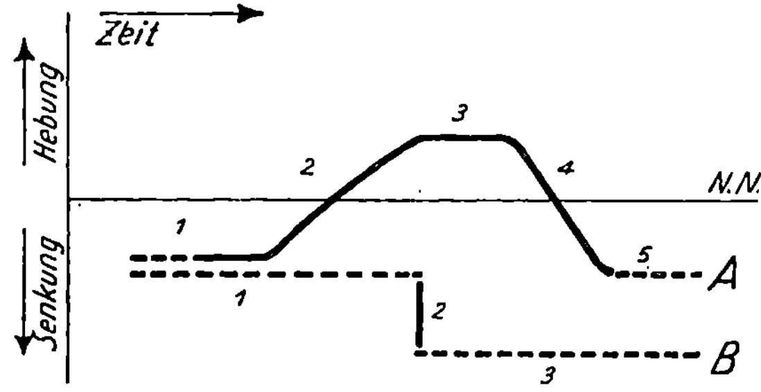

Gestrichelt: in Ablagerung bezeugte Zeit
Durchgezogen: in der Grenze verborgene Zeit

Abb. 22.   Erläuterung im Text.

Konglomerat, das den Beginn einer neuen Ablagerung infolge Überflutung, Transgression, anzeigt, — mit einem Transgressionskonglomerat.

Transgressionen können über weite Bereiche, zu manchen Zeiten kontinentweit, das Festland dem Meer übergeben. Das Transgressionskonglomerat bildet dann eine kontinentweit sehr kennzeichnende Schicht; sie mag räumlich waagerecht liegen, zeitlich jedoch schiebt sie sich gleichsam schräg aufwärts. (Abb. 23.) So kann das Transgressionskonglomerat eines von Westen nach Osten über größere Gebiete vordringenden Meeres im Westen wesentlich älter als im Osten sein; es gibt in ihm zunächst überhaupt nur Linien gleichen Alters, „Isochronen", die, für bestimmte Zeiten in eine Karte eingetragen, identisch sind mit den Küstenlinien dieser Zeiten. Die Punkte gleichen Alters herauszufinden ist allerdings, ebenso wie umgekehrt die Altersunterschiede zwischen gegebenen Punkten der Verbreitungsfläche des Transgressionskonglomerats aufzudecken, zumeist unmöglich. Unberechtigt ist jedenfalls, wenn man die zufällig der Erfahrung zugänglichen Punkte einer etwa über Mittel- und Osteuropa verbreiteten Transgression von vornherein für gleichzeitig hält. Die Intervalle zwischen den Entstehungszeiten halten sich gewiß oft innerhalb der nicht sehr engen Genauigkeitsgrenzen erdgeschichtlicher Zeitbestimmung, doch bedarf das immer wieder des Nachweises durch zuverlässige Zeitmarken. Transgressionsbildungen markieren nur den Eintritt eines bestimmten Schicksals, nicht einer bestimmten Zeit; vielmehr ist bis zum Beweis des Gegenteils im einzelnen Falle für alle ihre Punkte Verschiedenzeitigkeit anzunehmen.

Der umgekehrte Vorgang, die Hebung von Festländern, die Regression der Meere, hinterläßt zwar auch eine Markierung, nämlich Brandungsterrassen, entstanden in Zeitspannen tektonischer Ruhe zwischen den Perioden der Hebung. Doch sind diese Terrassen im allgemeinen Urkunden von erdgeschichtlich kurzer Lebensdauer, da sie als morphologische Elemente mit der gesamten Morphologie über kurz oder lang der Abtragung zum Opfer fallen. Die Morphologie eines Festlands ist immer nur der

Vermeintliche Gleichzeitigkeit

aller Punkte des Transgressions-Konglomerats eines kontinentweiten Meeresvorstoßes:

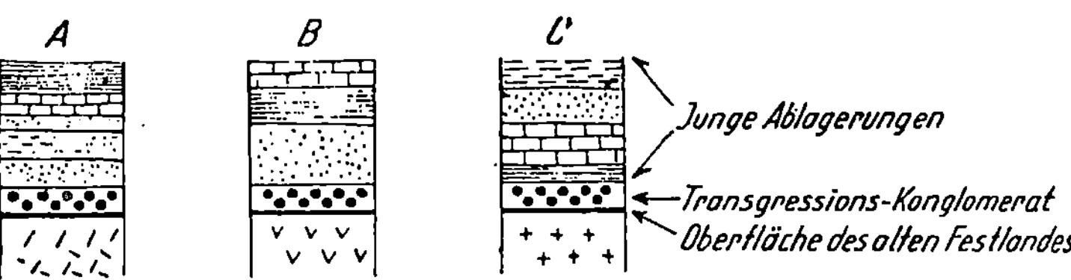

Wahre erdgeschichtliche Altersverhältnisse

des Transgressions-Konglomerats in den verschiedenen geographischen Punkten:

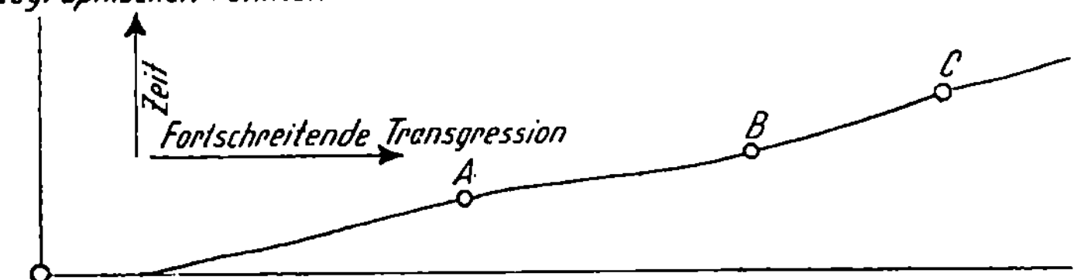

Paläogeographisches Kärtchen der Transgression:

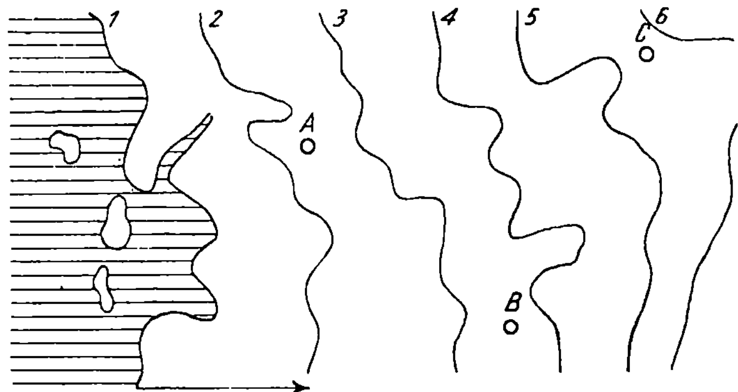

Wandern der Küste mit fortschreitender Transgression

Abb. 23. Erläuterung im Text.

augenblickliche Stand im Abbau des Liefergebietes für den Aufbau der Gesteine als der beständigen geologischen Urkunden im benachbarten Sammelgebiet.

Nun muß allerdings noch mit der Existenz einer besonderen
Art von Transgressionen gerechnet werden, die nicht durch senkrechte Bewegung der Festländer, sondern durch Veränderung
der Höhenlage des Meeresspiegels zustande kommen. Abgesehen
von der Ursache ist auch die Äußerung grundverschieden: die
Vertikalbewegungen der Festländer haben in jedem Kontinent
ihren eigenartigen und zumindest für den Augenschein untereinander unabhängigen Verlauf; selbst eine Kontinentalmasse
noch zerfällt in der Regel in kleinere Bereiche eigener, ja gegen-
sätzlicher Bewegung. Die Vertikalbewegungen des Wasserspiegels verlaufen dagegen an allen Küsten. zu gleicher Zeit, im
gleichen Sinne und im gleichen Ausmaß, — wie es der Mobilität
des Wassers entspricht.

Für abgeriegelte Binnenmeere sind Veränderungen der
Spiegellage leicht verständlich. Unter klimatischen Einflüssen —
starke Verdunstung bei unzureichendem Wassernachschub aus
den Flüssen des Festlands, oder umgekehrt geringer Verdunstung
bei starker Wasserzufuhr — senkt oder hebt sich der Spiegel,
doch nicht in jedem Fall stetig, sondern abwechselnd mit Zeiten
geringer Veränderung oder Spiegelkonstanz. Ein solcher Wechsel
kann namentlich unter klimatischen Bedingungen, die Spiegel-
senkung hervorrufen, zustande kommen (Trockenklima mit Perioden starker Regenzeiten). Dann wird also zeitweise die Brandung in die Breite wirken und Terrassen erzeugen, unter denen
an allen Küsten diejenigen gleicher Höhenlage über dem heutigen
Wasserspiegel als streng gleichzeitig aufgefaßt werden dürfen, —
sofern sich nicht die gleichen Fehlerquellen nachträglich einschalten, wie im folgenden für die Weltmeere gezeigt wird. Weit
wichtiger und für die Suche nach erdweit gültigen Zeitmarken
allein betrachtenswert sind die Verhältnisse im Weltmeer.

Auch für das Weltmeer sind Spiegelschwankungen nur in Abhängigkeit von Klimaänderungen anzunehmen. Allerdings kann
sich eine Verschiebung der Klimazonen über den Erdball, etwa
im Gefolge von Achsenverlagerungen, nicht auswirken, da das
Weltmeer ja alle Klimazonen von den Eiskappen der Pole zum
tropischen Meer umfaßt, ihren verschiedenartigen Einfluß auf

die Wassermassen ständig ausgleicht. Nur ein einziger, dazu
nach erdgeschichtlicher Erfahrung seltener Vorgang dürfte den
Weltmeerspiegel merklich beeinflussen: die zeitweise Bindung
großer Wassermassen durch wesentliches Wachsen der Eiskappen
an den Polen, womöglich bis in mittlere Breiten. Eiszeiten müssen
für das Meer Zeiten veränderter Spiegelhöhe bedeuten.

Allerdings ist die Auswirkung des Eiszeitalters auf den
Spiegel des Weltmeeres nicht ganz klar zu durchschauen. Daß
die Vereisungen der Nord- und der Südhalbkugel nicht gleichzeitig erfolgten, sondern auf jeder Halbkugel in einer eigenen,
von der anderen ganz unabhängigen Periode, ist schon in II D
bei Besprechung der Sonnenstrahlungskurve angedeutet worden.
So müßte Wasserentzug im Norden und Wassermehrung im
Süden oder umgekehrt sich derart überlagern, daß weder die
Eiszeitgliederung der einen noch die der anderen sich in Schwankungen des Meeresspiegels abbilden könnte. Das würde auch
wohl gelten, wenn die geographische Gestaltung beider Hemi-
sphären sich einigermaßen entspräche. Da jedoch die nördlichen
Eiszeiten sich auf großen Festländern, die südlichen auf großen
Wasserflächen abspielten, ist die Intensität der nördlichen, die
sich in der Ausbildung riesiger Inlandeismassen auswirken
konnten, als um so vieles stärker anzunehmen, daß praktisch nur
sie merklichen Einfluß auf den Wasserhaushalt des Meeres hatten.
Jede Vereisung der Nordhalbkugel bedeutet einen Wasserentzug
des Weltmeeres, für die letzte Eiszeit (nach P e n c k) um eine
Wasserschicht von 40 m Höhe.

Diese Entlastung des Ozeanbodens müßte nun, nach einem
Gedankengang von S o e r g e l , zur Folge haben, daß die Kruste
unter dem Weltmeer sich hebt, was weiter als Ausgleichsbewe-
gung eine Absenkung der Festlandmassen auslöste. Bei einer
Absenkung des Wasserspiegels um 50 m würde der Ozeanboden
um 15 m steigen, durch subkrustalen Massenabfluß zu den ozea-
nischen Gebieten würden weiter die Festländer um 40 m absinken. Die starke absolute Wasserabsenkung müßte sich also
schließlich noch in einem schwachen Ansteigen des Spiegels
relativ zur Küste bemerkbar machen. Beim Abschmelzen der
Eismassen kann die Kruste sich nur mit starker Verzögerung der

neuen Belastungsverteilung anpassen; so wird das Meer weithin das Land überfluten.

Die Berechtigung dieses Gedankenganges hängt ab von der Gültigkeit der Isostasie in dem Sinne, daß Krustenteile auf Belastung mit Absinken, auf Entlastung mit Aufsteigen antworten, daß die Schollen der Erdrinde sich also in einem Schwimmgleichgewicht befinden. Ganz anders ist es allerdings, wenn der Motor für die senkrechten Bewegungen der Rinde in einer aktiven, mobilen, souveränen Unterkruste zu suchen wäre. Dann müßte der Ozeanboden bei Entlastung keineswegs sich heben; einer Eiszeit könnte unmittelbar eine Senkung, Regression des Meeres, einer Zwischeneiszeit eine Hebung, Transgression, entsprechen.

Das Schmelzen des Eises führt in beiden Vorstellungen zu einer Transgression. Daß eine Zwischeneiszeit sich also an den Küsten des Weltmeeres, d. h. erdweit, als Transgression abbildet, unterliegt keinem Zweifel.

Überall dort, wo zuvor die Brandung eine Abrasionsfläche ausgearbeitet hat, legt sich nun auf das Gestein der Küste eine Transgressionsbildung, vielleicht ein Konglomerat, als tiefstes Schichtglied einer damit beginnenden Schichtenfolge. Das Wachstum dieser Schichtenfolge mag von Ort zu Ort verschiedenes Gesicht und verschiedene Geschwindigkeit haben, — in ihrer tiefsten Schicht jedoch gibt sie einen erdweit gleichwertigen historischen Festpunkt. Hier läge also die Möglichkeit einer ausgezeichneten Zeitmarke vor, falls es gelänge, diese gleichzeitigen Transgressionen an den verschiedenen Punkten nun auch mit Sicherheit als zusammengehörig aufzufinden.

Die Anwesenheit von Fossilien ist auszuschließen, da ja gerade nach zeiteigenen Merkmalen außer ihnen gesucht wird;

Abb. 24. Bohrprofile von drei Küsten haben unter jungen Meeresablagerungen ein Transgressionskonglomerat über älterem Grundgebirge in der gleichen Tiefe angetroffen. Bezeugen die Konglomerate dieselbe weltweite Transgression? Die Schnitte A und B zeigen eine Fehlerquelle. Entstehung des gleichen Bohrprofils (in A 3 und B 4) auf zweierlei Art. A 3: Geringe Hebung des Landes; A 2: Ansteigen des Meeresspiegels; A 1: Abgesenkter Meeresspiegel; B 4: Ansteigen des Meeresspiegels; B 3: Hebung des Landes; B 2: Senkung des Landes; B 1: Abgesenkter Meeresspiegel. — In der Reihe B entsteht das Transgressionskonglomerat schon im Zeitpunkt 2, in der Reihe A zum Zeitpunkt 4, also wesentlich später. Die Folge dieser Vieldeutigkeit gleicher Höhenlage von Transgressionsbildungen an Küsten wird im Text gezeigt.

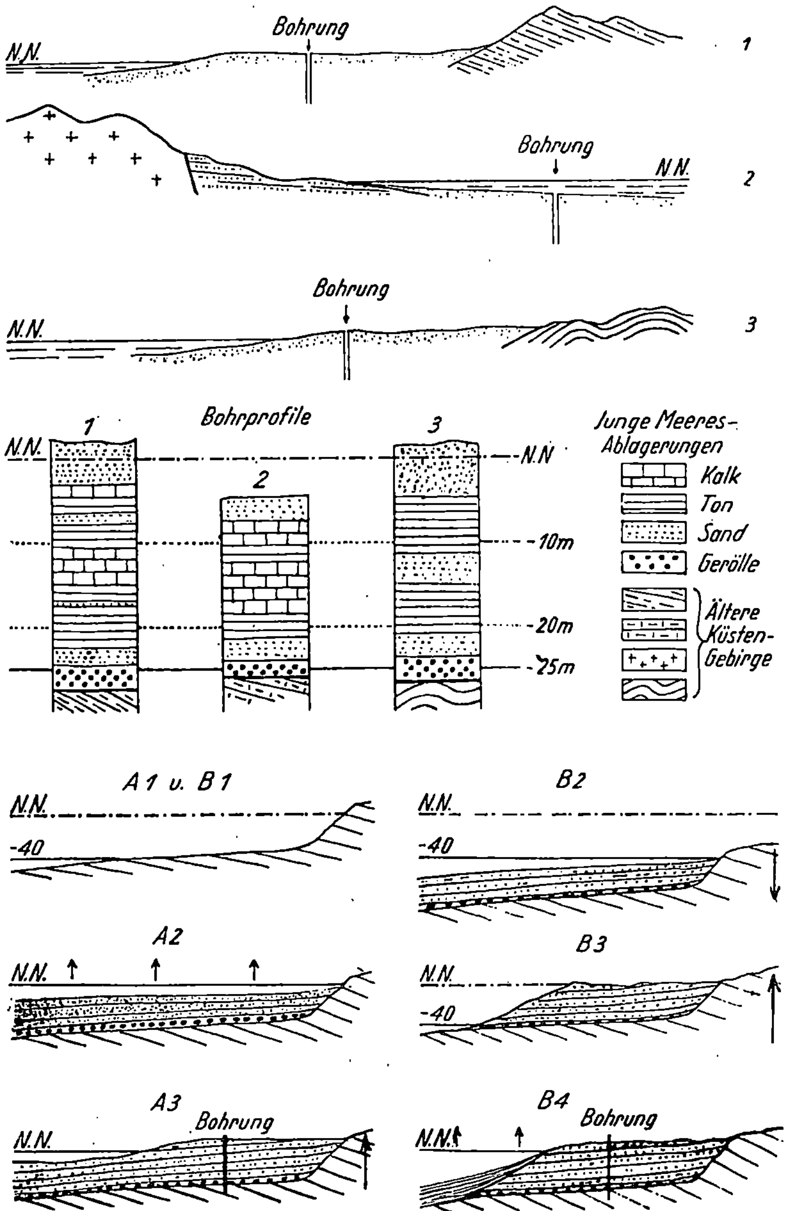

Abb. 24. Erläuterung nebenstehend

petrographische Merkmale aber sind zur Identifizierung historischer Äquivalente nicht geeignet. So bleibt als mögliches Kennzeichen nur die absolute Höhenlage übrig. Bohrungen an drei Küsten haben z. B. unter lockeren jungen Kalken, Tonen und Sanden ein Konglomerat und darunter älteres Gebirge angetroffen, und zwar übereinstimmend bei rund 25 m Tiefe unter N. N. (Abb. 24.) Sind hier drei Punkte der gleichen Transgression bezeugt, sind die drei Konglomerate erdgeschichtlich äquivalent? Konglomerat und überlagernde Schichtenfolge können zwar dem Ansteigen des Wasserspiegels ihre Entstehung verdanken (siehe Abb. 24 A 1 bis A 3), dem dann noch (für die Fälle 1 und 3 sowie A und B) eine geringfügige Hebung des Landes in jüngster Zeit hinzuzufügen wäre, wodurch die jüngsten, obersten Ablagerungen dieser Folge zur Küstenebene wurden. Doch kann das gleiche Bild auch (Abb. 24 B 1 bis 4) durch Senkung des Landes unter den angenommenen Tiefstand des Spiegels, erneute Heraushebung des Landes und erst anschließendes Ansteigen des Spiegels zustande kommen. Hier ist das Konglomerat also bedeutend älter als das erdweite Ereignis, von dem wir Zeitmarken erhoffen.

Sicher würde man, wenn umfassender Einblick in die ganze Breite der Ablagerungen möglich wäre, beide Fälle sehr wohl voneinander trennen können. Statt dessen besitzen wir aber nur punktförmige Einstiche in Bohrungen; daß im zweiten Fall die jungen Ablagerungen meerwärts bereits wieder der Zerstörung ausgeliefert waren und über die Abtragungsfläche sich schon jüngste Sande abgelagert haben (Abb. 24 B 4), die in Wirklichkeit die zeitlichen Äquivalente von A 2 sind, bleibt verborgen.

Unter die gleichzeitigen geologischen Urkunden, deren Entstehung an gleiche absolute Höhenlage gebunden war, mischen sich also gleichartige Urkunden aus anderen Zeiten, die durch nachträgliche Vorgänge auch die Höhenlage jener erworben haben und so dieses Kennzeichen als leitende Marke für eine bestimmte Zeit entwerten. Umgekehrt hat ein Teil der in gleicher Höhenlage entstandenen Transgressionsbildungen inzwischen durch junge Krustenbewegungen dieses Merkmal verloren. Und es darf sogar aus der Erfahrung, daß sich die Erdkruste ständig an nahezu jedem Orte hebt oder senkt, geschlossen werden, daß gleichaltrige Transgressionskonglomerate selbst aus so junger Zeit, wie das Diluvium ist, inzwischen ganz verschiedene Lage zu N. N. einnehmen, und daß derartige Bildungen in gegenwärtig gleicher Höhenlage recht heterogenen Ursprungs sein können. So hervorragend diese Art geologischer Urkunden also bei der Entstehung im Raume gekennzeichnet ist: heute kann ihre Zusammengehörigkeit als gleichzeitige Urkunden nicht anders als durch Befragung von Leitfossilien nachgewiesen werden.

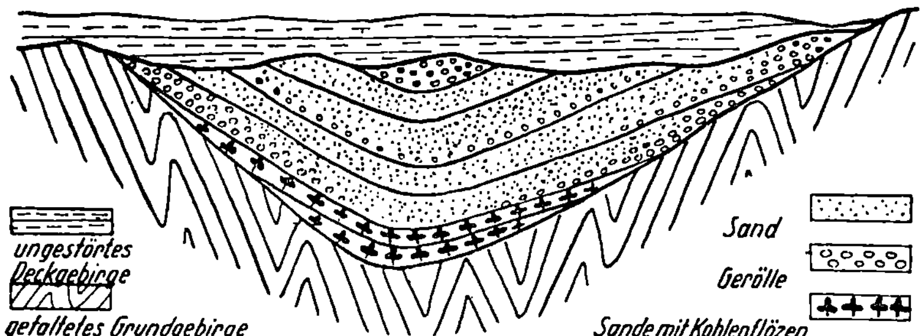

Abb. 25. Schematischer Schnitt durch die Kohlenmulde von Villanueva am Guadalquivir (Spanien). Beschreibung des Bildes, Deutung und grundsätzliche Bedeutung s. Text.

4. Lagerungsgrenzen. In der kleinen Steinkohlenmulde von Villanueva am Guadalquivir liegen graue Sandsteine mit dunklen Schiefertonen und Kohleflözen unter weißlichen, lockeren Sanden und Kalken, über bunten, sehr harten Schiefern mit hellen Quarziten. Die Grenzen, die diese drei Schichtfolgen voneinander trennen, sind von besonderer Art. Sie werden nicht allein durch einen Wechsel der petrographischen Eigenart in den Gesteinen markiert, sondern zugleich in einer sprunghaften Änderung der Lagerungsverhältnisse (vgl. Abb. 25). Die Lockergesteine liegen fast waagerecht; das Flözführende darunter ist zu einer Mulde eingefaltet; die alten Schiefer darunter sind zu engen Falten zusammengedrängt. An jeder der beiden Grenzen stoßen die Schichten der jeweils älteren Folge von unten her spitzwinklig gegen die der Grenzfläche gleichgerichtet abgelagerten Gesteine der jüngeren Folge: sie werden von den jüngeren diskordant überlagert. Eine derartige Winkeldiskordanz sagt aus, daß zwischen Ablagerung der älteren und Ablagerung der jüngeren

Gesteine ein tektonisches Geschehen, eine Verformung der Erdrinde, an diesem untersuchten Ort eingetreten ist. In dem hier
beschriebenen und in Abb. 25 wiedergegebenen Profil sind (in
der Reihenfolge vom jüngsten zum ältesten) folgende erdgeschichtlichen Ereignisse überliefert:

7. Ablagerung der Lockergesteine auf der Abtragungsfläche.
6. Abtragung des Flözführenden und der alten Schiefer.
5. Faltung des Flözführenden und der alten Schiefer.
4. Ablagerung des Flözführenden auf der Ablagerungs-
   fläche.
3. Abtragung der alten Schiefer.
2. Faltung der alten Schiefer.
1. Ablagerung der alten Schiefer auf dem Meeresboden.

(Daß in diesem Beispiel 4 und 5 in besonderer Weise ver-
knüpft sind, wird noch besprochen.)

Das ungefähre geologische Alter der drei Gesteinsgruppen
gibt sich schon nach flüchtiger Untersuchung zu erkennen. Die
Lockergesteine gehören ins Tertiär, das Flözführende ins Oberkarbon, die harten Schiefer ins ältere Paläozoikum. Im Mittelpunkt der Betrachtungen haben natürlich stets die kohleführenden
Schichten gestanden. Innerhalb des Oberkarbon ist für sie von
vornherein Zugehörigkeit entweder zu dem als „Westfälische
Stufe" ausgeschiedenen Zeitabschnitt oder der nächst jüngeren
„Stephanischen Stufe" wahrscheinlich. Die Entscheidung über das
genauere Alter hat nun vor anderthalb Jahrzehnten ein Bearbeiter (nicht im deutschen Schrifttum) folgendermaßen treffen
wollen: Da sich das Deckgebirge über dem Flözführenden nach
seiner Fossilführung als mitteltertiären Alters erweist, könne die
ältere Faltung, die das Flözführende selber betroffen hat, derjenigen gleichgeordnet werden, die u. a. auch die Pyrenäen auf-
faltete. Die älteste Faltung, die das Grundgebirge unter dem
Flözführenden verformte, könne dann nur die herzynische sein,
die überall, wo sie sich bezeugt habe, zwischen Westfal und
Stephan auftrete. Daraus ergebe sich für das Flözführende
ohne Notwendigkeit weiterer Untersuchungen, etwa des Fos-

silieninhalts, die Zugehörigkeit zum Stephan. Diese Zeitbestimmung an Hand der Faltungsvorgänge erscheint dem Bearbeiter so sicher begründet, daß er nicht nur auf das Zeugnis der Fossilien verzichtet, sondern sogar ihre abweichende Aussage, daß die Schichten nämlich westfälisches Alter haben, als gegenüber seinen Kronzeugen unwesentlich ansieht.

Dieses Vertrauen auf erdweite Gleichzeitigkeit weniger, aber großartiger Faltungsvorgänge ist in einer alten Vorstellung begründet. Das heiße Erdinnere schrumpft infolge Wärmeverlust stetig. Die kalte, starre Rinde muß sich von Zeit zu Zeit dem verkleinerten Kern anpassen; sie zerbricht, große Schollen drängen gegeneinander und stauchen schwächere Zonen zwischen ihnen zusammen. Aus diesen wachsen dann die Faltengebirge in die Höhe. Das Werk vom „Antlitz der Erde", in dem E. S u e s s das erdgeschichtliche Weltbild des ausgehenden 19. Jahrhunderts festgehalten hat und das nachhaltig Forschung und Vorstellung der europäischen Geologen bestimmte, faßt zusammen: „Der Zusammenbruch des Erdballs ist es, dem wir beiwohnen." Lange Zeiten der scheinbaren Ruhe, während deren in der Kruste die Spannungen anwachsen, weichen kurzen Zeiten, in denen diese Spannungen sich befreien in gewaltigen, erdweiten Erschütterungen, aus denen die Faltungen, die Gebirge, hervorgehen. Zeiten ruhiger Entwicklung an der Erdoberfläche wechseln ab mit kurzen, aber heftigen Katastrophen, in denen die Kruste, zusammenstürzend, sich aus der Tiefe neu gestaltet.

Nun hat zwar die fortschreitende Einsicht in die Urkunden der Erdgeschichte gelehrt, daß die Zeiten der Gebirgsbildung weit zahlreicher sind, als man zunächst annahm. Die herzynische Faltung, im deutschen Schrifttum als variszische Faltung bekannt, ist nicht ein einziger Vorgang zwischen Westfal und Stephan gewesen, sondern hat sich in wenigstens fünf Einzelphasen abgespielt; das Eiszeitalter galt in einer grundlegenden Arbeit über die Bauvorgänge, die Tektonik der Erdrinde, 1924, noch als frei von Faltungen, 1935 wurde die pasadenische Phase erkannt, 1941 wurde sie von W i t t m a n n in vier Einzelphasen aufgelöst. Die Alpenfaltung hat sich in einer großen Zahl von Einzelbewegungen vollzogen, die sich insgesamt über einen großen Zeitraum erstrecken, untereinander allerdings immer wieder von längeren Zeiten der Ruhe getrennt werden. Auch vor der Faltung des Steinkohlengebirges (den variszischen Phasen) haben sich im älteren Paläozoikum eine ganze Reihe von Bewegungsphasen zu erkennen gegeben; doch sind auch sie durch längere Spannen tektonischer Ruhe voneinander geschieden. So gilt der Satz von der „Episodizität der Gebirgsbildung", die in den Gründertagen der Geologie schon erkannt wurde (z. B. von E l i e d e B e a u m o n t), immer noch. Er ist aus den Urkunden selber abzulesen. Entscheidend ist nun aber in unserer Fragestellung erst, wie sich diese einzelnen Episoden der tektonischen Unruhe an den verschiedenen Orten zeitlich zueinander verhalten. H. S t i l l e, der für Faltung „Orogenese" gebraucht (für die Krustenteile, die sich falten lassen, „Orogen"), sagt 1918 im „Orogenen Zeitgesetz" dazu: „Alle Gebirgsbildung ist an verhältnismäßig wenige und zeitlich engbegrenzte Phasen von erdweiter Bedeutung gebunden" und fügt 1922 hinzu: „Sie tritt gleichzeitig in den verschiedensten Erdgebieten auf." Diese letzte Fassung, das „Orogene Gleichzeitigkeitsgesetz", bestätigt offenbar unserem Bearbeiter von Villanueva, daß er (wenngleich er in Einzelheiten, wie in der Vorstellung von einer einheitlichen herzynischen Faltung irrte) grundsätzlich auf dem richtigen Weg war: Faltungen als Zeitmarken anzusehen, die, wenn sie nur einmal erdgeschichtlich geeicht werden, an jedem Ort, wo eine bestimmte Phase mit Sicherheit identifiziert werden kann, eine bestimmte Zeit mit Sicherheit markieren.

Da erheben sich allerdings sogleich Bedenken. Der „erdweiten Verbreitung der Phasen" steht man etwas ratlos gegenüber, da es von den örtlichen Krustenverhältnissen, von „Mobilität" und „Stabilität" der Schollen abhängen soll, ob sich eine Faltungsphase auswirkt; sie kann als Beanspruchung den ganzen Erdball betroffen haben, bezeugen konnte sie sich jedoch nur in verformbaren Schwächezonen; an den übrigen Gebieten ging sie ohne Spur vorüber. Es läßt sich also zunächst aus der Erfahrung nichts gegen eine derartige Ubiquität der orogenen Phasen sagen, — offenbar aber auch ebensowenig dafür. Die Entscheidung für oder gegen dieses Postulat bleibt also theore

tischen Erwägungen jedes einzelnen überlassen. Immerhin macht
sich eine Anzahl von Faltungen über große Gebiete bemerkbar,
so auch die variszische (gleich herzynische). Treten aber ihre Phasen
wirklich „gleichzeitig in den verschiedensten Erdgebieten auf"?
Hat etwa die Faltung des Flözführenden von Villanueva erdgeschichtlich völlig gleichzeitige (d. h. nach der Jahrzeitrechnung immer noch zwischen Jahrzehn- oder Jahrhunderttausenden
schwankende) Äquivalente?

Die Pflanzenfunde in den Ablagerungen beweisen das unbezweifelbar westfälische Alter der Kohlen. Die Faltung der
harten Schiefer darunter muß einer früheren Phase, wahrscheinlich der „sudetischen", angehören, die sich zwischen Unter- und
Oberkarbon abspielte; die Faltung des Flözführenden selber
könnte zur „asturischen Phase" gehören, die an jener Zeitgrenze
abgelaufen sein soll, an der unser Bearbeiter die einheitliche
„herzynische Faltung" vermutete, zwischen Westfal und Stephan.
Allerdings ist am Locus typicus, in Asturien, anscheinend keine
exakte Festlegung des Alters dieser Phase möglich. An der Saar
läßt sich eine tektonische Bewegung zwischen Westfal (das in die
Zeitspannen A bis D gegliedert ist), und zwar zwischen Westfal D,
und dem Stephan nachweisen. Die Ruhrkohle endet im hohen
Westfal C, im Aachener Bezirk gehen die Schichten mit dem
Westfal B zu Ende, in Holländisch-Limburg im Westfal C, in Belgien und Nordfrankreich ebenfalls, doch etwas später. Sicher
lagen ursprünglich auch noch höhere Ablagerungen darüber; sie
sind im Gefolge der Faltung abgetragen worden. Doch wieviel
lag darüber, als die Faltung einsetzte? Darüber schweigen die
überlieferten Urkunden, also verraten sie auch nichts darüber, ob die asturische Faltung hier am Nordsaum des alten
mitteleuropäischen Gebirges die Kohlen wirklich zwischen Westfal D und Stephan, oder aber etwa bereits innerhalb des Westfal D oder innerhalb des Stephan, oder gar über eine längere Zeitspanne anhaltend in Sättel und Mulden legte. In Nordwales ist
tektonische Unruhe zwischen Westfal C und D bezeugt, in den
französischen Alpen sind Lagerungsstörungen vor dem Westfal D
anzunehmen. Über das Alter der Faltung von Villanueva gibt das
örtliche Profil selber Auskunft. Seine Auswertung mag hier als

grundsätzliches Beispiel für die Deutung erdgeschichtlicher Urkunden entwickelt werden.

Auf der Abtragungsfläche des Grundgebirges der harten Schiefer liegen Sandsteine, Tonschiefer und Kohle in wechselvoller Lagerung. Außer zahlreichen dünnen und wenig ausgedehnten Bänkchen von Kohle zwischen den übrigen Gesteinen gehen einige ansehnliche Flöze weithin durch. Sie sind nicht aus der Zusammenschwemmung von Pflanzen entstanden, sondern aus den Absätzen eines Sumpfwaldes, wie die aufrecht in der Kohle stehenden Stümpfe von Siegelbäumen anzeigen. Es wechselten also Zeiten starker Zufuhr teilweise grober Stoffe mit Zeiten allgemeiner Versumpfung. Diese Vorgänge spielten sich in einem kleinen Becken ab, das mit der späteren Mulde ungefähr zusammenfällt. Die Flöze greifen nämlich von den Sandsteinen und Schiefertonen, auf denen sie im Innern der Mulde liegen, seitwärts über auf das Grundgebirge, wie das in einer sehr flachen Schüssel nicht anders sein kann. Die groben Sandsteine mit vielen Schichten aus groben Geröllen, die die Flözbildung schließlich beenden, greifen auch beiderseits über die Flanken der Sandsteine mit Kohlenflözen hinweg. Zur Zeit der Ablagerung dieser Westfal-Schichten war also die Auflagerungsfläche keine Ebene, sondern bereits eine flache Mulde, und es läßt sich vorstellen, daß das wiederholte Einsetzen der Sand- und Schlammschüttung zu Beginn der Geschichte auf wiederholte tektonische Bewegungen, die die Reliefenergie der Landschaft erhöhten und die Abtragung anregten, zurückzuführen ist, daß weiter die Sumpfbildung jeweils eine Zeit der tektonischen Ruhe verrät. Ein besonders starker tektonischer Vorgang löste dann schließlich die Zufuhr groben Schuttes aus. — Die Ausmaße der Mulde sind klein, von einer Flanke zur anderen mißt sie wenige Kilometer; die Gesamtmächtigkeit der karbonischen Schichten übersteigt 100 m nur wenig. Die Ablagerung hat sich, wie aus Umfang und stofflicher Eigenart hervorgeht, schnell vollzogen, die Schichten vertreten einen nur kurzen Zeitabschnitt. Die spätere Mulde, zu der die Schichten verformt wurden, deckt sich ungefähr mit der flachen Wanne, in der die Schichten abgelagert wurden. Die Stoffzufuhr geschah in einzelnen, sich steigernden

Rucken. Aus all dem darf man schließen, daß die Ablagerung
der Verformung unmittelbar vorausging, daß sie den Beginn der
Faltung selber spiegelt. Das Alter des Flözführenden wird also
zugleich auch annähernd das Alter der örtlichen Verformung
sein. Genaue Prüfung der Pflanzenfunde durch die besten Sach-
kenner hat dann gezeigt, daß es sich bei den Schichten weder
um Westfal A noch D, sondern nur um B und C handeln kann.
Man wird so auch die Faltung der Mulde nicht anders denn als
„Mittleres Westfal" einstufen.

Wir kehren zur Frage der weltweiten Gleichzeitigkeit gebirgs-
bildender Phasen zurück. Die sudetische Phase soll unmittelbar
vor Westfal A, die asturische unmittelbar nach Westfal D weltweit eingetreten sein. Die eine oder andere Bewegung aber, die
man zur asturischen rechnen möchte, gehört dem von Orogenesen
angeblich freien Zeitraum des Westfal an, und für die meisten
anderen stehen zur Einordnung Zeitspannen zur Verfügung, die
zwar die Grenze Westfal D/Stephan einbeziehen, aber doch auch
nach unten wie nach oben weit darüber hinausreichen, so daß
das Alter durchaus mehrdeutig ist. Wenn in diesen Fällen
Orogenesen an Dutzenden Orten auf den gleichen Zeitpunkt ver-
legt werden, zu dem in einem oder zwei Gebieten Orogenesen
sicher sich vollzogen haben, so geht das weit über die Aussage
der Urkunden hinaus. Die Urkunden lassen hier nur Möglichkeiten offen; welche ausgewählt wird, entscheidet offenbar die
vorgefaßte Überzeugung des Bearbeiters. So wäre nun noch die
theoretische Notwendigkeit weltweiter Gleichzeitigkeit der Orogenesen zu prüfen.

Die Vorstellung von der schrumpfenden Erde ist längst nicht
mehr die einzige, auch nicht mehr die beherrschende in den
Überlegungen zur Ursächlichkeit der Tektonik. Vielmehr ist, wie
schon zuvor bemerkt, eine große Unsicherheit eingetreten, die
sich in einer Fülle von Entwürfen neuartiger Deutungen der Faltungsvorgänge ausdrückt. Einer Anzahl dieser Deutungsversuche,
und zwar denjenigen, die am besten durch Tatsachen gestützt zu
sein scheinen, ist gemeinsam, daß in der als relativ mobil an-
gesprochenen Unterkruste der Motor der Gebirgsbildung gesehen
wird: Faltungen in der Oberkruste kommen durch Fließbewe-

gungen in der Unterkruste zustande, sei es, daß Falten unmittelbar die Fließbewegung nachbilden, wie eine Staubhaut auf fließendem Wasser zusammengeschoben und gestaucht wird, oder daß Falten durch Abgleiten der Schichten von Aufwölbungen der Erdrinde entstehen, wobei die Aufwölbungen durch Zusammenströmen flüssigen Magmas in der Unterkruste sich bilden.

Würde an einer Stelle der Unterkruste eine Fließbewegung ausgelöst, etwa durch ein Temperaturgefälle zwischen zwei benachbarten Regionen (wofür man einen Grund in verschieden starker Wärmeerzeugung aus radioaktivem Zerfall sehen könnte), so müßte sich diese Bewegung schließlich über weite Gebiete auswirken und Kompensationsströmungen herausfordern; sicher bestünde dann aber ein merkliches Nacheinander dieser Vorgänge. Daß die Unterkruste erdweit einen Anstoß zum Fließen erhielte, ist schwer vorzustellen, aber selbst wenn man dies (etwa mit J o l y in der Periodizität radioaktiver Aufschmelzung) annehmen wollte, ist gleichfalls kaum mit gleichzeitigen Störungen rings um den Erdball zu rechnen, sondern doch wohl wieder mit einem Ingangkommen der Bewegung zunächst an einem oder an wenigen Orten. Für die erdweite Gleichzeitigkeit einer orogenen Bewegung besteht zumindest keine zwingende Notwendigkeit.

Die Schrumpfungs-Theorie, nur noch eine von vielen Möglichkeiten der Deutung tektonischer Erscheinungen, hat inzwischen ein neues Gewand bekommen. Nicht Wärmeverlust, sondern physikalische Zustands- und chemische Stoffänderungen der Massen des Erdinnern führen zur Schrumpfung. Diese Änderungen verlaufen möglicherweise nicht stetig; Zeiten größerer Aktivität wechseln mit Zeiten geringer Umwandlung [1]. Daß hier nur eine Reihe von Fiktionen gemacht wird, um eine Vorstellung neu zu stützen, die selber von einer inzwischen als irrig erkannten Fiktion abgeleitet würde, soll nicht weiter erörtert werden, vielmehr sei einmal angenommen, diese Hypothese bestünde zu Recht. Zu Zeiten größerer Aktivität im physikalisch-chemischen Haushalt des Erdkerns schrumpfe die Erde stark und

---

[1] N ö l k e , F., Ursächlichkeit in der Großtektonik. Z. deutsch. geol. Ges. 91, 141. Berlin 1939.

müsse die starre Rinde also folgen; — vollzieht sich nun der Zusammenbruch wirklich erdweit gleichzeitig? Sicher muß die Rinde der Schrumpfung des Innern von Anfang an Schritt halten, da sich doch wohl keine Hohlräume zwischen ihr und dem Kern bilden werden. Will man nicht (wie auch schon erwogen worden ist) damit rechnen, daß die Gesteine der Rinde unter langanhaltenden Drucken ihre Gestalt-Elastizität verlieren und dem Zwang waagerechter Verkürzung durch Ausweichen in der Senkrechten antworten, wofür kein Anhalt in den geologischen Urkunden vorliegt, kann man offenbar nur eine solche Verformung der Rinde durch Bruch oder Faltung annehmen, die schon bald nach Einsetzen der Schrumpfung beginnt und dann stetig nachfolgt oder von Zeit zu Zeit (episodisch) die Spannungen ausgleicht. Wie sollte dieses episodische Nachrücken der Rinde, die von Tiefgebieten geschwächt, von bedeutenden Spaltenzügen zerrissen wird, aber anders sich vollziehen, als daß sich größere Areale ausgliedern, die ihre eigene Bewegungsfolge haben; wie sollte die von Verfechtern der Schrumpfungs-Theorie immer wieder behauptete erdweite Übertragung von Spannungen der Rinde und ihre erdweit gleichzeitige Auslösung anders als bei vorgefaßter Überzeugung überhaupt glaubhaft werden!

Episodizität der Gebirgsbildung besteht nur für den einzelnen Ort. Insgesamt betrachtet sind gebirgsbildende Vorgänge in der Erdrinde ständig am Werk. Sie gewinnen allerdings nur selten beherrschende Bedeutung über die anderen erdgestaltenden Vorgänge, sind dann in besonders bewegten Zeitaltern jedoch nicht nur besonders intensiv, sondern erfassen auch weite Gebiete. Doch sind selbst in diesen eigentlich gebirgsbildenden Zeiten die großen orogenen Phasen nicht als überall gleichzeitig nachzuweisen. Da in den Lagerungsgrenzen, in denen sie als Diskordanz zwischen gefaltetem oder gekipptem älteren und ungestörtem jüngeren Gestein sichtbar werden, meist größere Zeitabschnitte versteckt sind, ist für die Mehrzahl der örtlichen Profile der genaue Zeitpunkt der orogenen Phase gar nicht zu ermitteln. Wo in wenigen Fällen diese Zeit sich stärker eingeengt zeigt, oder wo (wie in Villanueva) auf andere Art der Zeitpunkt der Faltung näher bestimmt werden kann, wird die

Ungleichzeitigkeit von tektonischen Phasen, die man von vornherein für gleichaltrig halten könnte, offenbar. Ungleichzeitigkeit steht zumindest als Gefahr über jeder Reihe von Faltungs-
vorgängen desselben größeren Zeitabschnitts. Als Zeitmarken
sind Orogenesen jedenfalls nicht zu verwenden. Eine Diskordanz
zwischen Westfal A und höchstem Stephan ist nicht zwingend
ein Zeugnis für eine Faltung zwischen Westfal D und tiefem Stephan, woraus sich für die überlagernden Schichten ergeben
würde, daß sie dem Westfal C oder D mit Sicherheit nicht angehören könnten, — vielmehr bedarf jede Faltungsphase selber
von Ort zu Ort erneut der Altersbestimmung an Hand sicherer
Marken, nämlich von Fossilien.

5. Ergebnis. Weder paläogeographische noch tektonische Urkunden der Erdgeschichte, weder Gesteine an sich noch ihre Auf-
einanderfolge, weder die Grenzen zwischen verschiedenen Stoffen
noch die Grenzen zwischen verschiedenen Lagerungsverhältnissen
tragen eindeutige Kennzeichen der Zeit, der sie entstammen. Erdgeschichtliche Urkundenschreibung verläuft weder zu einer bestimmten Zeit über größere Gebiete gleichsinnig, noch im Wandel
der Zeit einsinnig. Nicht gleichsinnig zu einer Zeit, weil die außenbürtigen Kräfte klimagebunden sind und so mit der geographischen Breite und vielen anderen Faktoren sich verändern, und
weil weiter eine Zone gleichen Wirkens der außenbürtigen Kräfte
von den innenbürtigen in Felder ganz verschiedener Eigenart und
Bedingungen aufgeteilt wird, — durch Hebung am ersten Ort,
Senkung am zweiten, geschwindere Hebung oder Senkung am
dritten und Faltung am vierten Ort. Nicht einsinnig im Wandel
der Zeit, weil die Gruppe der anorganischen Faktoren der Gesteinsbildung aus chemisch-physikalischen Grundkräften und
-vorgängen besteht, die zu jeder Zeit oder doch periodisch oder
episodisch sich wiederholen, und weil die Gruppe der organismischen Faktoren zwar in den wirkenden Formen, doch nicht in
ihren auf die Gesteinsbildung sich auswirkenden Äußerungen
zeitempfindlich ist.

Erdgeschichtliche Vorgänge haben keinen „Stil" der einen
oder anderen Zeit. Erdgeschichte besitzt keine echte Entwick-

lung; in ihrem Ablauf wird keine ihr innewohnende treibende
Kraft sichtbar — wie sie das Leben besitzen muß —, die durch
alles Widerspiel fremder Kräfte hindurch die Erdrinde einem
bestimmten Zustand entgegenführte. Erdgeschichte kennt keine
Zielstrebigkeit, weder auf gerader Linie noch auf dem Wege über
einsinnig sich ändernde (z. B. geschwinder werdende) Zyklen,
wovon noch im Schlußabschnitt dieses Buches zu sprechen sein
wird. Ein Gebiet der Erdrinde, Europa etwa, kann durch wiederholte Faltungen fortgesetzt seine „Mobilität" verlieren, es wird
durch Verformung der Schichten „stabilisiert" und durch ein-
dringende und erkaltende Schmelzflüsse versteift und wird so
gewiß einsinnig verändert und erreicht sogar einen Endzustand, —
doch nur einen zeitweiligen; denn dieser ganze starre Block
kann eines Tages sich senken und unter wachsender Schuttdecke
so tief abtauchen, daß er aufgeschmolzen wird und das auf ihm
jung abgelagerte Neuland Europa, seines „Basalschutzes" beraubt,
die erste Verformung wieder erwarten muß. —

Nun wird man einwenden, daß doch der erste Entwurf einer
Historie der Erde gerade nur mit Hilfe der Urkunden und Marken
gelang, denen hier jede Entwicklung, jeder Zeitstil abgesprochen
worden ist. Er gelang deshalb, weil er aus dem räumlichen Nacheinander dieser Urkunden abgeleitet werden konnte, hatte aber
auch nur Gültigkeit, soweit die gleiche oder doch eine vergleichbare räumliche Folge verbreitet war. Erdgeschichte aus Gesteinsfolgen, „Petrostratigraphie", ist immer ortsgebundene Forschung;
sie vermag nur von den erdgeschichtlichen Schicksalen einer
bestimmten Landschaft zu berichten. Erst nachdem Lebensreste
als Marken der Gesteine, als „Leitfossilien", entdeckt waren
(wenig vor 1800) und nun eine Geschichtsschreibung, gestützt auf
die Entwicklung des Lebens, möglich wurde, konnte eine „Biostratigraphie" sich zur erdweiten Forschung ausweiten (nach
1850), die örtlichen Schicksale in weltweite Beziehung zueinander
setzen, aus dem Ortsgeschehen recht eigentlich die Erdgeschichte
aufbauen.

Die Stratigraphie, die Schichtenbeschreibung, wird nur in dem
Maße Geschichtsschreibung, in dem es gelingt, die Biostratigraphie
aus der Petrostratigraphie herauszulösen.

II. Urkunden der Lebensgeschichte als Zeitmarken der Erdgeschichte

Stratigraphie mag für den ersten Blick als eine Technik erscheinen: In der Raumfolge, dem Übereinander der Gesteine, ist die Zeitfolge der Fossilien fixiert. Ist ihre Folge einmal bekannt, bedarf es für neugefundene Steine unbekannter erdgeschichtlicher Stellung nur des Vergleichs ihres Fossilieninhalts mit den Formenreihen der biostratigraphischen Skala. Man vergleicht beide miteinander und bringt sie zur Deckung, wie man Farben oder Ziffern vergleichen würde; eines tieferen Einblicks in das Wesen der Formenskala und der Markenformen scheint es nicht zu bedürfen. Wo es darauf ankommt, möglichst schnell und ohne Gefahr des Abgleitens in Probleme und Erkenntnisse, die sich ablenkend auftun könnten, eine Einstufung von Schichten durchzuführen, wie bei der Auswertung von Versuchsbohrungen der Erdölindustrie, könnte es sogar geradezu ein Gewinn sein, wenn die als Vergleichsmarken benutzten Formen nur mit Nummern versehen werden und selber gleichsam nur als Ziffern gelten. Hier scheint erdgeschichtliche Ordnung zur schematischen Serienarbeit werden zu können, die nichts als Formensinn und Gewissenhaftigkeit verlangt. Und doch ist Biostratigraphie keine Technik, sondern eine strenge Wissenschaft. Die Gesteinsprofile sind an jedem Ort und immer wieder in anderer Weise lückenhaft; das ist schon in der Einleitung ausführlich begründet worden, ebenfalls dies, daß Überlieferungen von Lebensresten in Versteinerungen, eingeschlossen in Gesteine, lückenhaft sein müssen, da Gesteinsfolgen ja überhaupt erst dadurch, daß sie von Lücken durchschossen werden, zustande kommen.

Die Fossilienreihe, die das erdgeschichtliche Zeitgerüst bedeutet, ist also am einzelnen Ort nur als Torso überliefert, sie ist nicht gegeben, sondern muß aus den örtlichen Bruchstücken erst erarbeitet werden. Dies Verweben der Einzelreihen zur kontinuierlichen Abfolge scheint nun wieder im Prinzip mühelos möglich zu sein, indem nämlich, wie Abb. 26 schematisch zeigt, die Einzelprofile auseinandergezogen, in ihren gemeinsamen Marken parallelisiert und dann in eine abstrahierte Idealreihe projiziert

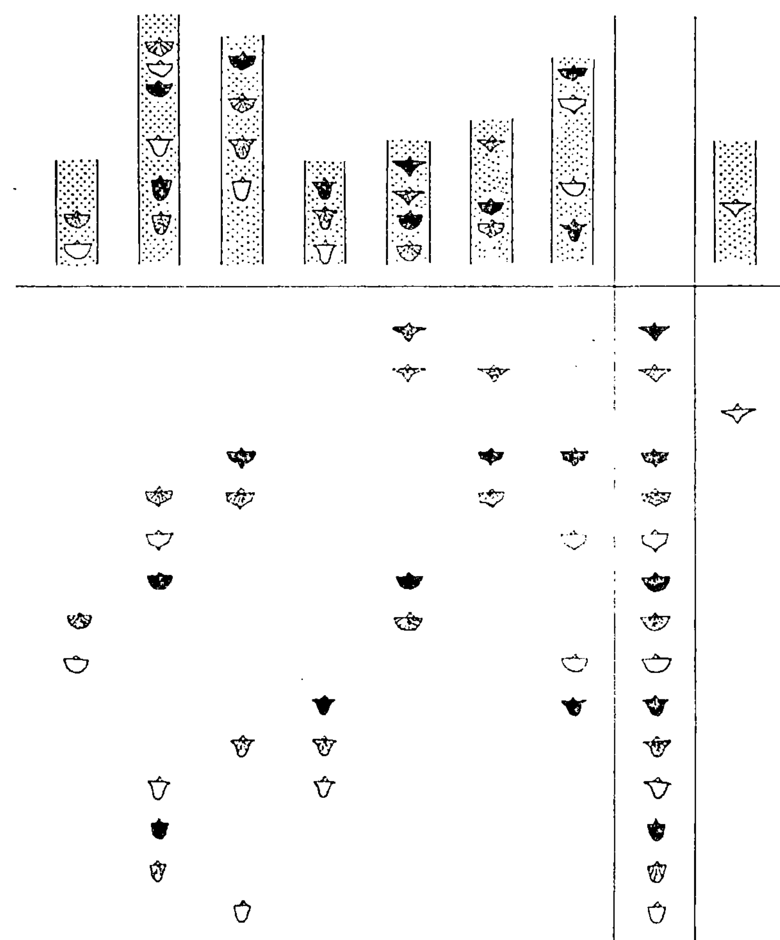

Abb. 26. Zustandekommen einer stratigraphischen Formenskala aus örtlichen lückenhaften Fossilienreihen und Einpassen einer neuen Form aus räumlich beziehungslosem
Gestein in eine erkannte Lücke der Skala. Weiteres im Text.

werden, die sich so wie von selber zu ergeben scheint. Aber da
treten doch bei näherem Zusehen erhebliche Schwierigkeiten auf.
Wohin gehört z. B. die tiefste der Formen im dritten Profil von
links der Abb. 26? Sie kehrt in keinem anderen Profil wieder.
Zwischen ihr und der im örtlichen Profil nächsten Form über ihr

sind in der vollständigen Reihe drei weitere Stufen eingeschaltet. Woraus ergibt sich das? Könnte sie nicht ebenso gut in eine Lücke zwischen diesen gehören oder auch als lokale Abwandlung einer dieser Formen zeitlich gleichwertig sein? Hier wird deutlich, daß mit einer Handhabung der Fossilienfolge noch nicht alles getan ist, sondern daß diese vor allem durchsichtig und verständlich sein muß, daß der Stratigraph nicht Ziffern und Zeichen in den Marken sehen darf, sondern die Reste des Lebens, in ihrer Reihe keine bloße Skala, sondern die Wandlung des Lebens, und in ihrer Wandlungstendenz die Entwicklungsgeschichte. Aus der Kenntnis der Anatomie der Pflanzen und Tiere erst erhalten die Marken sinnvolle Deutung, erhält ihre erdgeschichtliche Stellung Sicherheit. So erst wird auch in der Formenreihe, in der sich die Wandlung der Anatomie spiegelt, sichtbar, wo noch Lücken der Überlieferung offenbleiben. Und nicht nur die Lücke bemerkt der Kundige, sondern er sieht auch den Typus der ihr zugehörigen, wenngleich noch nicht bezeugten Form, der dann beim erstmaligen Auffinden selbst in beziehungslosem Gestein schon eine zuverlässige Zeitaussage abgewonnen werden kann (vgl. Abb. 26, rechte Spalte). Derart ist Biostratigraphie eine recht paläontologische Aufgabe; sie ist angewandte Entwicklungsgeschichte.

1. Voraussetzungen. Nur ein Teil des vorzeitlichen Lebens hat erdgeschichtliche Bedeutung gewonnen. Selbst alles in Fossilienurkunden Überlieferte ist nur noch eine Auslese aus der ganzen Fülle, die in vergangenen Erdzeitaltern sich entfaltet hat. Von diesem Überlieferten nun scheidet wiederum ein größerer Anteil aus. Ganze Klassen, wie die der Vögel, können von der Biostratigraphie vernachlässigt werden, da ihre Reste zu selten sind, als daß ihnen der Wert von Marken zukäme. Von den in größerer Individuenzahl fossil überlieferten Lebensresten fallen weiterhin die aus, die entweder an einen einzigen geographischen Ort gebunden sind, also keine waagerechte Streuung im Gestein haben, oder eine zu große senkrechte Verbreitung in den Schichten, also ursprünglich eine sehr lange Lebenszeit besitzen. Dazu gehören einzelne Arten und Gattungen aus vielen Klassen.

Beispiel einer Tiergruppe, die nach dem gegenwärtigen Stand
der Einsicht insgesamt für stratigraphische Feingliederung unbrauchbar ist, sind die Archaeocyathacea (Abb. 27). In allen
größeren Einheiten (Gattungen, Familien) sind sie schon zu Beginn kambrischer Zeit vorhanden und überdauern in ihnen das
gesamte Kambrium, während umgekehrt alle kleinsten Einheiten,
Arten oder was zur Zeit in dieser Gruppe wahrscheinlich zu

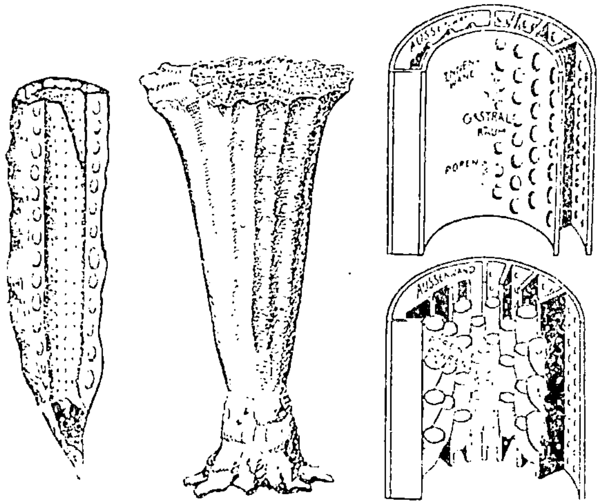

Abb. 27. Archaeocyathacea, kambrische Fossilien von becherförmiger Gestalt, Kieselschwämme, nach T i n g. — Links: Archaeocyathellus, aufgeschnittener Kelch. Eine von
Poren durchsiebte Außenwand und eine gleichartige Innenwand werden von senkrechten,
radialen Stützwänden (Septen, von großen Poren durchlöchert) verbunden. (Nach
O k u l i t s c h.) — Mitte: Ethmophyllum, wiederhergestellter Kelch. Die Poren der Innen-
wand sind zu aufwärts gebogenen Röhrchen ausgewachsen. (Nach B e d f o r d.) — Rechts:
Schematische Schnitte durch Archaeocyathellus (oben) und Ethmophyllum (unten). (Nach
T i n g.) Sicher hat sich Ethmophyllum aus Archaeocyathellus entwickelt, aber schon vor
Einsetzen der ersten Überlieferung. Die ersten Funde im Kambrium zeigen die ganze
Formenfülle der Archaeocyathacea schon ausgebreitet. Sie sind einstweilen zur Fein-
gliederung erdgeschichtlicher Zeit nicht geeignet. (Aus S i m o n , 1939.)

Unrecht als Art gilt, völlig von den örtlich wechselnden Um-
weltsbedingungen beherrscht zu sein scheinen. So reizvoll die
Archaeocyathacea für die Paläontologie sind, die Stratigraphie
belasten sie nur, wenn aus Mangel an Einblick einzelne Formen
als Marken für Abschnitte des Kambriums empfohlen werden.
Lediglich die ganze Gruppe bietet eine sehr grobe Marke dafür,

daß die mit ihr belegten Schichten nicht jünger als jüngstes
Kambrium oder ältestes Ordovizium sind.

Grundvoraussetzung für den stratigraphischen Wert vorzeit-
licher Lebensformen (und also ihrer fossilen Reste) ist: beschränkte Lebensdauer. Es muß allerdings gleich gezeigt werden,
daß auch umgekehrt Arten kürzester Lebensdauer — vorausgesetzt, daß die Natur sie hervorgebracht hätte — stratigraphisch
unbrauchbar wären, daß vielmehr erdgeschichtliche Ordnung an
Hand von Fossilien gerade darum möglich ist, weil ihnen eine
zwar beschränkte, aber doch, nach Jahrzehntausenden gemessen,
immer noch eine gute Zeitspanne übersteigende Lebensdauer zukommt, — weil ihrer Zeitaussage eine gewisse Ungenauigkeit
nicht mangelt. Hierbei können dann auch zwei Vorgänge durch-
leuchtet werden, die von grundsätzlicher Bedeutung sind, und
deren Verständnis manchen Gedankengang des folgenden Abschnitts vorbereitet.

Es gehört zum Mechanismus zahlreicher Ablagerungen, daß
die oberste Schicht des Abgelagerten — unter dem periodischen
Einfluß der Gezeiten und episodischer Stürme — beständig umgelagert wird; für die Flachsee, etwa die Nordsee, ist das als Regel
anzusehen. Mit jeder in episodischer Senkung und Stoffschüttung
neu hinzugekommenen Schicht wandert die untere Grenze der
Umlagerungszone, die „kritische Wassertiefe", nach aufwärts;
die in diesem Zeitpunkt zufällig erreichte Durchmessung der
eben noch mitbewegten tiefsten Zone wird dabei endgültig
fixiert. Unter dieser kritischen Wassertiefe ist die Ablagerung
„endgültig", über ihr noch „vorläufig". In dem eben in die
Erstarrung übergehenden Bereich liegen offenbar die ursprünglich nacheinander und übereinander abgesetzten Stoffe wirr vermengt durcheinander; Abb. 28a zeigt das schematisch; wären in
den nacheinander niedergelegten Stoffen auch zeitempfindlichste,
also voneinander unterscheidbare Tierreste niedergelegt worden,
so wären auch sie in völligem Durcheinander und nicht selten
in Umkehr der ursprünglichen Altersverhältnisse festgehalten.
Erst dadurch, daß die eingebetteten Fossilien über längere Zeitspannen hinweg sich nicht oder nur unmerklich verändern, er-

halten die Schichten trotz ihrer Durchmischung eine eindeutige
erdgeschichtliche Kennzeichnung.

Aber auch bei völlig ungestörter Ablagerung lauert eine Gefahr. Die Erhaltung eines Lebensrestes in einer Schicht ist nicht
das Übliche, sondern, wovon im übernächsten Abschnitt noch zu
sprechen sein wird, immer wieder ein Glücksfall. In einem Ge-

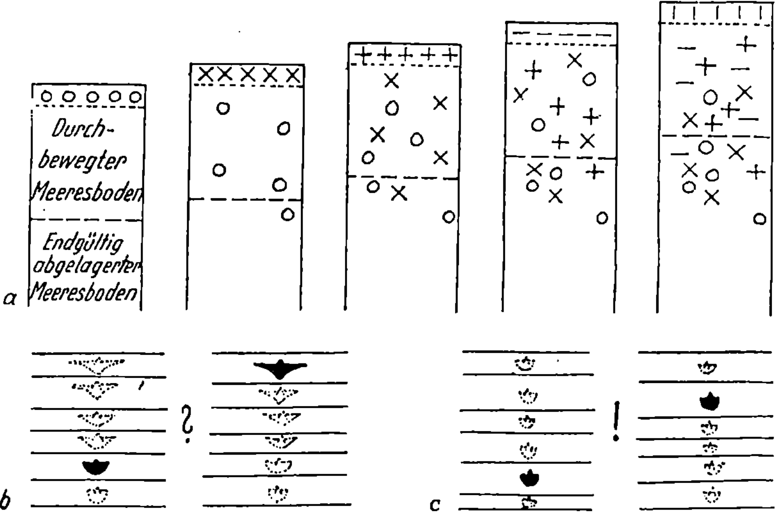

Abb. 28. Fossilien haben gerade deshalb den Wert von Zeitmarken, weil sie nicht für
kürzeste Zeiten empfindlich, sondern in bestimmten Grenzen ungenau sind. a) Durchmischung nacheinander abgelagerter Stoffe (und Fossilien) in der Flachsee; b) lückenhafte
Fossilienerhaltung in Schichtenfolgen. Weitere Erläuterungen im Text..

steinsprofil sei mir in einer einzigen der gegenwärtigen Schichten-
einheiten ein Fossil überliefert (Abb. 28b, links); in einer gleichzeitig entstandenen zweiten Gesteinsfolge (Abb. 28 b, rechts) an
anderem Ort sei gleichfalls ein einziger Lebensrest überliefert,
jedoch, wie es der Wahrscheinlichkeit entspricht, an anderer
Stelle der Schichtenreihe. Würde nun jede der kleinsten Schicht-
einheiten als Zeugnis einer kürzesten Zeitspanne ihre eigene
Marke tragen, so wäre möglicherweise die Gleichzeitigkeit beider
Profile und der in ihnen aufgezeichneten erdgeschichtlichen Vorgänge gar nicht erkennbar. Nur weil die Lebensformen über eine

größere Zeitspanne hinweg konstant bleiben, die Marken also
ebenfalls über eine größere senkrechte Abfolge von Schichten
unverändert sind, können die beiden verglichenen Profile trotz
der Spärlichkeit ihres fossilen Inhalts als wenigstens ungefähr
gleichzeitig erkannt werden. (Abb. 28 c.)

2. Entwicklungsgeschichtliches. Der Weg, den die Entwicklungsgeschichte gegangen ist, kann an den fossilen Urkunden
gleichsam als Meilensteinen unmittelbar verfolgt werden; wie sie
aber diesen Weg ging, ist noch recht dunkel. Der Einblick in ihren
Verlauf ist durch die zahlreichen Lücken der Überlieferung — in
den Bewegungen der Rinde, im Mechanismus der Ablagerung,
in der Gunst der fossilen Erhaltung bedingt — stark gestört, denn
dazu wäre die Analyse einer kontinuierlichen Entwicklung über
Jahrtausende, also über viele Meter senkrechter Gesteinsfolgen
hinweg, für zahlreiche Gattungen und Arten erforderlich. Ein
Beginn solcher Analysen sind die „statistisch-phylogenetischen
Untersuchungen an Ammoniten", und zwar an den Stämmen von
Cosmoceras aus Schichten Mittelenglands, die dem jüngsten Abschnitt der mittleren Jurazeit angehören, durch R. Brinkmann[1]. Verfolgt man ein Merkmal, den Gehäusedurchmesser
(Beispiel für ein Ammonitengehäuse gibt Abb. 32 a und b), durch
die Zeit, die hier in einigen Metern Gesteinsfolge niedergelegt
ist, so zeigt sich während einer 10 cm oder auch 1 m Gestein
entsprechenden Zeitspanne das Merkmal als so gut wie unverändert, um dann sprungartig sein Maß zu wandeln. Allerdings
ist es nicht die Entwicklung, die hier einen Sprung vollführt,
sondern die Ablagerung: Jede ruckartige Größenveränderung der
Schalen fällt mit einer Fläche im Gestein zusammen, die auf eine
Unterbrechung in der Gesteinsbildung, auf eine Lücke hinweist.
Die lückenhafte Überlieferung täuscht uns hier also eine sprunghafte Entwicklung vor. Auch die Konstanz des Merkmals von
diesen verbliebenen Strecken ist nicht in jedem Punkt überliefert,
vielmehr fallen kürzere oder längere Spannen durch Lücken in

---

[1] Brinkmann, R., Zeitschr. f. induktive Abstammungs- u. Vererbungslehre. Suppl. Bd. 1, 1928.

der Entwicklung aus, das Eingebettete ist untereinander vermengt. Werden dann noch die Ablagerungslücken, wie in den
meisten Fällen, unkenntlich, so ergibt sich schließlich diese Abfolge: übereinander vier nahe verwandte, aber doch wohl unterschiedene Formenkreise, von denen jeder eine gewisse „Variationsbreite" aufweist (Abb. 29 c). In welchem Grade der Ver

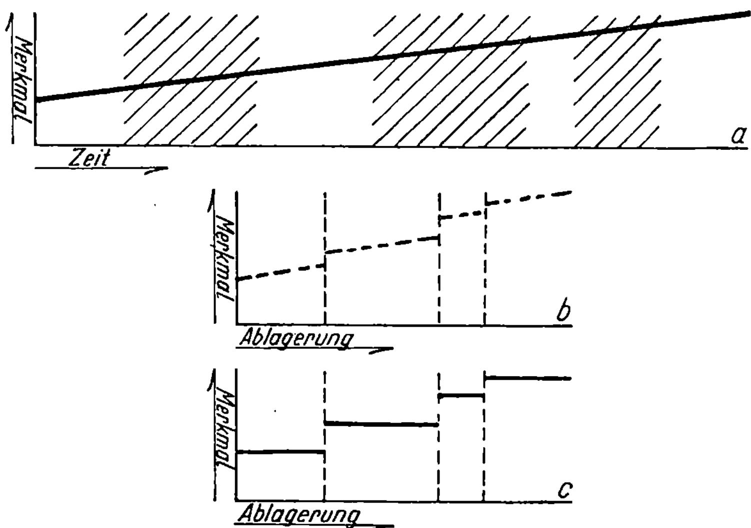

Abb. 29. Stete Veränderung eines Artmerkmals im Laufe der Zeit (a), Vortäuschung
von Sprüngen der Entwicklung durch Lücken der Ablagerung (Ausfall der in a schraffierten
Zeitspannen, siehe b) und Unkenntlichwerden der geringen Veränderungen zwischen zwei
Lücken durch Zusammenfassung des gesamten Stoffes dieser Spanne zur Ermittlung des
statistischen „Typus" (c).

wandtschaft Tiere zueinander stehen, ob sie der gleichen Art
angehören, wird der Zoologe nach Gestalt und Bauplan, in
Zweifelsfällen aber doch auch nach dem Verhalten der lebenden
Individuen zueinander beurteilen, — paaren sie sich, sind sie
fruchtbar miteinander? Für den Paläontologen dagegen muß die
Art ein morphologischer, erst in zweiter Linie ein chronologischer
Begriff sein, er wird unsere vier Formenkreise als vier nacheinander
lebende Arten oder auch Unterarten auffassen und benennen.

An einem zweiten Fundort von Ablagerungen der gleichen
Flachsee hat sich das gleiche abgespielt; nur liegen hier die
Lücken, und zwar grundsätzlich alle Arten von Lücken, an

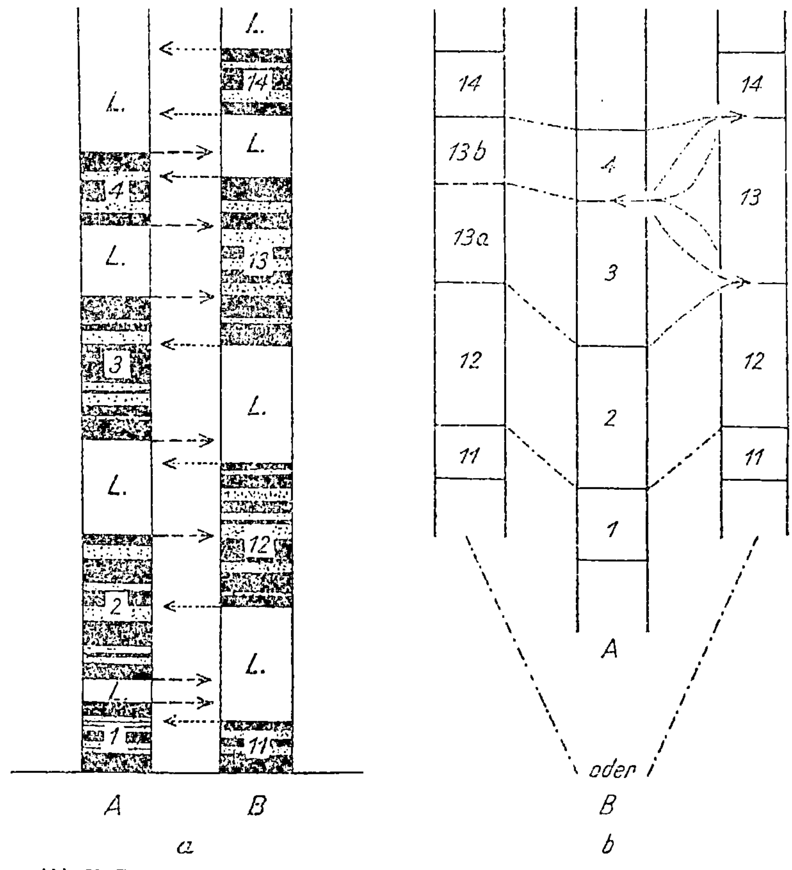

Abb. 30. Zwei verschiedenartig lückenhafte Gesteinsfolgen (A und B) mit den (in den
schwarzen Schichten konservierten) Resten eines sich mit der Zeit stetig ändernden Tieres
(30 a) und die erdgeschichtlichen Vergleichsmöglichkeiten beider Profile an Hand dieser
überlieferten Fossilien (30 b). Erläuterung im Text.

anderen erdgeschichtlichen Punkten. Abb. 30a zeigt in der Reihe A
die Zeitbereiche für vier Ablagerungen; sie werden voneinander
getrennt durch Strecken, die den Zeitlücken zwischen ihnen ent-

122

sprechen sollen, und werden aufgegliedert in Spannen der Einbettung (schwarz) und Spannen ohne Einbettung von Lebensresten. Die Reihe B zeigt das gleiche für ein zweites Profil. Das Verhältnis beider Reihen zueinander sei das wirkliche erdgeschichtliche Verhältnis. Wie gibt es sich aber heute dem Stratigraphen zu erkennen? B 11 birgt den gleichen Formenkreis wie A 1; etwas verändert ist nur die Variationsbreite, die von örtlichen Einflüssen abhängig gemacht werden kann: B 11 muß mit A 1 als gleichzeitig erscheinen, ebenso B 12 mit A 2, wenngleich hier die Breiten der „gleichen Art" sich noch mehr unterscheiden. B 13 enthält Formen von A 3 und A 4; vielleicht bemerkt man, nun aufmerksam geworden, die Lücke zwischen A 3 und A 4 und faßt dann B 13 als Äquivalent dieser Lücke auf, vielleicht kann man innerhalb von B 13 einen Strich ziehen und den älteren Teil A 3 dem jüngeren A 4 gleichsetzen. B 14 schließlich wird einwandfrei als den übrigen ungleichzeitig, als jünger erkannt; in ihm entdeckt man eine neue Art oder Unterart. Abb. 30 b faßt diesen Vergleich noch einmal übersichtlich zusammen.

Selbst unter sehr ungünstigen Umständen der Ablagerung und Überlieferung, trotz Fehlerquellen und Irrtümern, die sich einschleichen, führt der erdgeschichtliche Vergleich an Hand stetig langsam sich entwickelnder Fossilien als Zeitmarken doch zur Aufdeckung der wirklichen, wenngleich stark vergröberten Beziehungen. Er gibt die ungefähren Altersverhältnisse, unbedingte Gleichzeitigkeit (innerhalb geologischer Genauigkeitsgrenzen) vermag er nicht nachzuweisen. Ein Beispiel für die stratigraphische Brauchbarkeit eines sich offenbar allmählich stetig wandelnden Merkmals bietet die Pantoffel-Koralle, Calceola sandalina [1]), die eine Zeitmarke fast des ganzen Mitteldevons ist, aber durch Veränderung eines, die Kelchbreite bestimmenden Winkels vier Stufen innerhalb des Mitteldevons zu unterscheiden gestattet. Die älteste Stufe (1 in Abb. 31) ist durch Winkel zwischen 50^0 und 60^0 gekennzeichnet, doch gehen einige Exemplare um 5^0 beiderseits über diese Breite hinaus. In der folgenden

---

[1]) R i c h t e r , R u d., Fortschritte in der Kenntnis der Calceola-Mutationen. Senckenbergiana **10**, 169. Frankfurt a. M. 1928.

Stufe (2 in Abb. 31) kommen zwar auch noch Winkel vor, die für die erste Stufe kennzeichnend sind, doch mißt man bei der Hauptmenge der Individuen 60⁰ bis 70⁰. Hat sich zwischen diesen beiden Stufenabschnitten der Winkel geöffnet, so schließt er sich nun gegen die dritte Stufe hin bis auf 35⁰; bei den meisten Kelchen beträgt er 40⁰ bis 50⁰. Aber auch die Breiten

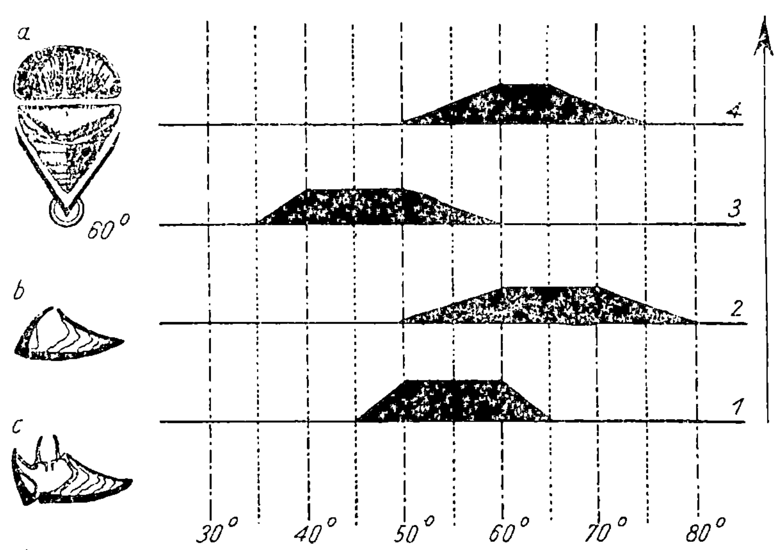

Abb. 31. Die Pantoffelkoralle Calceola sandalina, Leitfossil für das Mitteldevon, zugleich Zeitmarke für vier Stufen dieser Erdzeit durch Änderung des Winkels, der ihre Kelchbreite bestimmt. a) Kelch mit geöffnetem Deckel in der Aufsicht und Markierung des maßgebenden Winkels; b) Längsschnitt der liegenden Koralle mit geschlossenem Deckel; c) mit geöffnetem Deckel. — Die graphische Darstellung (nach R u d. R i c h t e r , 1928 umgezeichnet) gibt die Variationsbreite der Winkel in den verschiedenen Zeitstufen an, zugleich die Häufigkeit der gemessenen Winkel innerhalb jeder Stufe. — 4. Obere Givet-Stufe (Unterart C. s. westfalica). — 3. Untere Givet-Stufe (Unterart C. s. alta). — 2. Höhere Couvin-Stufe (Unterart C. s. sandalina). — 1. Cultrijugatus-Schichten (tiefere Couvin-Stufe). — Weitere Einzelheiten im Text.

von 50⁰ bis 60⁰ sind noch vertreten und zeigen so den Anschluß an die vorhergehende Stufe an. Erneut erweitert sich nun der Winkel, das Maximum verschiebt sich auf 60⁰ bis 70⁰. Man erkennt an diesem Beispiel, daß derartige, langsam sich wandelnde Merkmale, nur unter einer bestimmten Voraussetzung zeitkennzeichnend werden können: nämlich nur, wenn sie an umfangreichem Stoff statistisch untersucht werden.

Die Analyse von B r i n k m a n n hat zweifellos den Nachweis erbracht, daß es eine stetige, allmähliche Entwicklung im Tierleben gibt; das heißt aber nun keineswegs, daß darum alle Entwicklung stetig verläuft, ja nicht einmal, daß diesen stetigen Vorgängen eine besondere Rolle zukäme. Vielmehr scheint die paläontologische Erfahrung bisher ganz im Gegenteil zu bekräftigen, daß jede bedeutsame Veränderung im Bau der Lebensformen sich beschleunigt und oft ohne jede Vorbereitung, etwa durch langsam anlaufende Wandlung, vollzogen hat. Aus vielen Tiergruppen könnten dafür Zeugnisse angeführt werden; gerade diejenige, an der die stetige Entwicklung nachgewiesen wurde, liefert auch für die beschleunigte, ja scheinbar sprunghafte, besonders eindrucksvolle Bilder. Das spiralig eingerollte Gehäuse der Ammoniten (Abb. 32) wird durch Böden quer zur Längsrichtung in zahlreiche Kammern unterteilt. Die Böden haben ursprünglich die Form eines Uhrglases, verfalten sich aber im Laufe der Erdzeiten in ihren der Gehäusewandung nahen Teilen zunächst zu einfachen Wellen, später' zu Wellen zweiter Ordnung, die diese ersten Falten ergreifen und danach selber von einer Fältelung dritter Ordnung ergriffen werden. Die Figuren, die den Rand der Böden auf der Innenseite der Gehäusewand abtasten (die Lobenlinie), werden also zunehmend verwickelter (vgl. Abb. 32 a mit b). Mit dem Ablauf dieser Entwicklung und ihrer Bedeutung für die Zeitmarkenbildung hat sich R. W e d e - k i n d sehr eingehend auseinandergesetzt: „Jede dieser Verfaltungen wird außerordentlich langsam durchgeführt. Sie beginnt im Devon und findet erst in der Kreide ihr Ende. Solange die Ammoniten diese unendlich lange Zeit hindurch existieren, arbeitet dieser Verfaltungsprozeß ununterbrochen, ohne sich zu wiederholen. Er schreitet kontinuierlich und gradlinig fort. Jede Ordnung der Verfaltung ist in diesem Prozeß ein Stadium. Jedes Stadium hat eine längere Dauer. Der Übergang zum nächsten Stadium erfolgt ruckweise, also plötzlich und ohne jede Vorbereitung. Ist der Verfaltungsprozeß in seiner Gesamtheit gesehen auch ein kontinuierlicher Prozeß, so ist er doch in bezug auf die Übergänge von Stadium zu Stadium ein diskontinuierlicher"[1]). Abb. 32 zeigt drei durch Sprünge getrennte Stufen der Verfaltung, wie sie sich im jüngsten Erdaltertum (Karbon-Perm) zeitzeichnend verwirklicht haben.

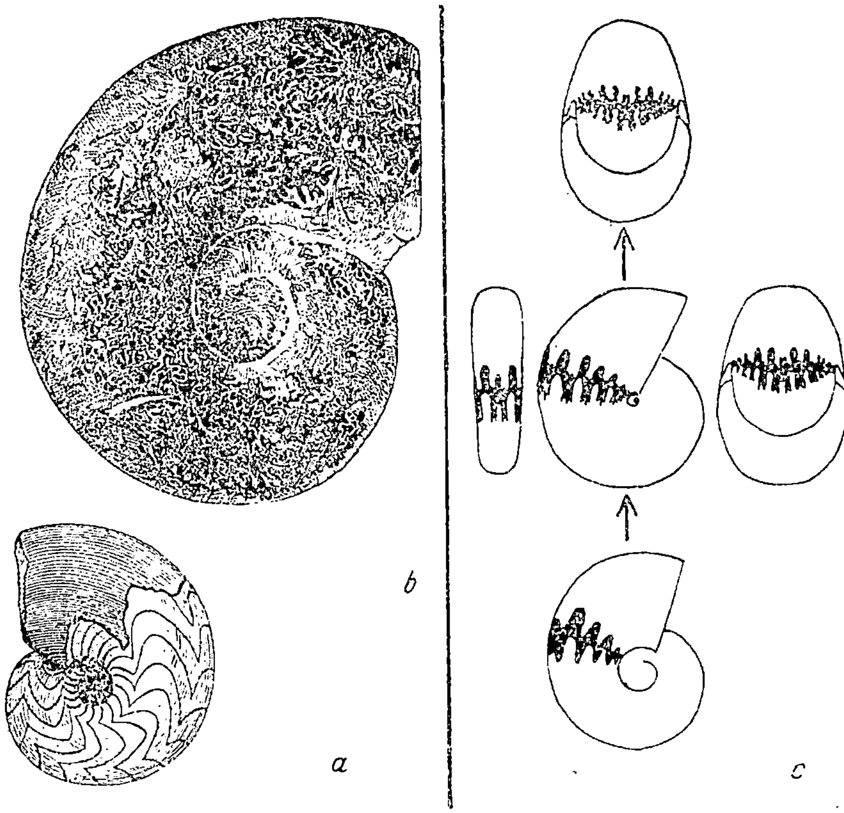

Abb. 32. Aus der Entwicklung der Lobenlinien der Ammoniten. — a) Manticoceras intumescens, Zeitmarke im unteren Oberdevon am Anfang der Entwicklung, einfache Verfaltung; b) Lytoceras jurense (Hauptzeitmarke im obersten Lias), starke fortgeschrittene Verfältelung; c) fortschreitende Verfaltung der Lobenlinie an der Wende von Karbon zur Permzeit, gezeigt an drei durch Sprünge getrennten Stadien: 1. (unten) Pronorites; 2. (Mitte) Popanoceras und Stacheoceras; 3. (oben) Waagenoceras. (a und b aus E n d r i ß 1927, c nach Figuren von R. W e d e k i n d 1935 zusammengestellt.)

---

[1]) W e d e k i n d , R., Einführung in die Grundlagen der historischen Geologie. I. Bd. Die Ammoniten, Trilobiten und Brachiopoden. S. 13. Stuttgart 1935.

126

Mit ungewöhnlicher Geschwindigkeit vollzieht sich die Geschichte der Graptolithen. Die große Zahl ihrer kurzlebigen Arten teilt das Silur in Dutzende von Zonen, die gewiß entsprechend dem recht wechselnden Lebensalter der einzelnen Formen verschiedene Spannen messen, aber immer scharf eine die andere abschneidend, erdweit in gleicher Folge, so daß es auch hier gar nicht anders möglich sein kann, als daß sich diese Entwicklung in einem Wechsel von Zeiten der Beständigkeit und kurzen Fristen der Wandlung vollzogen hat. Einen Ausschnitt aus der Reihe dieser Zeitindikatoren gibt Abb. 33 für sechs Zonen des oberen Gotlandiums.

Nun ist allerdings bei der Erörterung des entwicklungsgeschichtlichen Ablaufs eine entscheidende Einschränkung zu machen: nicht die Entwicklung der Tiere kann mit paläontologischer Methode verfolgt werden, sondern allein die Entwicklung ihrer Hartteile, also zumeist der Gehäuse. Was vermögen aber Veränderungen an Gehäusen der Muschelkrebse zu sagen über die Entwicklung des eigentlichen Tieres? Wer will entscheiden, ob nicht die sprunghafte Veränderung der Schalen nur das verzögerte und dann um so eiligere Nachkommen hinter einer allmählichen Wandlung des eigentlichen, nämlich des lebendigen Tieres darinnen ist? Diese Wandlung kann stetig sein oder, wenn sie mit Perioden der Beschleunigung sich vollzieht, so kommt sie doch ohne Sprünge aus. Von der Erde hat man einmal angenommen, daß die starre Rinde dem Schrumpfen des mobilen Kerns nicht ständig folgen könne, daß sie vielmehr konservativer beharre, bis eine unerträgliche Spannung sich ihrer bemächtige und sie nun in einer Katastrophe den Vorsprung des Kerns einhole. Sollte nicht dieses Bild mit viel größerem Recht auf das Organismische übertragen werden dürfen? Muß nicht ein ähnlicher Unterschied der Reaktionsfähigkeit zwischen dem Leben und seinem Mantel gerade für die niederen, wirbellosen Tiere, also die Hauptträger der Stratigraphie, angenommen werden? Jedenfalls brauchen Erfahrungen und Erwägungen, die vom lebenden Tier ausgehen und von daher sprunghafte Entwicklung verneinen, keineswegs mit der paläontologischen Erfahrung in Widerstreit zu treten,

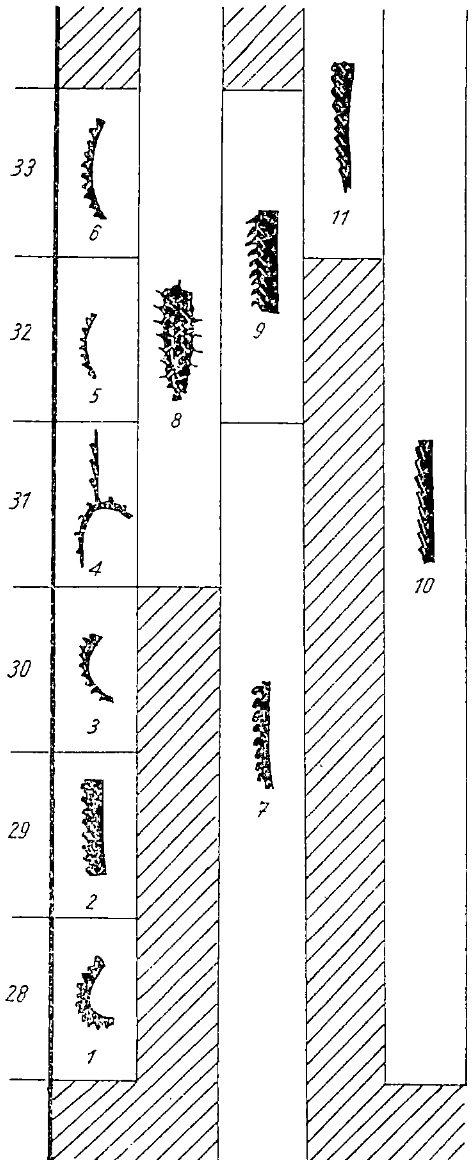

Abb. 33. Beispiel für die Zonengliederung der Silurzeit an Hand der Graptolithen; die Zonen 28 bis 33 des oberen Gotlandium (Wenlock). Neben verhältnismäßig langlebigen Formen sind solche überliefert, die für erdgeschichtlich kürzeste Spannen(Zonen)Zeitmarken sind. Sie erscheinen und verschwinden plötzlich. — Die Zusammenstellung der schematischen Zeichnungen in verschiedenen senkrechten Reihen soll nicht die Entwicklungsreihen, sondern (unter Weglassung zahlreicher zeitgenössischer Graptolithen) die Folge der praktisch-stratigraphischen Marken zeigen:

1 = Cyrtograptus murchisoni,
2 = Monograptus riccartonensis,
3 = Cyrtograptus symmetricus,
4 = Cyrtograptus linnarssoni,
5 = Cyrtograptus rigidus,
6 = Cyrtograptus lundgreni,
7 = Monograptus priodon,
8 = Gothograptus spinosus,
9 = Monograptus flemingi,
10 = Monograptus dubius,
11 = Monograptus vulgaris.

(Nach B u b n o f f : ,,Erdgeschichte, I'' 1941 umgezeichnet und zusammengestellt.)

daß nämlich die fossilen Urkunden der Entwicklungsgeschichte vielfach ohne Übergänge aufeinander folgen und gerade dadurch zu besonderen Zeitmarken werden. Allerdings mag hier die geologische Überlieferung die Sprünge in der Organisation der Hartteile einer Tierreihe noch übertreiben. Es ist wohl erwogen worden, ob nicht manche Wandlung sich geradezu zwischen zwei Generationen vollzog, so daß eine Mutter der Art a (oder dessen, was wir heute als eine Art a auffassen) ein Individuum der Art b geboren hätte; will man aber derart krasse Vorstellungen mit der Sprunghaftigkeit der Urkunden stützen, so ist das keineswegs zwingend. Denn die Überlieferung hat ja Maschen, in denen unter Umständen Jahrtausende verschwinden können; das ist zuvor immer wieder betont worden. Es ist daher damit zu rechnen, daß die Sprünge der Entwicklung nur von der Eigenart geologischer Urkund-Berichterstattung vorgetäuscht werden, daß jeder Sprung in Wirklichkeit nur ein beschleunigter Lauf war.

In den erdgeschichtlichen Urkunden tritt die jeweils neue Art also im allgemeinen plötzlich, unvorbereitet auf; der Bereich der Zeitmarke setzt mit ausgeprägter Grenze ein, — wo geht er zu Ende? Mit dem Verschwinden der Art, so daß die Geltungsdauer der Zeitmarke gleichbedeutend wäre mit der Lebensdauer der Art? Doch ist auch im überindividuellen Leben der Tod keineswegs immer von gleicher innerer Notwendigkeit wie die Geburt; er kann durch örtliche Zufälle hier verfrüht, dort verzögert eintreten. So läßt man praktisch den Bezirk einer ersten Zeitmarke da zu Ende gehen, wo eine zweite, eine neue einspringt. Die kleinste Spanne, die Zeiteinheit der Erdgeschichte, läuft von Geburt einer ersten Art zur Geburt einer zweiten Art, die aus der ersten oder einer anderen der gleichen Faunengemeinschaft sich entwickelt hat. Dieser Nachsatz ist entscheidend, wie an einer schematischen Fossilienfolge (Abb. 34) näher beleuchtet werden kann. Zur Zeit 1 ist die Ablagerung durch die Faunengemeinschaft a — b — d — f gekennzeichnet. In Zeit 2 ist das Glied e neu hinzugekommen. Aber es hat keinen verwandten Vorläufer im gleichen Gebiet, muß also eingewandert sein. Dieser Augenblick des Einwanderns ist offenbar zufällig

(auf seine Bedeutung und Bedingungen wird weiter unten noch
ausführlich eingegangen), er kann beträchtlich später liegen als
der Augenblick des ersten Auftretens dieser Art überhaupt. In
den Zeiten 3 und 4 ist die Fauna um je eine Form ärmer geworden; auch dieses Verschwinden kann Zufall sein. In Zeit 5

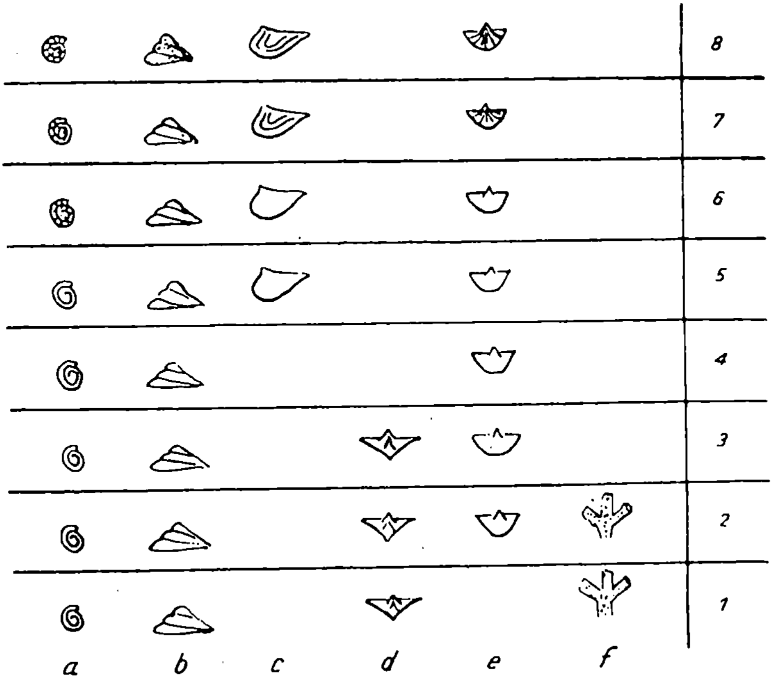

Abb. 34. Veränderung einer Fauna durch Aussterben, Zuwandern und Umbildung von
Arten in acht Zeitstufen. Die verschiedene stratigraphische Bedeutung dieser Veränderungen wird im Text gezeigt.

wiederholt sich an c das, was für e in Zeit 2 gesagt wurde. In
Zeit 6 kommt die erste unbedingte erdgeschichtliche Zäsur:
aus a ist eine neue Art geworden; ob a weiterbesteht oder zur
gleichen Zeit verschwindet, ist nebensächlich. Und nun setzt eine
allgemeine Unruhe ein: in Zeit 7 haben c und e ein neues Gesicht bekommen, in Zeit 8 schließlich auch b. Diese Wandlungen

130

innerhalb a, b, c, d sind erdgeschichtliche Grenzen kleinster
Ordnung; die zwischen ihnen abgesteckten Spannen sind die
Einheiten erdgeschichtlicher Zeit: DieVor-6-Zeit, die 6-Zeit, 7-Zeit,
die Nach-7-Zeit.

Die zwischen Geburt und Geburt abgesteckten kleinsten
Intervalle lebensgeschichtlicher und damit auch erdgeschichtlicher Zeit sind, an den Jahren absoluter Zeitrechnung gemessen, immer noch von beträchtlicher Dauer, und zwar von
sehr verschiedener Dauer, wie die Erfahrung lehrt und auch von
vornherein wahrscheinlich ist. Das Ausmaß dieser Differenzen
ist der weiteren Unteilbarkeit der Zeiteinheiten wegen ebensowenig erfaßbar wie die absolute Dauer der Intervalle.

Die Einheiten erdgeschichtlicher Zeitmessung sind keine
Reihe gleichlanger Zeitspannen, die sich, falls die Notwendigkeit entsteht, weiter aufgliedern lassen, wie das Jahrhundert in
Jahre, Tage, Sekunden, sondern sind ungleichwertige, größere
Spannen, deren Größe und Unterschiede nicht oder allenfalls
nur ungefähr bekannt sind. „Zeit" ist in der Erdgeschichte also
nicht am Bande zu verfolgen, sondern nur in Stufen, von denen
die eine immer wieder verschieden von der anderen ist. Urkunden
der Kulturgeschichte, mit den exakten Zeitmarken versehen,
lassen sich nach der Vermengung immer wieder in ihre ursprüngliche Reihenfolge und in die ursprünglichen Abstände
einordnen (Abb. 35 oben). Urkunden der Erdgeschichte, mit den
exakten Zeitmarken versehen, lassen sich, nachdem einmal die
ursprüngliche Ordnung zerstört wurde, nur noch in Gruppen
zusammenfassen, deren jede einer Zeitstufe der Erdgeschichte
entspricht und die in eine Folge entsprechend den wirklichen
Abfolgen dieser Stufen gebracht werden können; innerhalb
jeder Gruppe aber besteht keine Möglichkeit, die ursprüngliche
Zeitfolge wieder herzustellen. (Abb. 35 unten.) Ein Gestein, das
von einer Zeitmarke engster Grenze gekennzeichnet wird, ist
zunächst nur als dem von der Geltungsdauer dieses Marken-
Tieres aus der Erdgeschichte herausgeschnittenen Zeitabschnitt
zugehörig bestimmbar. Ob das Gestein innerhalb dieses Abschnitts eine frühe oder späte Schöpfung ist, wird von ihm selber

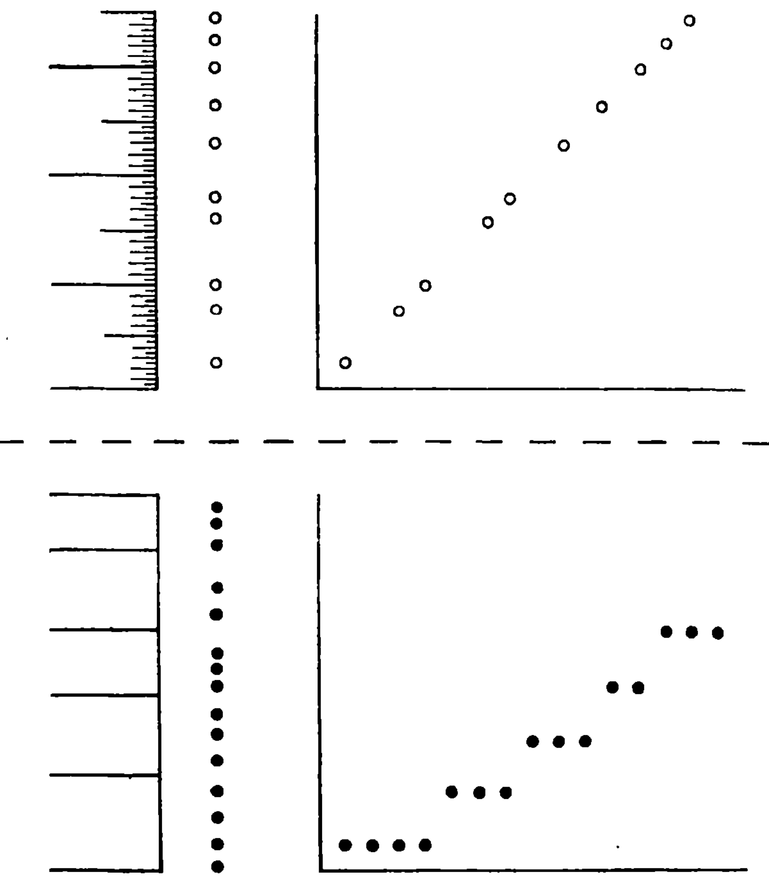

Abb. 35. Zeit als Kontinuum in der Geschichtsforschung (oben) und als Stufenfolge in der Erdgeschichtsforschung (unten). — Urkunden genauester Datierung können in der Geschichtsforschung immer wieder in die ursprüngliche Reihenfolge gebracht, in der Erdgeschichtsforschung aber nur zu Gruppen zusammengefaßt werden, die den verschiedenen Zeitstufen entsprechen. Innerhalb der Gruppe erscheinen die Urkunden als gleichzeitig.

nicht bezeugt (Abb. 36, oben linke Seite). Nur wenn es im Verbande einer von Zeitgrenze zu Zeitgrenze reichenden größeren Schichtenfolge liegt, kann aus der räumlichen Stellung in der senkrechten Abfolge des Profils die historische Stellung inner-

halb des Abschnitts der Erdzeit entschieden werden, allerdings
nur dann, wenn die Schichtenfolge aus gleichartigen, mit gleicher Geschwindigkeit abgelagerten Gesteinen besteht und wenigstens größere Lücken im Profil fehlen. Die Ungenauigkeit erdgeschichtlicher Zeitbestimmung kann im Grenzfall sogar zur
Fehlerquelle werden (Abb. 36, unten). Von 3 Gesteinen enthalten
1 und 2 die gleiche Zeitmarke, 3 eine andere; daraus müßte
geschlossen werden: 1 gleichzeitig 2, beide ungleichzeitig 3. In
Wirklichkeit kann aber 1 am Beginn, 2 am Ende des gleichen
Zeitabschnitts liegen, 3 unmittelbar am Beginn des nächst-
höheren; dann wäre tatsächlich 1 ungleichzeitig 2, aber 2 sehr
zeitnahe 3. Auch hier können die exakten Altersbeziehungen
nur dann aufgedeckt werden, wenn die gesamte Zeitspanne,
über die sich die Einzelpunkte verteilen, sich in Ablagerung
bezeugt hat, so daß die fraglichen Punkte in eindeutigem räumlichen Verhältnis zueinander stehen. So sehr Stratigraphie nur
durch ihre Loslösung von der Gesteinsfolge zustande kommt, zu
den letzten Feinheiten der Zeitbestimmung gelangt sie allein,
indem sie die Schichtenfolge schließlich wieder als „Mikro-
meter" für ihr kleinstes Maß heranzieht.

Die Altersaussage eines Fossils gilt zunächst natürlich immer
nur für die Gesteine engster zeitlicher Umgebung, also für die
kleinste Schichteneinheit, in der das Fossil eben gefunden
wurde. Da aber nicht jede, vielmehr fast immer nur wenige der
Schichten einer größeren Folge durch Zeitmarken gekennzeichnet sind und vor allem zumeist auch gerade die Grenze
zwischen zwei erdgeschichtlichen Momenten in den Maschen
der Überlieferung „versiebt" worden ist, ergibt sich die Notwendigkeit, einer einzigen Datierung sowohl nach oben wie
nach unten eine größere zeitliche Umgebung anzuschließen. Da
jeder Zeitmarke eine bestimmte Geltungsdauer zukommt, erscheint diese Erweiterung ihrer Aussage berechtigt. Ein Kalkstein (Abb. 37, oben links) hat an einer Stelle eine eindeutige
Marke der a-Zeit geliefert, ein darüberliegender Mergel an einer
Stelle ein Fossil der b-Zeit. Man wird also diese Datierung ausdehnen und von einem Kalkstein der a-Zeit, einem Mergel der

b-Zeit sprechen. Wo aber ist die Grenze zwischen beiden Zeitabschnitten zu suchen? Es bleibt, wenn man nicht überhaupt
auf die Grenzziehung verzichten und statt einer a-Zeit und
b-Zeit sich mit der größeren Einheit a-b-Zeit bescheiden will,
keine andere Wahl, als behelfsmäßig die Zeitgrenze mit der Ge-
steinsgrenze gleichzusetzen; besteht kein petrographisch scharfer
Schnitt zwischen Kalk und Mergel, sondern ein allmählicher
Übergang, so wird man willkürlich eine besonders bemerkens-
werte Bank. der Übergangszone als behelfsmäßige Grenze
wählen. Der geologischen Kartenaufnahme bleibt gar keine
andere Möglichkeit. Tatsächlich besteht jedoch keinerlei Zusammenhang zwischen der Wandlung der Ablagerungen, also
der Veränderungen geographischer Verhältnisse, und der Entwicklung der Arten; wäre in dem besprochenen Kalk-Mergel-
Profil die Zeitgrenze durch enge senkrechte Nachbarschaft der
alten und der neuen Marken bezeugt (Abb. 37, oben rechts),
würde es nicht überraschen, sie innerhalb der Mergel oder
innerhalb der Kalke zu entdecken.

In einem Gesteinsprofil, das übereinander vier petrographische
Einheiten erkennen läßt (Abb. 37, unten links), ist das erste,
unterste Gestein durch eine Marke der a-Zeit gekennzeichnet, das
dritte mit einer Marke der c-Zeit, während man im zweiten und
vierten Gestein vergeblich nach Versteinerungen gesucht hat.
Man wird aber annehmen dürfen, daß das zweite Gestein Marken
der b-Zeit und das vierte Marken der d-Zeit geborgen haben muß,
die nur durch lückenhafte Überlieferung unserer Erkenntnis entzogen sind. Es erscheint weiter berechtigt, da ein anderer Ver-

---

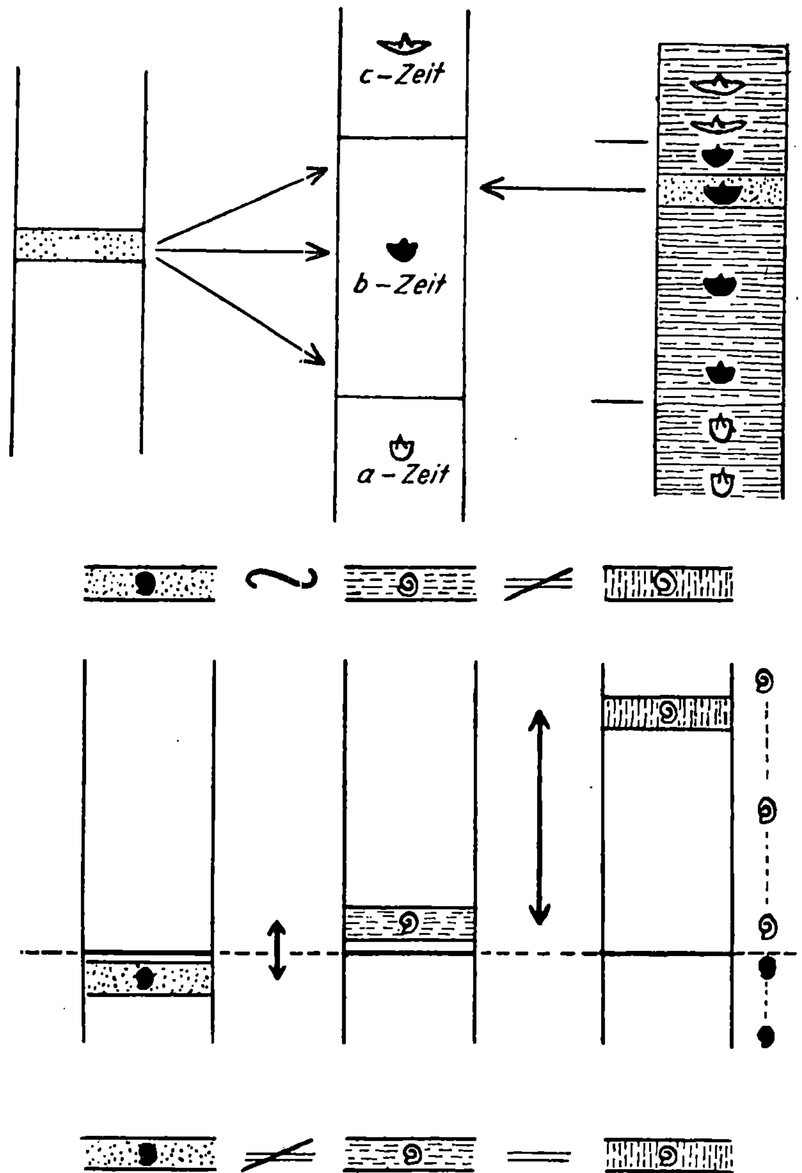

Abb. 36. Erläuterung nebenstehend

such der Grenzziehung versagt, die Gesteinsgrenzen wieder als Zeitgrenzen anzunehmen und somit das erste als Vertreter der a-Zeit, das zweite der b-Zeit usw. aufzufassen. Daß eine solche Gliederung behelfsmäßig ist und schon in der Anlage geradezu darauf wartet, durch weitere Fossilfunde berichtigt zu werden, wird in der Urveröffentlichung einer derart erkannten Gesteinsfolge immer zu erkennen sein. Aber schon in der nächsten Arbeit, von der sie etwa zum Vergleich mit anderen Gesteinsprofilen aufgegriffen wird, und in der sie nur formelhaft als Tabelle erscheinen kann, gewinnt sie eine Sicherheit, die ihr nicht zukommt, die sie dann aber oft über Jahrzehnte nicht verliert, und zwar gerade dann, wenn es sich um ein Gebiet handelt, das seiner abseitigen Lage zufolge (Übersee, entlegenes Gebirge) nur selten Gegenstand erdgeschichtlicher Forschung werden kann. Wo in anderen Gebieten gleicher Größe eine Vielzahl wiederholt überprüfter und verfeinerter petro- und biostratigraphischer Profile vorliegt, ist hier nur das eine behelfsmäßig gegliederte und doch im Brennpunkt der Aufmerksamkeit und der erdweit vergleichenden Arbeit stehende Profil vorhanden. So wird es sich einbürgern, zu sagen, im besprochenen Gebiet sei die a-Zeit durch das Gestein 1, oder die d-Zeit durch ein Gestein 4 „vertreten“. Es ist gerade deshalb ausdrücklich festzuhalten, daß in Wirklichkeit petro- und biostratigraphische Wandlungen nichts miteinander zu tun haben, sofern es sich um entwicklungsgeschichtliche Wandlungen von einer älteren Art zu einer jüngeren Nachfolgeart handelt; fallen beide Grenzen wirklich einmal zusammen, kann es sich nur um ein zufälliges Zusammentreffen handeln; wo die Identität beider Grenzen nicht ausdrücklich belegt ist, muß von vornherein angenommen werden, daß sie gegeneinander verschoben sind, in einer Weise, die durch kein anderes Mittel festgelegt werden kann, als durch Markierung der Zeitgrenze zwischen engbenachbart überlieferten zeitbestimmten Fossilien;

Abb. 37. Zeitmarken und Gesteinsfolge. — Die Zeitstufen-Grenzen fallen nicht mit Gesteinsgrenzen zusammen, sondern sind beliebig dagegen verschoben. Bei stark lückenhafter Fossilienfolge wird man allerdings Gesteinsgrenzen als Behelfs-Zeitgrenzen wählen müssen. Weitere Überlegungen, die hier anknüpfen, im Text.

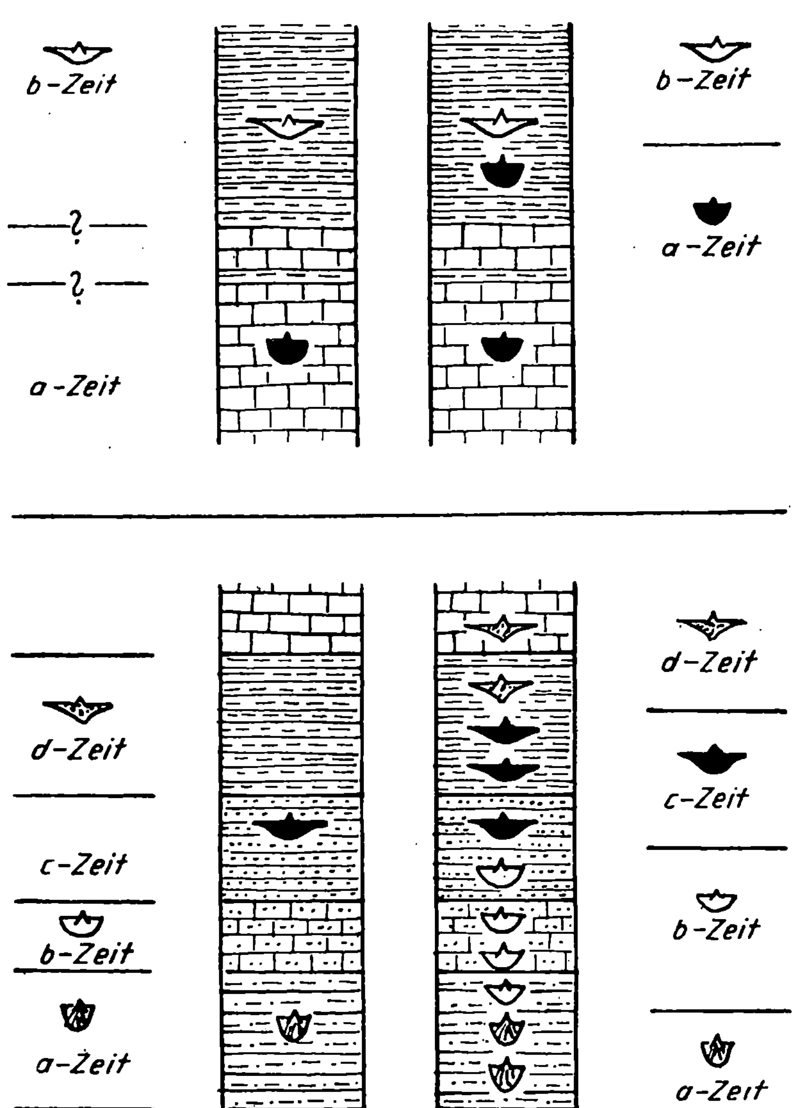

Abb. 37. Erläuterung nebenstehend

möglicherweise würde sich dann für das hier entwickelte Beispiel
eine Gliederung ergeben, wie sie Abb. 37, unten rechts, andeutet.
Daß in scheinbarem Widerspruch hierzu in sehr verschiedenartigen Gesteinen, etwa Sandstein über Kalkstein, mit dem Gestein zugleich die darin eingebettete Fauna sprunghaft sich
ändert, wird weiter unten erörtert.

Zusammengefaßt zeigt sich die aus beschleunigter, im Gestein
sprunghaft erscheinender Entwicklung hervorgehende Zeitmarke
einer zwar angenäherten, richtiger aber doch in bestimmter
Spanne unsicheren Zeitaussage fähig; dies hat sie mit der aus
stetiger, langsamer Entwicklung entstehenden Marke gemein.
Daneben aber hält sie in den Grenzen jeder Zeitstufe wirkliche
Zeitpunkte fest; hier ist ihre Aussage ganz exakt. Allerdings
erhebt sich nun die Grundfrage der Stratigraphie, die über die
Möglichkeit weltweit vergleichender Erdgeschichte entscheidet:
Gibt die Grenze zwischen zwei Fossilien-Bereichen überall, wo
sie auftritt, denselben Zeitpunkt wieder, ist die durch ein Fossil
markierte Zeitstufe erdweit wirklich gleichzeitig?

Daß die Umwandlung einer Art in eine zweite sich in allen
Lebensräumen dieser Art gleichzeitig vollziehen würde, kann
nicht angenommen werden. Jedenfalls ist es vorsichtiger, mit
derartigen Wundern nicht zu rechnen. Sicher steht die Entwicklung des Lebens unter dem Zwang eines eigenen, inneren Ge-
setzes, das bei all seiner Rätselhaftigkeit doch als Tatsache, erfahren aus der Einsinnigkeit der Wandlungen, nicht bestritten
werden kann. Doch vollzieht sich die Entwicklung ja nicht
reibungslos im reinen Bezirk des Lebens, sondern verwirklicht
sich im Wasser oder auf dem Boden jedenfalls auf der Erdhaut
und ist so notwendig eine Auseinandersetzung mit ihr. Auch
dann, wenn man für alle Individuen einer Art eine gleichmäßige
Zunahme der inneren Bereitschaft zur Umformung annehmen
wollte, würde doch im allgemeinen die Auslösung der Art-
umbildung zunächst in einem einzigen Gebiet, durch besondere
Umweltbedingungen begünstigt, geschehen. Von einem Ort wird
die Entfaltung der neuen Art ausgehen und wird diese alle übrigen
Lebensräume der alten Art, die überhaupt erreichbar sind, besetzen.

138

Wird die alte Art hierbei ausgetilgt oder in ungünstige „Reservate" abgedrängt, ist über das Schicksal der in ihr noch entfaltungsbereiten Umwandlungsmöglichkeit entschieden. Lebt die alte Art weiter, so wird möglicherweise auch in anderen Lebensräumen aus ihr eine neue Art hervorgehen; ist es die gleiche, wie mit Vorsprung in dem einen begünstigten Gebiet erzeugt, so wird die Folge nur eine quantitative Änderung ihres Individuenbestandes sein. Wahrscheinlich aber wird in anderem Raum auch eine andere Art entstehen, die nun von hier aus wieder sich in die übrigen Gebiete ausbreitet, sofern sie sich im Kampf um den Lebensraum neben der Schwesterart behaupten kann. Die Umwandlung kann natürlich auch einmal zur ungefähr gleichen Zeit in verschiedenen Gebieten vor sich gehen. Es ist aber auch dann anzunehmen, daß jeder Raum seine eigene Art empfängt, die erst durch Wanderung auch die übrigen Gebiete erreicht und mit den anderen zur Faunengemeinschaft verschmilzt. (Abb. 38.) Diesen Vorstellungen entspricht folgende Formel: Jede Art entsteht in nur einem, engeren Bezirk; die übrigen Gebiete erreicht sie durch Wanderung. Jeder engere Bezirk empfängt aus einer einmaligen Umwandlung einer älteren Art nur eine einzige neue; treten darüber hinaus mehrere Tochterarten der offenbar gleichen Art auf, so sind sie aus anderen Gebieten zugewandert.

Wir haben hier diese Anschauung, die im Grunde ja eine Theorie mit vielen Prämissen ist, deshalb so entschieden entwickelt, weil sie die für die Stratigraphie ungünstigsten entwicklungsgeschichtlichen Voraussetzungen schafft, kritische Untersuchungen über die erdweite Zuverlässigkeit auf ihrer Grundlage also zu besonderer Sicherheit führen.

Verbreitung einer Art des Pflanzen- oder Tierreiches über größere Gebiete setzt nach dem soeben Erörterten immer eine Wanderung voraus. Über Möglichkeit und Geschwindigkeit solcher Wanderungen gibt die Gegenwart reichlich Auskunft. Die Schnecke Purpura coronata gelangt durch ihre Larve mit der Meeresströmung von Südwestafrika quer über den Atlantischen Ozean hinweg nach Westindien. Riffkorallen wurden mit dem

Golfstrom aus Westindien über die Bermudas bis Nordkarolina
verbreitet. Entlang den Küsten haben sich im Atlantik 12
Molluskenarten 19 Breitengrade erobert, im Pazifik 15 Arten
22 Breitengrade. Aber auch Landtiere und Süßwasserbewohner
erwandern sich große Räume. Daß Pflanzen durch ihre Samen,

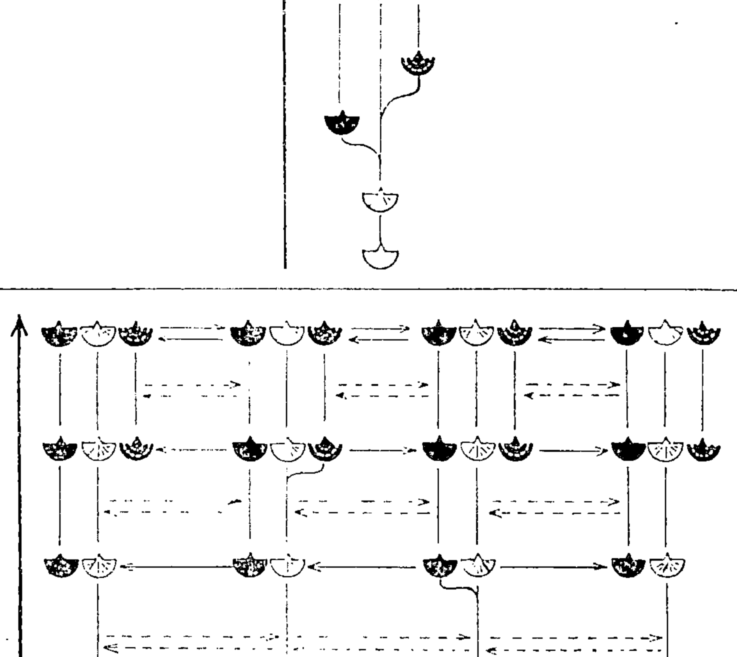

Abb. 38. Die Entstehung neuer, erdweit verbreiteter Arten aus einer älteren gleichfalls
schon erdweit verbreiteten Art geht nicht in allen Bezirken, über die sie verbreitet ist,
vor sich, sondern in einem, und zwar für jede neue Art in einem anderen. Von hier aus
muß die Art durch Wanderung die übrigen Bezirke zu erreichen versuchen. Ein Stammbaum sollte also nicht wie oben gezeichnet werden, sondern wie er unten dargestellt ist.
Diese Annahme wird hier als Grundlage genommen, weil sie für die Stratigraphie die ungünstigsten Bedingungen für erdweite Gleichzeitigkeit neuer Marken schafft.

140

die der Wind verfrachtet oder ein Vogel wegträgt, besonders leichte Ausweitungsmöglichkeit besitzen, ist verständlich. Aus Beobachtungen an Flaschenposten hat B o r n geschlossen, daß ein passives Treiben von Tieren durch Meeresströmung am Tage 15 km Weg gewinnen kann. Schon ein Jahr nach dem Durchstich des Nordostseekanals hatten sich einige Arten der Kieler Bucht bei Brunsbüttel eingefunden. Und die Verseuchung mitteleuropäischer Gewässer durch die von Übersee eingeschleppte Wollhandkrabbe ist ein weiteres und sehr spürbares Beispiel für die geschwinde Ausbreitung der Tiere.

Allerdings entstehen aus den Arten selber auch Hemmnisse der Verbreitungsfähigkeit. Soweit sie dem Plankton, der Gruppe passiv im Meereswasser treibender Organismen, angehören, treten zwar keine Schwierigkeiten auf; für die Foraminiferen, die als Mikrofossilien auch in schlanken Bohrkernen noch zu Tausenden gefunden werden und die wichtigsten Zeitmarken in Erdölgesteinen bilden, und ebenso für die Graptolithen, jene schon erwähnten empfindlichen Zeitindikatoren der Silurzeit, steht eine hohe Wanderungsfähigkeit außer Zweifel. Ein Teil der wichtigsten Markenfossilien wird aber von benthonischen, den Meeresgrund bewohnenden Tieren geliefert: Brachiopoden, Schnecken, Muscheln. Sie können nur im Larvenstadium von den Meeresströmungen fortgetragen werden; ihre aktiven Wanderungen sind gänzlich unbedeutend. Das Larvenleben ist recht kurz; Brachiopodenlarven müssen sich nach etwa einer Woche festsetzen. Die folgende Generation kann dann erneut zum Sprung auf die nächste Etappe ansetzen. Die Wanderung benthonischer Tiere ist also nur möglich, wenn der Weg durch einen Meeresraum führt, dessen Boden von den Tieren bewohnt werden kann; und das ist nur im Bereich der Flachmeere rings um die Kontinente der Fall. Wo der Meeresboden unter die 200 m- oder 300 m-Tiefenlinie sinkt und die Kontinentalmassen dann jäh zum Tiefseeboden abstürzen, gibt es für die Bodentiere der Flachmeere keine Lebensmöglichkeit mehr. Strömungen, die ins offene Weltmeer hinausgehen, sind keine Straßen in neue Räume, sondern in den Tod, es sei denn, die Larve überquert die gefährliche Tiefe angeheftet an ein Treibholz. Das Weltmeer ist für die Verbreitung

der Tiere, die dem Stratigraphen als Zeitmarke dienen (und darunter
sind keine Tiefseeformen, wie auch unter den Gesteinen keine
Tiefseeablagerungen nachgewiesen werden können), ein ebenso
schwieriges Hindernis wie das Festland. Wanderung ist nur entlang
der Küste möglich. Gegenüberliegende Küsten können nicht auf
kürzestem Weg, sondern nur auf größtem Umweg ihre Faunen
austauschen. Erstrecken sich die Meere wie gegenwärtig quer
zu den Klimazonen, wird für temperaturempfindliche Arten der
Austausch unmöglich. Es gibt aber dennoch immer wieder
kosmopolitische Arten, die Zonen veränderter Lebensbedingungen überwinden. Ein derartiges Tier könnte nach den Berechnungen B o r n s von der Südspitze Amerikas mit der Zirkum-
polarströmung Neuseeland in der unwahrscheinlich kurzen Zeit
von 40 Jahren erreichen; 20 000 km wären dann zurückgelegt.
Aber auch wenn man das zehn-, ja hundertfache dieser Zeit annehmen würde, so blieben doch im groben Gewebe der erdgeschichtlichen Zeitmaschen der Zeitpunkt des ersten Auftretens dieser Art am Kap Horn und auf Neuseeland ein und der-
selbe. Sofern Gebiete zur Entstehungszeit einer neuen Art von
deren Bildungszentrum aus erreichbar sind, werden sie von ihr
auch in Zeiten erreicht, die vor dem geologischen Blick zum
gleichen Zeitpunkt zusammenschrumpfen; in ihnen darf das
erste Erscheinen der gleichen Zeitmarke als völlig gleichzeitig
gelten.

Besonderen Schwierigkeiten ist die Ausbreitung der Süßwasserbewohner unterworfen. Die Lebensräume sind wenig aus-
gedehnt, nicht selten untereinander völlig isoliert oder doch nur
auf großen Umwegen, oft dem fließenden Wasser entgegen, zu
erreichen. Ganz besonders ungünstig aber sind solche Verhältnisse, wie sie zur Zeit des Oberkarbons an der Nordküste Mitteleuropas herrschten: in Abständen senkte sich eine breite Zone
des Süßwasserbereichs unter das Meer; nach ihrem Wieder-
auftauchen waren Verteilung und Verbindungswege der Süß-
wasser-Lebensräume von Grund auf verändert. Hier ist von
vornherein überhaupt nicht zu erwarten, daß in den verschiedenen Abschnitten das Auftreten neuer Arten selbst innerhalb

der keineswegs engen erdgeschichtlichen Fehlergrenzen gleichzeitig sein könne. Tatsächlich zeigt die Verbreitung der Süßwassermuscheln (Abb. 39), wie man einer Untersuchung von

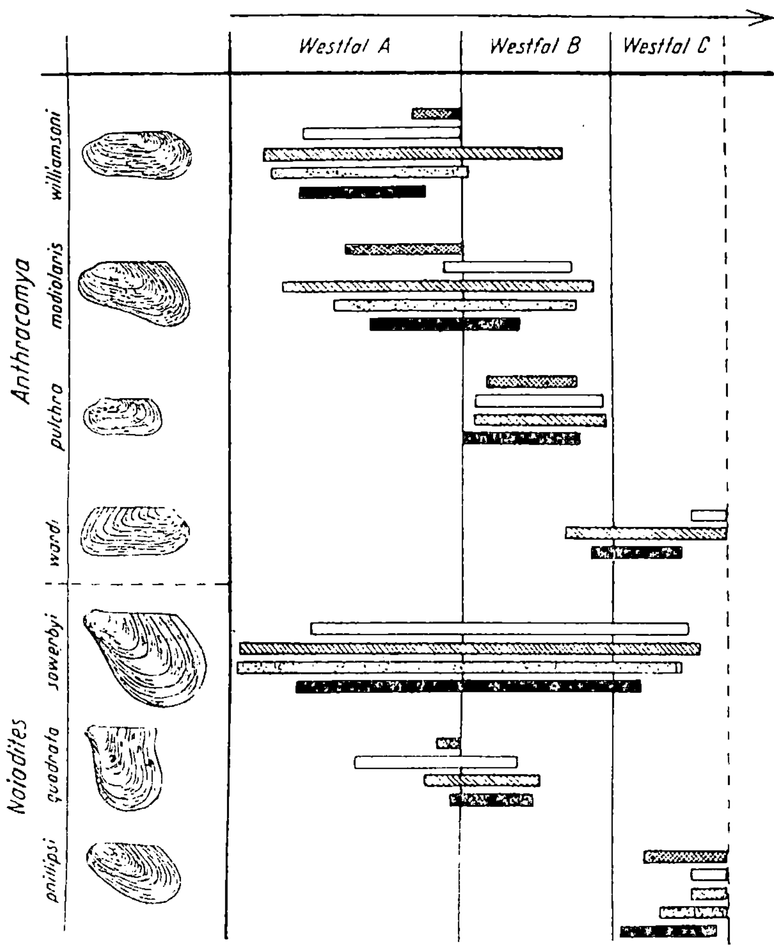

Abb. 39. Die zeitliche Verbreitung von Süßwassermuscheln in der Westfal-Stufe des
Oberkarbons im niederrheinisch-westfälischen Kohlengebiet (schwarz), in Holländisch-
Limburg (punktiert), in Belgien (gestrichelt), in Nordfrankreich (weiß) und Südwales
(kreuzweise schraffiert). Auswertung im Text. (Zeichnungen aus W e h r l i , 1938;
graphische Darstellung nach W e h r l i umgezeichnet.).

143

H. W e h r l i [1]) entnehmen kann, an der Ruhr (schwarz), im holländischen Kohlengebiet (punktiert), in Belgien (schräg gestrichelt), Nordfrankreich (weiß) und Südwales (kreuzweis gestrichelt) teilweise Abweichungen im ersten Auftreten, die aber doch bei den Gattungen Anthracomya und Naiadites in überraschend engen Grenzen bleiben. Die zeitlichen Unterschiede der ersten Naiadites sowerbyi oder der Anthracomya williamsoni in den verschiedenen Gebieten (außer Südwales) wären gar nicht bemerkbar, wenn sie nicht in einer Schichtenfolge festgehalten würden, die durch Pflanzen und Kohlenflöze bis zu außergewöhnlicher Feinheit aufgegliedert und durch den Kohlenbergbau gut erschlossen und durchforscht ist. Das erste Auftreten von Anthracomya pulchra im ganzen Raum zwischen Südwales und Ruhr kann aber selbst in dieser exakten Chronologie des Oberkarbons als absolut gleichzeitig gelten.

Allerdings wird man von diesen Süßwassermuscheln auf eine Fehlerquelle hingewiesen, deren Entstehung und Entlarvung an einem konstruierten Beispiel entwickelt werden soll (vgl. Abb. 40).

Ein weithin sich erstreckendes Flachmeer (Skizze 1) wird nach der Ausbreitung einer glatten Brachiopodenart durch Landhebung in zwei Teilgebiete zerteilt. (Skizze 2.) Von der älteren Art zweigt im westlichen Meeresraum eine konzentrisch gestreifte neue Art ab (Skizze 3) und breitet sich hier aus. In den Ablagerungen liegen also fortan glatte und gestreifte Gehäuse, während in ihnen früher nur die glatten eingebettet wurden. So ist der Beginn einer neuen Zeitstufe auch in dem aus dem Bodenschlamm später hervorgehenden Gestein bezeugt. Im östlichen Meeresgebiet aber gesellten sich weiterhin nur glatte Gehäuse den Ablagerungen als Zeitmarken zu. (Profil zu Skizze 4.) Erst

---

[1]) W e h r l i , H., Die Süßwassermuscheln des Ruhr-Oberkarbons. Geologie des Niederrheinisch-Westfälischen Steinkohlengebietes. Verfaßt von P. Kukuk. Berlin 1938.

Abb. 40. Irreführung durch eine Zeitmarke in einem besonderen Fall paläogeographischer Entwicklung (an fünf Kartenskizzen von unten nach oben dargestellt) und Korrektur durch Beachtung der begleitenden Fauna. Eingehende Beschreibung im Text.

144

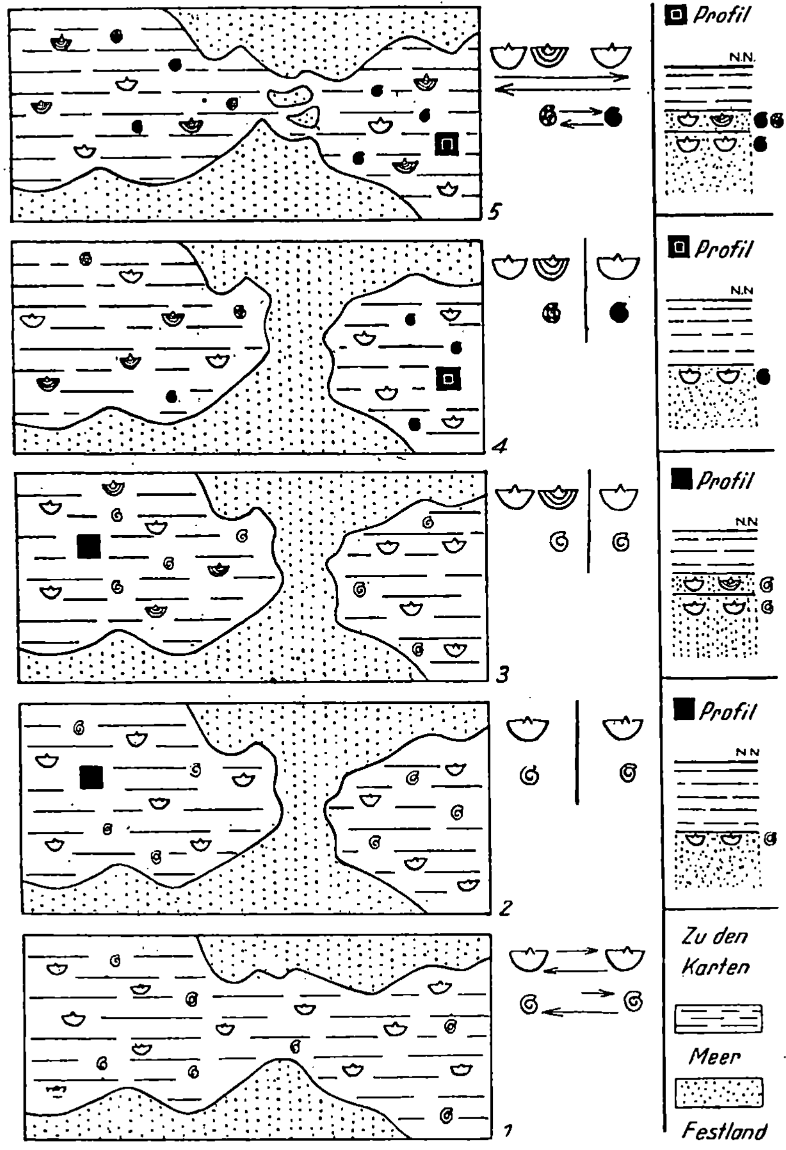

Abb. 40. Erläuterung nebenstehend

nachdem die Landschranke wieder gefallen ist (Skizze 5) und
erneut Faunenaustausch der beiden Teilgebiete einsetzen kann,
kommen auch im östlichen Teil gestreifte Gehäuse zu den
glatten; und nun entsteht hier im Gestein eine Fossilienfolge,
in der die erdgeschichtliche Zeitgrenze mit Verzögerung wiederholt wird (vgl. Profil zu Skizze 5 mit Profil zu Skizze 3). Hier
lügt die Zeitmarkenaussage augenscheinlich, sie spiegelt eine
Gleichzeitigkeit vor, die gar nicht Wirklichkeit ist, doch nur
so lange, wie man die eine Art betrachtet. Mit dem Brachiopoden
lebt ein Ammonit im ursprünglichen Meeresraum (Skizze 1);
auch seine Individuen werden mit der Landhebung in zwei gesonderte Kreise geteilt (2). Die eine gemeinsame Ammonitenart
wandelt sich in beiden Lebensbezirken in eine neue Art um,
doch in jedem Bezirk in eine andere; beide mischen sich erst,
nachdem die Landsperre wieder eingebrochen ist (5). So ist die
Brachiopodengrenze dort, wo sie den wirklichen Anbruch der
neuen Zeitstufe mitteilt, beiderseits von der älteren Ammonitenart begleitet (Profil 3); jedoch dort, wo sie diesen Anbruch nur
verzögert, irreführend, wiederholt, ist sie von unten durch die neue
Ammonitenart des östlichen Raumes, von oben durch beide
Arten des östlichen und westlichen Raumes eingerahmt; dadurch ist die Ungleichzeitigkeit beider Grenzen entlarvt.

Stratigraphische Irreführung durch eine Art und zugleich
ihre Ungefährlichkeit macht wieder eine karbonische Süßwasser-
muschel anschaulich, die Gattung Carbonicola. In Abb. 41 ist
das Verhalten der Arten C. acuta (punktiert) und C. turgida
(schwarz) dargestellt, und zwar für die oberkarbonischen Ablagerungen (Westfal-Stufe) im Ruhrgebiet (Säule 1), in Nordfrankreich (Säule 2) und in Belgien (Säule 3). C. acuta tritt in Frankreich und Belgien absolut gleichzeitig auf, aber auch die Verzögerung in diesen Gebieten gegenüber der Ruhr (um etwa $^1/_{10}$
des ältesten Drittels der Westfal-Zeit) ist unbedeutend. Bald
nach dem Erscheinen von C. turgida im Ruhrgebiet verschwindet

---

Abb. 41. Die zeitliche Verbreitung von Carbonicola acuta (punktiert) und Carbonicola
turgida (schwarz) im niederrheinisch-westfälischen Kohlengebiet (Säule 1), in Nordfrankreich (Säule 2) und in Belgien (Säule 3). Auswertung im Text. (Zeichnungen aus
W e h r l i , 1938; graphische Darstellung nach Angaben von W e h r l i.)

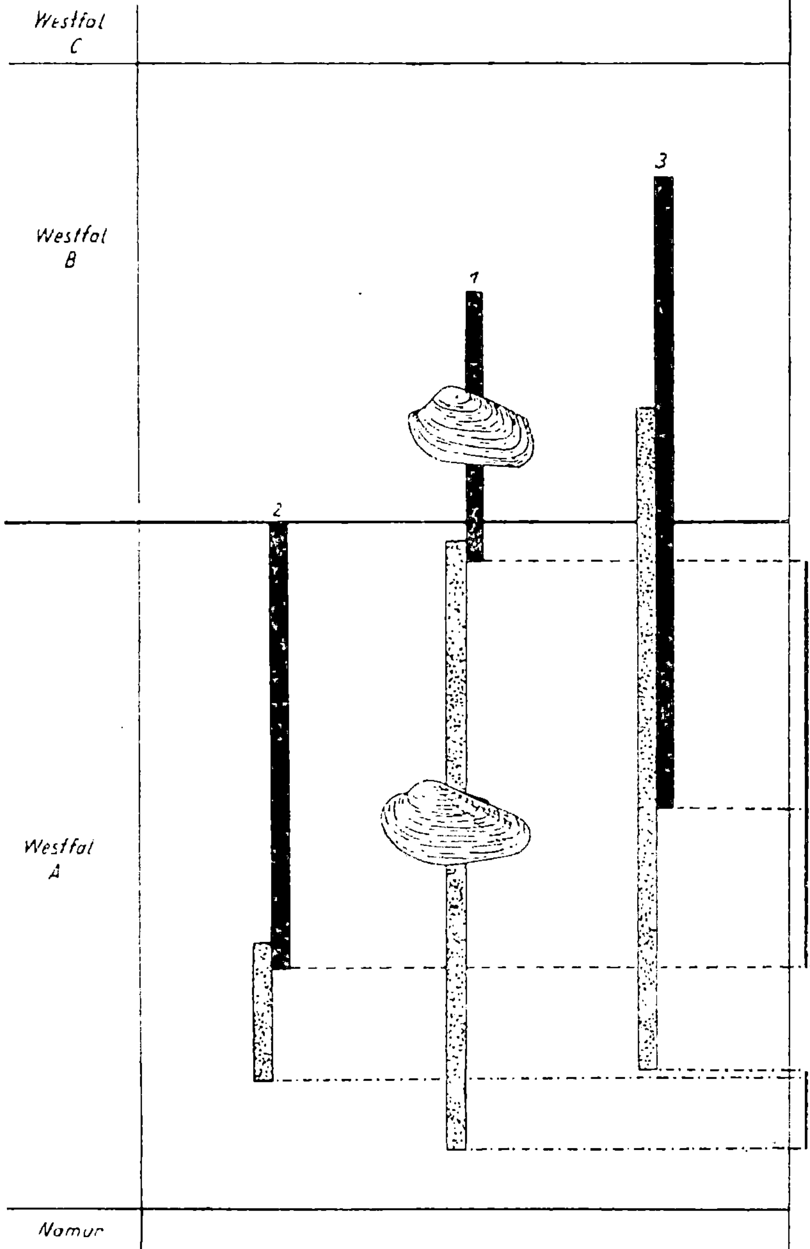

Abb. 41. Erläuterung nebenstehend

C. acuta; das gleiche Verhältnis zeigt sich in Nordfrankreich.
Wären die Schichtfolgen in einem der beiden Gebiete von weiteren Fossilien entblößt, wäre man wohl in Versuchung, den
Umbruch der Lebenszeit in beiden Gebieten für synchron zu
halten. Pflanzen in den festländischen Bänken der Schichtfolge,
Ammoniten in den eingeschalteten marinen Schichten bewahren
uns vor diesem Trugschluß; sie offenbaren, daß in Wirklichkeit
die gleiche zoologische Grenze an der Ruhr um $^2/_3$ der Zeitdauer
des Westfal später einzustufen ist als in Nordfrankreich. Wenn
man auch den Begriff einer bestimmten kürzesten Zeit an eine
einzige Zeitmarke binden wird, so ist doch zugleich bei jedem
neuen Fund immer wieder das Zeugnis auch der übrigen fau-
nistischen oder floristischen Reste heranzuziehen. Das gilt vor
allem für die Überprüfung von erdgeschichtlichen Zeitpunkten,
wie sie in den Grenzen zwischen zwei Zeitstufen festgelegt sind.
Befindet sich unter den Begleitern einer, der auf jüngeres Alter
hinweist, als dem vermeintlichen Zeitpunkt an anderem Ort zukommt, so gibt dieses Zeugnis das Maß, der Zeitpunkt ist als
örtlich verspätet aufzufassen. Von widersprechenden Zeit-
markenaussagen ist grundsätzlich die jüngste gültig.
Alles bisher Besprochene ist im voraus eingeschränkt worden
auf solche Fälle, in denen die neue Art (die neue Zeit) in Gebiete einwandert, die schon Lebensraum der vorangehenden Art
waren. Von den erörterten Möglichkeiten der Irreführung abgesehen (die, wie gezeigt, ungefährlich ist), besteht so die Gewähr, daß das erste Auftreten der neuen Art mit ihrer „explo-
siven" Entfaltung unmittelbar nach ihrer Entstehung über den
ganzen zugänglichen Raum dieses Formenkreises zusammen-
hängt und kein Einwandern infolge einer lebensgeschichtlich
zufälligen Eröffnung neuer, bis dahin verschlossener Gebiete
in beliebiger Zeit nach dieser ersten Entfaltung ist. Auf den
grundsätzlichen Unterschied zwischen dem Auftreten einer neuen
Form über einer verwandten älteren und dem Auftreten einer
neuen Form über einer fremden ist noch näher einzugehen.
In Abb. 42 (oben) sind vier auf den ersten Blick gleichwertige
Zeitgrenzen dargestellt. Alle sind gekennzeichnet durch das
erste Auftreten einer Brachiopodenart; im Gebiet 1 und 2 liegt

unmittelbar darunter eine verwandte ältere Brachiopodenart, im
Gebiet 3 und 4 eine Ammonitenart. Wie verhält sich die Grenze
in allen Gebieten tatsächlich chronologisch zueinander? Nach
dem früher Gesagten ist sie in 1 und 2 als unbedingt gleichzeitig
anzusehen; zwischen beiden Gebieten hat ständiger Faunenaustausch bestanden. Zur Zeit der älteren Brachiopodenart lebte

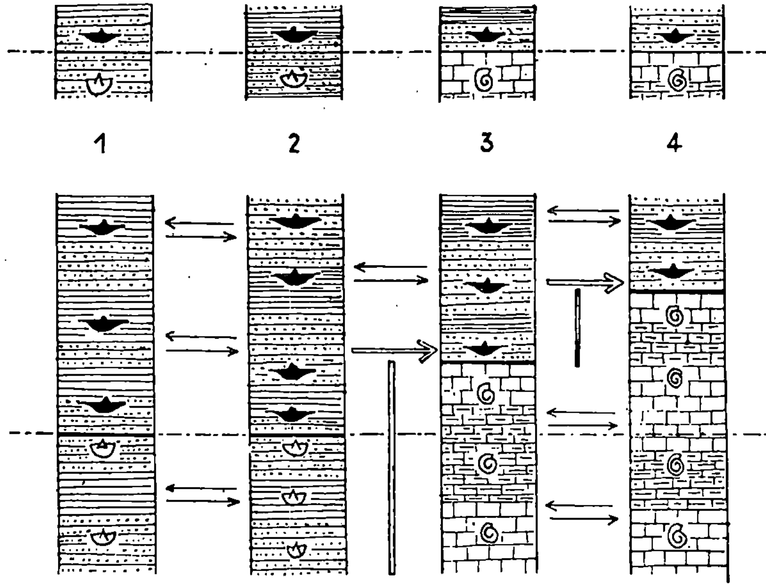

Abb. 42. Gleichzeitigkeit von Grenzen, die von oben und unten durch auseinander
hervorgegangene Arten eingerahmt werden (1 und 2); Ungleichzeitigkeit von Zeitgrenzen,
die von aufeinanderfolgenden, aber unverwandten Arten eingerahmt sind (3 und 4).

in 3 und 4 eine ganz andere Fauna, auch das Gestein ist ein
anderes; die Eigentümlichkeiten des Lebensraumes, die sich in
der Besiedlung spiegeln, haben ja vielfach im anorganismischen
Stoffhaushalt ihre Ursache. Zwischen 3 und 4 muß Austausch
der Fauna angenommen werden, zwischen 2 und 3 eine wirksame
Sperre. Diese Sperre fällt, nachdem sich im Laufe der erdgeschichtlichen Veränderungen die Umweltbedingungen aus
1 und 2 auch in 3 herausgebildet haben. Die bisherige Fauna

in 3 muß sich zurückziehen oder geht zugrunde; aus 2 wandert die inzwischen dort entstandene neue Brachiopodenform ein. Zugleich nimmt wahrscheinlich auch das Gestein einen anderen Charakter an. Die Sperre wirkt sich nun zwischen 3 und 4 aus. Erst beliebige Zeit später greifen die Lebensbedingungen von 1, 2, 3 auch auf 4 über, und dann wiederholt sich hier der gleiche Umschwung wie zuvor in 3. Die gleichartigen Zeitgrenzen von 3 und 4 sind also sowohl untereinander wie auch mit den unter sich identischen Grenzen von 1 und 2 ungleichwertig; und zwar ist das Ausmaß der Ungleichzeitigkeit unkontrollierbar und also auch unkorrigierbar, da keine gemeinsamen zeitempfindlichen Glieder in beiden Faunen vorhanden zu sein brauchen. Das Auftreten einer neuen Art (oder besser noch: einer ganzen Fauna) über einer älteren, aber ihr ganz und gar unverwandten Fauna bezeugt nicht den Anbruch einer neuen Zeit, sondern nur ihren verspäteten Einbruch in diesen Raum. Eine Grenze zwischen verschiedenen Gesteinen, die zugleich eine Faunengrenze ist, bedeutet also keine Zeitgrenze, sondern weist gerade darauf hin, daß die im oberen Gestein markierte Zeit schon längst früher begonnen hat.

Die Bindung eines Fossils an ein bestimmtes Gestein, ursprünglich also die Bindung eines Lebewesens an einen Lebensraum ganz bestimmten Gepräges, heißt Fazies-Gebundenheit; „Fazies" ist das Gesicht, die stoffliche und genetische Besonderheit einer Ablagerung. Fazies-Fossilien können, wenn sie als solche unerkannt bleiben, großes Unheil anrichten (vgl. Abb. 43). Drei verschiedene übereinanderfolgende Schichten eines Gebietes sind jede durch ein besonderes Fossil gekennzeichnet. In einem anderen Gebiet wird die gleiche Schichtenfolge mit der gleichen Fossilfolge aufgefunden; was läge näher, als beide Profile erdgeschichtlich gleichzusetzen (Abb. 43, oben links). Tatsächlich handelt es sich aber bei den Fossilien um gleichzeitig lebende, jedoch an verschiedene Fazies gebundene Formen. Sie müssen innerhalb ihrer Lebenszeit an jedem Ort in der senkrechten Reihenfolge sich ablösen, in der die Fazies wechselt. Von der Fazies unabhängige Zeitmarken, etwa eingeschwemmte Mikrofossilien irgendwelcher Art, würden dann möglicherweise eine wahre Altersbeziehung beider Profile aufdecken, wie sie Abb. 43 oben rechts, skizziert.

Wir fassen zusammen: Bei wachsender Ausschaltung aller Fehlerquellen lassen sich Linien in Gesteinsprofilen (Flächen in Schichtfolgen) finden, die erdweit den gleichen erdgeschichtlichen Zeitpunkt markieren. Wenn auch diese erdweite Ausdehnung der gleichen Marke nur theoretisch möglich ist, da tierisches

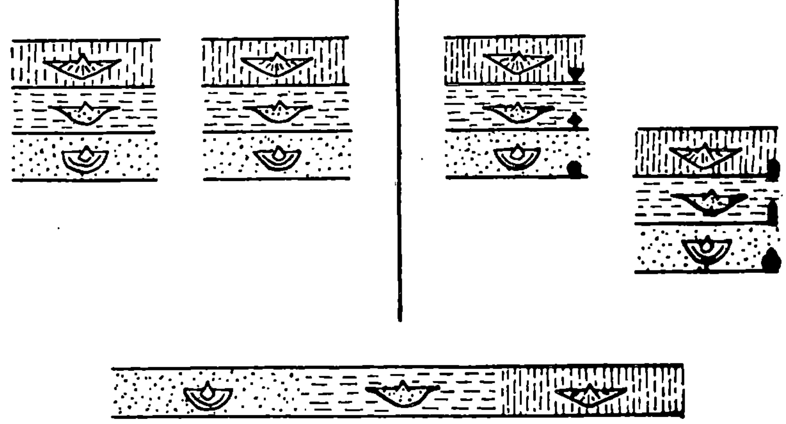

Abb. 43. Irreführung durch Arten, die an bestimmte Fazies des Lebensraums, Markenfossilien, die an bestimmte Gesteine gebunden sind. Gleiche Gesteinsfolge mit gleicher Folge von Faziesfossilien müssen nicht gleichzeitig sein (links), sondern können bei Anwesenheit anderer Zeitmarken ein Verhältnis zeigen, wie rechts dargestellt. Sie erscheinen nacheinander in der Folge ihrer Gesteine, obwohl ihr Lebensbereich in einer größeren Zeitspanne gleichzeitig ist.

und pflanzliches Leben in engeren oder weiteren Grenzen an Klima-, Boden-, Wasserverhältnisse gebunden ist, so kann doch durch Verzahnen der Marken in den Grenzräumen tatsächlich eine bestimmte und recht eingeengte Zeitstufe um den ganzen Erdball verfolgt werden. Erdweit vergleichende Erdgeschichte hat bei hinreichender Zahl von Fossilfunden ein tragfestes Fundament. Schon die Existenz eines zeitempfindlichen Fossils in einer Schicht ist eine Zeitmarke, deren Aussage den meisten Fragestellungen genügt. Die Grenze zwischen zwei entwicklungsgeschichtlich aufeinanderfolgenden Fossilien aber bildet eine Zeitmarke, der auch über größte Gebiete hin die Genauigkeit eines erdgeschichtlichen Zeitpunktes zukommt.

3. Erhaltung und Überlieferung. Entscheidend für die Verwendbarkeit der Organismen als Zeitmarken der Erdgeschichte sind, neben den entwicklungsgeschichtlichen Voraussetzungen, Erhaltung und Überlieferung der Organismen nach ihrem Tod. Denn nicht das Lebewesen als solches, sondern seine Reste im Gestein werden ja erst zu Daten der Erdgeschichte. Dabei kommt es nicht nur darauf an, daß das Tier überhaupt in einem Rest den mit dem Tod beginnenden Zerstörungsprozeß überdauert, vielmehr daß dieser Rest noch eindeutig erkennbar die Merkmale der Art bewahrt, d. h. es muß ein nicht aus dem Abbau des toten Körpers hervorgegangener, sondern durch diesen Abbau unverändert hindurchgeretteter Rest sein. Nun hat zwar die Paläontologie gezeigt, daß grundsätzlich alles überliefert werden kann, selbst zarteste Würmer oder Eingeweide höherer Tiere; Funde aus dem frühen Erdaltertum in kambrischen Schiefern vom Burgesspaß im westlichen Nordamerika bezeugen dies ebenso wie Funde in der tertiären Braunkohle des Geiseltals bei Halle. Für entwicklungsgeschichtliche Arbeiten eröffnen gerade solche Funde besondere Weitblicke, für den Paläontologen sind sie Anziehungspunkte; den Biostratigraphen aber kann nicht das ausnahmsweise Erhaltene, sondern nur das regelrecht Überlieferte angehen, da ja erst mit möglichst allgemeinem und von relativ wenig Bedingungen abhängigem Vorkommen ein Fossil zur Zeitmarke wird. Erhaltungsfähig sind im allgemeinen die Hartteile der Lebewesen; damit ist nun auch die historische Grenze der Biostratigraphie gezeigt: sie liegt dort, wo die Organismen Panzer und Gerüste aus mineralischen Stoffen oder aus Horn erwerben. Die Frühzeit des Lebens ginge also biostratigraphischer Auswertung auch dann verloren, wenn nicht die zeitgenössischen Gesteinsablagerungen durch die Vielzahl der seither erlittenen tektonischen Schicksale an vielen entscheidenden Stellen ihr ursprüngliches Gesicht bis zur Unkenntlichkeit verändert hätten. Mit den Panzern der frühen Krebse, darunter vor allem der Trilobiten, den Hornschalen und später den Kalk-

schalen der Brachiopoden, den Kalkschalen der Mollusken
erwirbt das Leben für seine zeitempfindlichen Zweige Merkmale,
die zur bleibenden Überlieferung geeignet sind.

Es ist nun allerdings eine andere Frage, ob das von Hause
aus zur Überlieferung Geeignete auch tatsächlich erhalten bleibt.
Von Tieren und Pflanzen in Abtragungsgebieten vergeht zumeist
jede Spur, wenn nicht zufällig einzelne Reste als verschwemmte
Fremdlinge einem benachbarten Ablagerungsraum zugeführt
werden. Das bedeutet für den Paläontologen eine starke Entblößung der fossilen Überlieferung von den Lebewesen festländischer Hochgebiete; dem Biostratigraphen ist das allerdings
kein Verlust, da ihn die Fossilien ja nur als Raum- und Zeitgenossen von geologischen stofflichen Urkunden angehen, also
nur in Ablagerungsgebieten. Aber auch in den Sammelbecken
festländischer Senken, Wüsten oder Meere ist der größte Teil
der organismischen Hartgebilde dem Zerfall — durch mechanische Zertrümmerung oder chemische Auflösung — preis-
gegeben, wenn nicht rechtzeitige Einbettung in Sand, Ton- oder
Kalkschlamm des zukünftigen Gesteins erfolgt. Hier, unter dem
Meeresboden etwa, ist der organismische Rest zwar dem un-
mittelbaren Zugriff außenbürtiger erdgestaltender Kräfte entzogen, in seiner Existenz deshalb aber noch keineswegs gesichert. Mit der Fäulnis der zahlreichen tierischen Weichkörper,
die die Bodenablagerung durchsetzen, entsteht in feinkörnigen,
schlecht durchlüfteten Ablagerungen unter anderem Schwefel-
wasserstoff, der die Ablagerungen völlig vergiftet, und Kohlen-
säure, der dann Kalkschalen eingebetteter Muscheln oder
Schnecken leicht durch Auflösung zum Opfer fallen. Gerade in
dunkelgefärbten Tongesteinen, die aus H_2S-vergiftetem Schlamm
hervorgegangen sind, ist die Armut kalkschaliger Lebewesen
auffallend. Da sich aus anderen Anzeichen nachweisen läßt, daß
der Lebensraum über dem Boden durchaus normale Verhältnisse
aufwies, besteht kein Anhalt, eine Verarmung schon der Lebens-
gemeinschaft anzunehmen; es muß sich vielmehr um eine Verarmung der Totengemeinschaft durch Vernichtung von Kalkschalen nach der Einbettung handeln.

Verfestigung der Ablagerung — ihre Diagenese — bannt für die organismischen Hartteile, die bis hierher der Auslöschung entgangen sind, diese ständige Gefahr für eine Weile. Die Zustandsänderung „Diagenese" des Gesteins hängt eng zusammen mit seinem Wasserhaushalt. Die junge Ablagerung auf dem Meeresboden ist entsprechend ihrem Porenvolumen mit Meerwasser durchtränkt; auch nach der Auflagerung weiterer Schichten und Abschließung der betrachteten Schicht vom Meer bleibt ihr zunächst der Wassergehalt. Ein derartiges junges Gestein, das räumlich auf dem Weg vom Meeresboden zur Tiefe, genetisch auf dem Weg vom lockeren Gestein zum verfestigten sich befindet, besteht aus zwei Phasen; der festen, die, wenn es sich um mechanische Ablagerungen handelt, stabil ist, wenn es sich um chemische Ausfällungen handelt, instabil ist und darauf wartet, durch Umkristallisieren in den stabilen Zustand überzugehen, und dem Wasser mit gelösten Bestandteilen aus dem Meer wie den Ablagerungen. Das verfestigte Gestein hat dieses Wasser verloren; allerdings muß es nicht schon deshalb aus der Ablagerung verschwinden, weil es, wie einmal kurzerhand geschrieben wurde, „selber außerordentlich beweglich ist" — das würde wohl nur einen ständigen Austausch von Wasserteilchen in den Gesteinen untereinander, nicht aber den Wasserverlust erklären. Daß das Wasser dem verfestigten Gestein fehlt, ist Erfahrungstatsache; daß es nicht chemisch zersetzt, sondern nur abgewandert sein kann, ist unbezweifelbar, ebenso, daß diese Abwanderung weder nach unten noch zur Seite gerichtet gewesen sein kann, — denn in diesen Richtungen ist nirgendwo ein Ausweg anzunehmen, sondern ausschließlich nach oben.

Die Ablagerungen unter dem Meeresboden stehen unter einem nach unten fortgesetzt zunehmenden Druck. Faßt man die Fläche eines bestimmten Drucks ins Auge, so wandert sie mit fortschreitender Ablagerung auf dem Meeresboden stetig oder episodisch nach oben. Das Zeugnis allmählichen und sprungweisen Fortschreitens eines bestimmten, für die Kalkkristallisierung kritischen Drucks kann man vielleicht in gewissen, als diagenetische Entmischung gedeuteten Bänderkalken und

Maschenkalken sehen [1]). Man wird sich vorstellen dürfen, daß
das Wasser aus den Ablagerungen von der Tiefe nach oben wie
aus einem Schwamm ausgepreßt wird; jedenfals ist die Annahme eines von unten nach oben gerichteten Wasserzugs im
sich verfestigenden Gestein unentbehrlich.

Wieweit Verfestigung der Ablagerungen — der mechanischen
durch Verbacken der Körner mit chemisch gefällten Mineralien
der chemischen durch Umkristallisieren der Bestandteile selber —
während der Wasserdurchströmung geschieht, und wieweit sie
erst durch den Abzug des Wassers möglich wird, kann
hier nicht untersucht werden. Für die organismischen Hartteilreste entstehen diagenetisch folgende Möglichkeiten: Die
durchziehenden Lösungen vermögen die mineralische Substanz eines Gerüsts oder einer Schale durch ein anderes, in
Lösung zugeführtes Mineral zu ersetzen; Verdrängung des Kalks
von Kalkschwämmen durch Kiesel ist eine geläufige Erscheinung. Ob sie umgekehrt auch das Mineral des Gerüsts aufzulösen und wegzuführen vermögen, ohne zunächst ein anderes
auszuscheiden (wobei in dem schon bis zu einem gewissen Grade
verfestigten Gestein die Form des organismischen Restes als
Negativ erhalten bliebe und später durch andere im Gestein
zirkulierende wässerige Lösungen, die entweder im Gefolge
vulkanischer Ereignisse der weiteren Umgebung aus der Tiefe
oder nach Veränderung der geographischen Lage des Gesteins
durch tektonische Ereignisse als Tagewässer von oben her zudringen, erneut mit mineralischen Stoffen ausgefüllt würde), sei
als Frage aufgeworfen. Der Kieselverlust kambrischer Schwämme
(Archaeocyathacea), die nach ihrer Struktur nur Kieselschwämme
sein können, und ihr wechselweiser Ersatz durch Kalk- oder
Eisenkarbonat oder ein anderes, anscheinend manganhaltiges
Mineral würde jedenfalls eher verständlich, wenn man annehmen
dürfte, daß Auflösung und Wiederausfüllung zwei zeitlich voneinander getrennte Vorgänge waren. Anderseits können die
diagenetisch durchziehenden Lösungen mineralische Ausschei-

---

[1]) S i m o n , W. , Lithogenesis kambrischer Kalke usw. Senckenbergiana **21**, 1939.

dungen zurücklassen, ohne zuvor oder zugleich anderen Stoff wegzuführen. Derartige „Konkretionen" bilden sich um vorhandene Fremdkörper in den Ablagerungen, nämlich um die Reste der Organismen, die also derart einen Schutzpanzer erhalten. Allerdings kann bei solcher Knollenbildung der organismische Rest auch der aktive Faktor sein, indem nämlich bald nach der Ablagerung beim Abbau der organischen Substanz um den Fäulnisherd Fällung von Karbonaten, besonders des Kalks und Eisens, eintritt. Wird bei den diagenetischen Prozessen das Mineral des Organismus nicht angegriffen, so vollzieht sich in ihm doch ein Strukturwandel, indem z. B. die bei Organismen häufige Modifikation des Kalziumkarbonats, Aragonit, übergeht in die stabile Form des anorganischen Bereichs, Kalkspat. Hierbei tritt gleichzeitig eine Verwischung des Feinbaues etwa in einer Muschelschale oder einem Seelilienkelch durch Sammelkristallisation des Kalks ein. Die Diagenese des Gesteins bedeutet also für die eingebetteten organismischen Reste: Umwandlung des stofflichen Gefüges, Umwandlung des Stoffs oder gar Zerstörung des Stoffs, aber Erhaltung der Gestalt, die selbst dort noch, wo alle Substanz verschwinden würde, geschützt wäre durch die Hohlform des umgebenden verfestigten Gesteins, und die in besonderen Fällen noch einen Schutzmantel erhält. In der Diagenese wandelt sich der organismische Hartteilrest; die Aussage des Fossils ist also eine Aussage der Gestalt, nicht des Stoffs.

Der Gestalt des Fossils droht nun eine erneute Gefährdung durch die tektonische Verformung des Gesteins. Halbstarre organismische Gebilde, wie die Panzer von Krebsen, erleiden schon vor Verfestigung des Gesteins durch „Setzung" der Ablagerung eine Verzerrung der Gestalt. Die gerichtete Druckbeanspruchung durch erdtangential ansetzende Kräfte erfaßt mit den Schichten, sofern sie diese nicht nur verbiegt oder zerbricht, sondern bis in deren Kleingefüge richtend eingreift, auch die Fossilien. Selbst die stabilste Schale wird in völlig gleicher Weise wie das einschließende Gestein, dem sie ja seit der Diagenese eingeschweißt ist, verzerrt, so daß die Verformung des Fossils, falls dessen ursprüngliche Gestalt bekannt ist, geradezu ein Maß für die Verformung des Gesteins werden

156

kann. So entsteht eine Fehlerquelle paläontologischer Deutung
und biostratigraphischer Auswertung, die bei Arbeiten in Gebieten mit tektonisch reichem Schicksal an jedem einzelnen
Fossil erneut auszuschalten ist. Angleichung verschiedener
Arten durch Verformung ist nicht selten. Bei stärkerer Durchbewegung sind die Fossilien in Gefahr, undeutbar, schließlich
unkenntlich zu werden und endlich ohne Spur zu vergehen. Das
tritt bei Kalkgesteinen, die zur Umkristallisierung neigen, schon
verhältnismäßig früh ein; in mechanisch abgelagerten Gesteinen
bedarf es zur Umkristallisierung stärkster Verformung (Dyna-
mometamorphose) oder der Versenkung in große Tiefe (Tiefen-
metamorphose) oder schließlich der Hitze- und Stoffzufuhr aus
einem nahen glutflüssigen Magma der Tiefe (Kontaktmetamorphose).
Wird umgekehrt das Gestein durch Hebung der Erdoberfläche
nahegerückt, so werden durch Sickerwasser namentlich in kalk-
armen Gesteinen Kalkschalen leicht herausgelöst, so daß nun
hier nur das Negativ — der Abdruck im umgebenden Gestein
und der Steinkern als Ausfüllung des leeren Schaleninneren —
übrigbleiben (Abb. 44).

Bei anderen Fossilien wiederum (so denen, die aus Pyrit bestehen, Schwefeleisen, das den Kalk ersetzt hat) verwittert zuerst das Gestein. Sie selber können aus der Ackerkrume auf-
gelesen werden. Immerhin bleibt das Fossil, wenn es einmal die
vordiagenetischen Existenzbedrängnisse überstanden hat, bis zur
gänzlichen Umwandlung oder Vernichtung des Gesteins trotz
aller Schicksale eine Aussage über die Form des lebenden
Tieres, von der es sich ableitet, und ist damit eine Zeitmarke
für das Gestein, sofern die Aussage, die es macht, auch tatsächlich für dieses Gestein gilt. Das ist nicht immer der Fall.

Junger Meeresboden kann durch Hebung in den Auftauch-
bereich geraten. Noch lockere Sande werden erneut umgelagert,
bis sie, durchmengt mit frischem Material, an anderer Stelle
wieder zur Ruhe kommen. Sie sind nun zweifellos als Ablagerungen dieser jüngeren Zeit anzusehen, alle erdgeschichtlichen
Aussagen, die sie machen, spiegeln dieses letzte Schicksal. Und
doch sind in die neue Ablagerung mit dem alten Material auch
die alten organismischen Reste eingegangen, und wenn durch

irgendeine Schwierigkeit der Überlieferung Organismen der
jüngeren Zeit nicht oder zumindest in dem der Erfahrung zugänglichen Aufschluß im Gelände nicht erhalten sind, so trägt
nun die Urkunde der neuen Zeit die Marke der alten; der Bio-
stratigraph sieht sich einer Fehlerquelle gegenüber, die erdgeschichtliche Ordnung von vornherein zum Irrtum verdammt,
wenn sie als allgegenwärtige Gefahr ständig drohen sollte.

Nun ist jedoch die Gefahr einer derartigen Irreführung bei
weitem nicht so groß, wie es schon von Autoren dargestellt und
dann als Berechtigungsschein für eine recht freiherzige Parallelisierung von Schichten in willkürlicher Auslegung ihrer
Marken genommen wurde. Aus diagenetisch verfestigten Gesteinen werden sich kaum Fossilien in natürlicher Aufbereitung
herauspräparieren lassen, ohne daß an ihnen selber Spuren
dieser Entkleidung vom Gestein haften blieben. Aber auch aus
lockeren Gesteinen vertragen so empfindliche Dinge wie Krebs-
häute sicher keine Umbettung, und auch bei Kalkschalen von
Mollusken, die an sich, wenigstens die robusteren unter ihnen,
eine Umbettung überstehen mögen, geht dieses Schicksal nur in
seltenem Zufall ganz unkennbar vorüber; Zertrümmerung, Ab-
schleißung von Spitzen oder Kanten, Verwischung der Skulptur
werden zumindest bei einem Teil der umgelagerten Fauna die
Folge sein. Derartige Umbettung ist gewiß an sich schon selten;
kommt sie vor, so bleiben die Spuren an den Fossilien haften, zudem dürften zumeist Vertreter der jüngeren Zeit wenigstens in
gelegentlichen Exemplaren warnen.

Geradezu prädestiniert für solche Umlagerungen sind aller-
dings jene Fossilien, die diagenetisch einen Schutzpanzer in
Form einer Konkretion erhielten, ob es sich nun um Kiesel-,
Kalk- oder Eisenkarbonat-Ausscheidung handelt. Fossilien in
Knollen bedürfen also, bevor sie als Zeitmarke aussagefähig
sind, erst des Nachweises, daß sie tatsächlich Zeitgenossen der
Ablagerungen sind. Oberflächengestaltung der Knolle, Lage der
Knolle im Gestein, Lage des Fossils in der Knolle bezogen auf

---

Abb. 44. Schicksal eines Lebensrestes, der in zeitgenössischen Ablagerungen Fossil
und Zeitmarke wird; die ständige Bedrohung seiner Existenz.

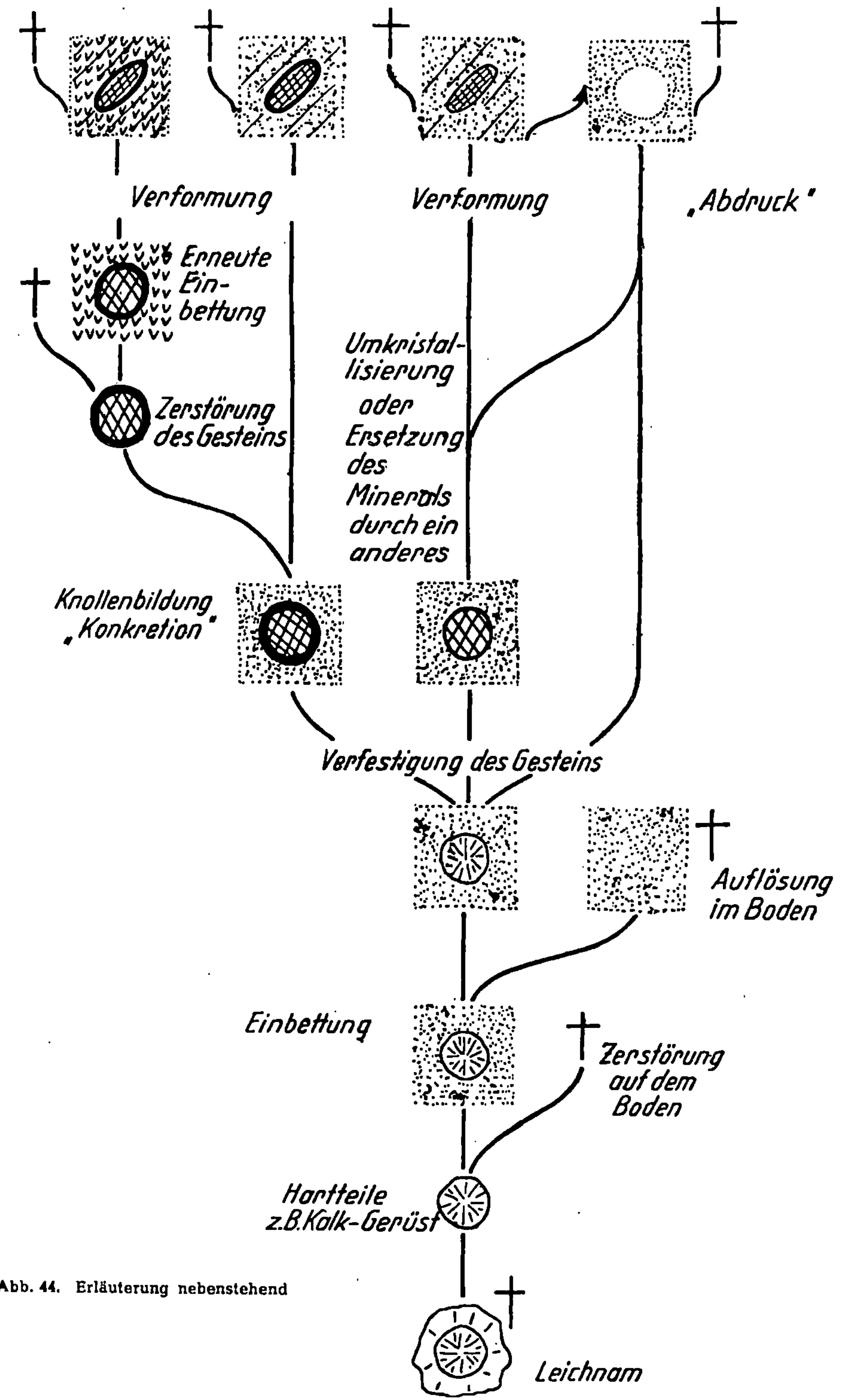

Abb. 44. Erläuterung nebenstehend

das Gestein, können wertvolle Hinweise sein. Sind Knollenfossilien mit nackt dem Gestein eingebetteten Fossilien vergesellschaftet, so ist das ein starker Verdachtsgrund.

Irreführung durch umgelagerte Knollenfossilien zeigt Abb. 45.
Eine Schicht, die zuvor in einem rechten Gebiet (Profil 1) aus
Material eines linken Gebiets entsteht und mit zeitgenössischen
Lebensresten durchsetzt ist, wird hernach durch Hebung Lieferant für ein Ablagerungsgebiet, das durch Senkung des früheren
Liefergebietes an dessen Stelle entstanden ist (Profil 2). Da die
Fossilien der nunmehr abgetragenen Schicht in Knollen geschützt
sind, der Transportweg zur neuen Ablagerungsstätte nicht zu
weit ist, werden sie dort unbeschädigt dem viel jüngeren Gestein wieder beigemengt. Nachdem nach mancherlei weiteren
Schicksalen, die hier übergangen werden, heute sowohl die
knollenführende Schicht des rechten Gebiets wie die des linken
Gebiets an der Landoberfläche in Steinbrüchen zugänglich sind
und die Knollen als auffällige Gebilde bald entdeckt und als
fossilhöffig vom Geologen durchgeklopft werden, kommt es zur
Aufdeckung dieser scheinbaren Beziehung zwischen den beiden
Gesteinsprofilen: das gleiche Fossil in den Knollen des rechten
Kalksteins und des linken Mergels beweist für beide die Gleichaltrigkeit; entsprechend darf der beide überlagernde Sandstein
als gleich alt, ferner der Mergel unter dem rechten Kalkstein
als, etwa gleichzeitig mit dem Kalk unter dem Mergel des linken
Gebiets angenommen werden. Daraus ergeben sich nun interessante paläogeographische Ausblicke, z. B. von der Umkehr der
Kalkmergelverteilung in zwei aufeinanderfolgenden Zeiten. Alles
das, bis die Entdeckung eines anderen Fossils in den knollenführenden Mergeln des linken Gebiets, das aus anderen Gebieten als
weit jünger als das hier in Knollen überlieferte Fossil bekannt
ist, den Irrtum zutage bringt. Nun wird die tatsächliche zeitliche
Beziehung beider Profile klar, die Knollen verlieren für die
jüngere Schicht sofort den Charakter einer Zeitmarke und gelten
nunmehr als geologische Urkunde, die über die Herkunft des
Materials Auskunft gibt, während der Zeitpunkt des in ihr
bekundeten Stofftransports erst von dem jüngeren Fossil festgelegt werden muß.

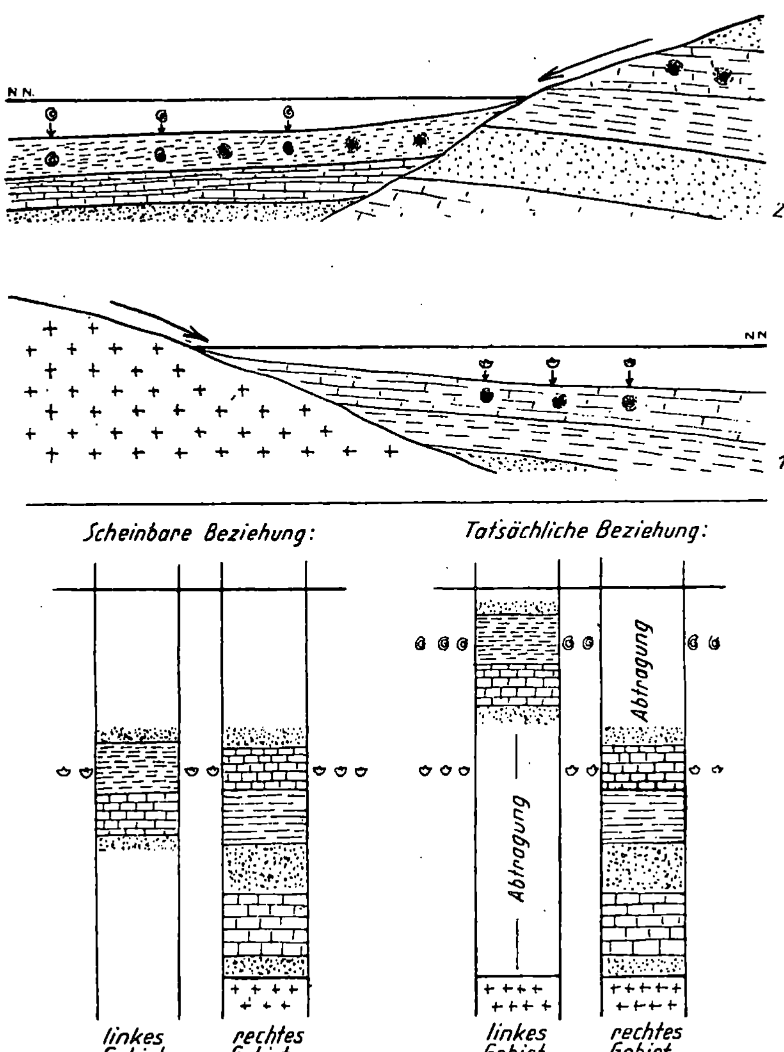

Abb. 45. Erdgeschichtliche Irreführung durch Fossilien, die in Konkretionen eingebettet die Zerstörung der zeitgenössischen Ablagerung überstehen und einem späteren Gestein erneut eingelagert werden. Weitere Einzelheiten im Text.

Noch eine andere Gefahr der Irreführung kann, allerdings wohl nur in seltenen Fällen, aufkommen. Durch starke tektonische Beanspruchung können in einer Kalkablagerung Lösungserscheinungen unter Druck auftreten. Mächtigkeitsschwund in großem Umfang mag die Folge sein. Die übrigbleibenden Reste grenzen an unruhigen und im Schnitt merkwürdig zickzackförmigen Nähten aneinander. So kann es vorkommen, daß von drei in drei Fossilienarten wohl gekennzeichneten erdgeschichtlichen Zeiteinheiten örtlich etwa die unterste durch Verschwinden der

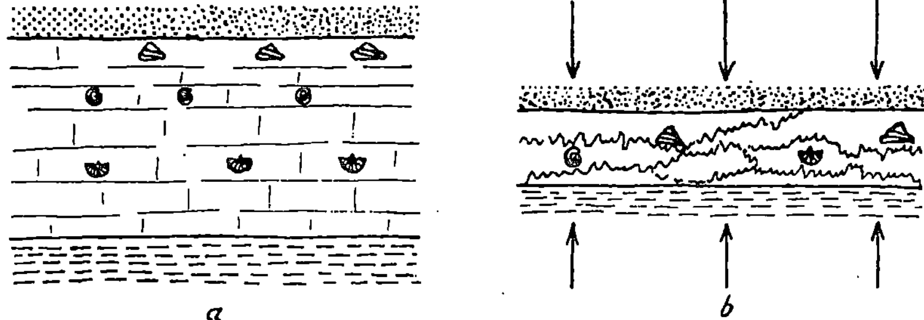

Abb. 46. Kalklösung unter hohem Druck; Vernichtung von Zeitmarken, Umordnung der verbleibenden. Kennzeichen: Drucksuturen.

tiefen Teile des Kalks ausfällt, und daß hier (Abb. 46, b links) vorgetäuscht wird, als habe die Kalkausscheidung erst zu dieser zweiten Zeit begonnen.

4. Erkenntnistechnisches. Es gibt eine Gefährdung der Biostratigraphie, Fehlerquellen der Zeitmarkenforschung, die nicht aus den Lebenseigentümlichkeiten oder der Entwicklungsgeschichte des Tieres und auch nicht aus Erhaltung und Überlieferung seiner Reste erwachsen; weder das lebende Tier, noch was davon nach seinem Tode übrigbleibt, ist ja eigentlich das Maß erdgeschichtlicher Zeit, sondern der von beiden abgezogene Begriff der Art (oder Gattung): Fossilfunde werden immer erst durch Eichung an diesen Begriffen zu Zeitmarken. So ergibt sich eine Gruppe von Voraussetzungen für eine zweifelsfreie Datierung, die die Technik der Bildung und Handhabung paläontologisch-systematischer oder (wie man zur Vermeidung dieses

162

doppelsinnigen Wortes besser sagt) taxonomischer Begriffe betrifft.

Eine erste Voraussetzung ist, daß erkannte taxonomische Begriffe in der Urveröffentlichung erschöpfend gekennzeichnet (Diagnose, Beschreibung, Abbildung), zugleich gegen verwandte

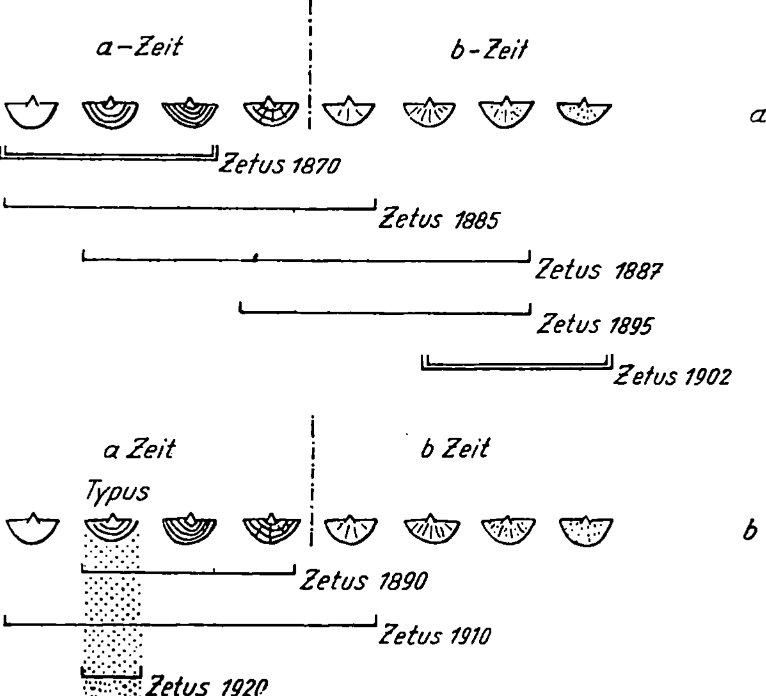

Abb. 47. Schwanken einer Gattung bis zur völligen Veränderung ihres taxonomischen und historischen Inhalts, wenn der Gattungsbegriff nicht an einen festen Typus gebunden ist (oben). Festigung einer Gattung im taxonomischen und historischen Charakter durch Bindung an einen Typus; er ist ihr Rückgrat, sie kann nach beiden Seiten ihre Breite ändern, behält aber ihn als Achse und Maß (unten).

Begriffe hinreichend abgegrenzt werden (Differentialdiagnose), derart, daß unberechtigte Zuordnung weiterer Funde, also irreführende Eichung von Zeitmarken, bei verantwortungsbewußter Bestimmungsarbeit unmöglich ist.

Eine zweite Voraussetzung ist, daß ein einmal geprüfter Begriff, etwa eine Gattung Zetus, nicht im Laufe der Zeit sich

grundsätzlich ändert, indem er bei seiner Wanderung durch das
taxonomische Schrifttum mit seinem Wandel der Sprachen, Methoden, Generationen, dem Stoff, von dem er zunächst abgeleitet
wurde und der für ihn das Urmaß bedeutet, entgleitet. Abb. 47
zeigt graphisch eine (konstruierte) Wandlung der Gattung Zetus,
die mit drei Arten aufgestellt wurde und nach viermaliger Veränderung ihres Umfangs (durch wechselndes Erweitern, Einengen und Verschieben ihres Inhalts) beim letzten Bearbeiter
mit einem Inhalt und Umfang bleibt, der mit denjenigen der Urveröffentlichung nichts zu tun hat. Indessen hat sich der Gattungsbegriff nicht nur paläontologisch gewandelt, sondern auch erdgeschichtlich: Aufgestellt wurde die Gattung für Arten der a-Zeit,
während die Arten der letzten Fassung ausschließlich Formen der
b-Zeit sind.

Dritte Voraussetzung ist, daß der taxonomische Begriff
mit einem eindeutigen Namen bezeichnet ist. Welche Folge
das Gegenteil für die erdgeschichtliche Forschung hat, mag
ein (konstruiertes) Beispiel anschaulich machen. Eine erste
fossile Art der Gattung Zetus (vgl. Abb. 48 a) wird von M ü l l e r
entdeckt und albus benannt; eine zweite fossile Art der
gleichen Gattung erhält von S c h u l z e der die Arbeit von
M ü l l e r nicht kennt, gleichfalls den Namen albus. (Beide Artnamen sind nun Homonyme, gleiche Namen für verschiedene
Begriffe.) P a u l u s entdeckt, ebenfalls unabhängig von M ü l l e r,
noch einmal die erste Art und gibt ihr den Namen Zetus niger
(dieser Name und derjenige M ü l l e r s sind nun Synonyme, verschiedene Namen für gleiche Begriffe). In Gesteinen der Landschaft 1 wird die erste Art gefunden, in Gesteinen der Landschaft 2
ebenfalls, während in Ablagerungen der Landschaft 3 die zweite
Art auftritt (Abb. 48 b). Kurzfristiges und verschiedenzeitiges
Lebensalter beider Arten vorausgesetzt, bedeutet das: die Ablagerungen in Landschaft 1 und 2 sind als gleichzeitig, diejenigen in
Landschaft 3 als jünger oder älter anzusehen. Der Geologe (Abb. 48 c)
in Landschaft 1 benutzt die Arbeit M ü l l e r s als paläontologische
Unterlage und stellt für sein Fossil die Identität mit Zetus albus
fest. Der Geologe der Landschaft 2 bestimmt sein Fossil nach
S c h u l z e und P a u l u s als Zetus niger, der Geologe in Land-

Zwei Fossilien:	*1*	*2*
a) **Müller benennt**	*Zetus albus*	
Schulze benennt		*Zetus albus*
Paulus benennt	*Zetus niger*	

*Ihr Vorkommen im Gestein und ihre Aussage über
die erdgeschichtliche Beziehung der Gesteine:*

Landschaft   Landschaft   Landschaft

b)

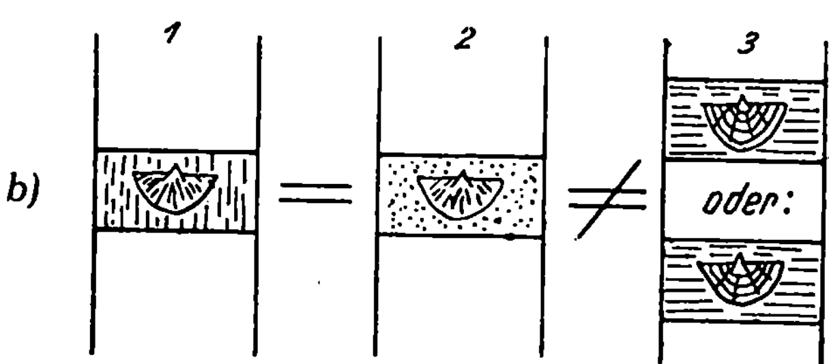

*Falsche Aussage ihrer Namen über die erdgeschicht-
liche Beziehung der Gesteine; Fossil-Bestimmung*

*-nach   -nach   -nach
Müller   Paulus   Schulze
in   in   in
Landschaft   Landschaft   Landschaft*

c)

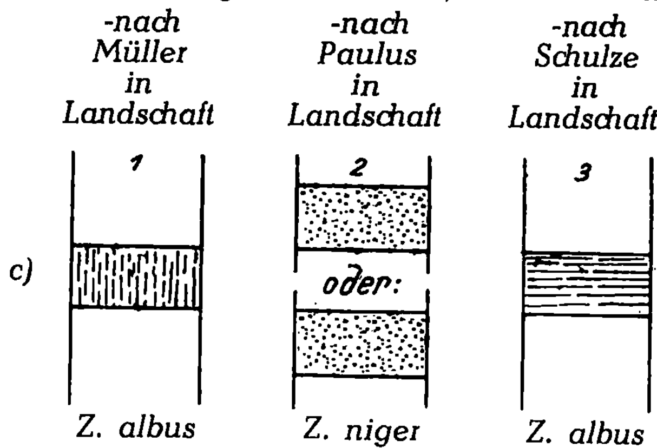

Abb. 48. Verhängnis wilder Namengebung von Fossilien für die Stratigraphie. Erläuterung im Text.

schaft 3 schließlich, gleichfalls nach S c h u l z e und P a u l u s ,
sein Fossil als Zetus albus. Für den vergleichenden Stratigraphen, dem nur die Meldungen im geologischen Schrifttum
vorliegen, bedeutet das, daß das Gestein der Landschaft 1 offenbar die gleiche Zeitmarke trägt wie das der Landschaft 3, nämlich Zetus albus, daß also beide Gesteine der Landschaft 2, mit
anderer Marke bezeichnet, jünger oder älter als jene sind. So tritt,
trotz taxonomisch sauberer Arbeit der Paläontologen und zu-
treffender Bestimmung der Fossilfunde durch die Stratigraphen,
eine völlige Verfälschung der erdgeschichtlichen Beziehungen
durch unsaubere Namengebung ein.

Das hier entwickelte Beispiel mag als unwahrscheinliche
Konstruktion aus seltenen Zufällen erscheinen; wie häufig aber
in Wirklichkeit nomenklatorische Verwirrung in ähnlicher Zu-
sammenballung mit allen Folgen für Lebens- und Erdgeschichte
ist, zeigen die kritischen Durcharbeitungen der taxonomischen
Gebäude der kambrischen Kieselschwämme Archaeocyathacea [1]
wie der paläozoischen Ostrakoden [2]. Gerade die Erdgeschichtsforschung liefert die Zeugnisse für die Unentbehrlichkeit des
technischen Handwerkszeugs der Lebensforschung, das als „taxonomische Konventionen" zusammenzufassen ist, und das bei Zoologen und auch Paläontologen (die sich zumeist reizvollere Aufgaben als taxonomische Ordnung zum Ziel genommen haben)
nicht selten als kaum beachtenswert und dessen Handhabung nicht
als verbindlich gilt, weshalb denn auch die hier genannten drei er-
kenntnistechnischen Voraussetzungen für eine gesicherte stratigraphische Arbeit weniger eine Feststellung als eine Forderung
sind. Gerade der Erdgeschichtsforscher hat in der Sorge um seine
eigene Arbeit allen Grund, daran zu erinnern, daß die seit 1905
bestehenden „Internationalen Regeln zoologischer Nomen-

---

[1] S i m o n , W., Archaeocyathacea I und II. Abh. senckenberg. naturf.
Ges. 448. Frankfurt 1939. III. Senckenbergiana 23, 1941.

[2] S c h m i d t , E. A., Studien im böhmischen Caradoc (Zahoran-
Stufe) 1. Ostrakoden aus den Bohdalec-Schichten und über die Taxonomie der Beyrichiacea. Abh. senckenberg. naturf. Ges. 454. Frankfurt
1941. (Vgl. das Referat des Verf.: N. Jb. Mineral., III, 1942.)

166

klatur"[1]) als Kern der taxonomischen Konventionen für Neo-
wie Paläozoologie durch Beschlüsse der zuständigen Internationalen Kongresse der Zoologen und Geologen schon seit ihrer
Aufstellung verbindlich sind. Und man wird zugleich daran erinnern dürfen, daß in der Paläozoologie die Stratigraphen sich
im gleichen Maße wie verantwortungsbewußte Paläontologen
um die Bereinigung des Systems von den Schäden, die in der
Zeit nomenklatorischer Willkür vor Einsetzung der Regeln und
durch Außerachtlassen ihrer Bestimmungen seither entstanden
sind, bemühen. So hat die Unbrauchbarkeit der Archaeocyathacea (nach dem derzeitigen Stand der Fossilfunde) für die
Feingliederung des kambrischen Zeitalters erst aufgedeckt
werden können (wodurch die Erdgeschichte vor irrigen Schlüssen
bewahrt worden ist), nachdem eine umfangreichere Bereinigung
der Nomenklatur die bisher unter einer wahren Namen-Schutt-
decke verborgenen Zusammenhänge zwischen den taxonomischen Einheiten in den entlegenen Gebieten ihres Auftretens
(Südeuropa, Nordamerika, Australien, Sibirien) zutage gefördert
hatte.

Die „Regeln" sind gegründet auf das Recht des älteren Namens[2]). Gültiger Name einer Art (bzw. Gattung) kann nur derjenige Name sein, mit dem sie zuerst bezeichnet worden ist
(Art. 25), wenn nicht dieser selbe Name schon für eine
andere Art der gleichen Gattung des gesamten Tierreiches (die
fossilen Einheiten eingeschlossen) besteht. Jeder spätere Name,
der (aus Unkenntnis des früheren oder mit dem Willen der Na-
mensänderung) einer schon gültig benannten Gattung oder Art
zugelegt wird, ist von Beginn an ungültig. Auch wenn im Wandel
der Taxonomie der Inhalt sich erweitert oder verengt hat, kann
der Name, und selbst von demjenigen, der ihn einst aufstellte,
nicht geändert werden.

---

[1]) R i c h t e r , R u d., Einführung in die Zoologische Nomenklatur
durch Erläuterung der Internationalen Regeln. Senckenberg-Buch 15.
Senckenberg. naturf. Gesellschaft, Frankfurt 1943.
[2]) Über das Gefüge der Namen selber vergleiche: S i m o n , W., Der
wissenschaftliche Tiername. Sprachkunde 1943, Heft 1/2. Berlin, Langen-
scheidt.

Nur wenige taxonomische Ereignisse führen zur Verwerfung eines zuvor gültigen Namens. Werden getrennt aufgestellte Arten oder Gattungen vereinigt, so lebt der älteste der vereinigten Namen in der neuen Einheit fort; die übrigen erlöschen („verworfen wegen Synonymie"), treten jedoch nach erneuter Auflösung der Vereinigung in ihre alten Rechte ein. Erhalten durch die Vereinigung mehrerer Gattungen zwei gleiche Artnamen nun auch den gleichen Gattungsnamen, so muß zur Vermeidung von Mißverständnissen der jüngere der Artnamen weichen und durch einen anderen ersetzt werden („verworfen wegen Homonymie"). Da in diesem Falle die Homonymie erst nachträglich erworben worden ist, muß nach einer späteren Wiederauflösung der Gattungs-Vereinigung der ursprüngliche Artnamen-Stand wieder hergestellt werden[1])·

So ist die Nomenklatur zwar genügend beweglich gehalten, um bei taxonomischen Veränderungen die Eindeutigkeit der Benennung immer wieder, auch wo Namen aufeinanderprallen, herstellen zu können, doch geht das Bestreben auf größtmögliche Beständigkeit der Namen, das ist der Sinn des „Prioritätsprinzips". Eine möglichst beständige Bezeichnung der Tiere ist auch Sorge des Stratigraphen, da Tiername und Name der Zeitmarke und von daher weiter auch häufig der Name einer erdgeschichtlichen Zeit das gleiche ist

Umfangreiche Namensänderungen erweisen sich allerdings gerade auf der Basis der Regeln zuweilen als unumgänglich, doch handelt es sich dann immer nur um eine radikale Berichtigung von Fehlbenennungen, die durch Außerachtlassung der Regeln entstanden sind, und über denen beständig die Gefahr willkürlicher Änderungen schweben müßte, würden sie nicht einmal durchgreifend bereinigt. Bei solchen Revisionen werden gelegentlich auch verbreitete und nicht nur im taxonomischen Schrifttum, sondern etwa bei fossilen Formen auch in der stratigraphischen Literatur einen bedeutsamen Raum einnehmende Namen als im Sinne der verbindlichen Regeln ungültig aufgedeckt. In diesen Fällen kann konsequente Anwendung der

---

[1]) S c h m i d t , E. A., Angeborene und erworbene Homonymie. Senckenbergiana 21, 378. Frankfurt 1939. (Vgl. Fußnote 2, S. 122.)

Regeln mehr Verwirrung als Ordnung stiften, daher hat eine
ständige Internationale Kommission das Recht erhalten, auf
Antrag Suspension der Regeln zu gewähren. Die letzten Jahre
haben eine Reihe solcher Anträge gebracht, gerade auch für
Beibehaltung unberechtigter, aber seit Jahrzehnten geläufiger
Fossilnamen, die als Zeitmarken auch in der erdgeschichtlichen
Forschung eine bedeutende Rolle spielen (z. B. Monograptus).
Das Verfahren der Suspension mag gegenwärtig noch etwas um-
ständlich erscheinen, doch wird seine Vereinfachung in den
Reihen der zuständigen Kommission selber vorbereitet.

In dieser Situation zoologischer und paläontologischer Nomenklatur muß es als ein Mißverständnis erscheinen, wenn Beständigkeit der Namen außerhalb der Regeln und geradezu gegen sie
erstrebt wird. So sollen Namen, die über den Kreis der Taxonomen
hinaus bekannt und bedeutsam und einige Jahrzehnte im Gebrauch
sind, wenngleich sich herausstellt, daß sie widerrechtlich benutzt werden (da für den gleichen Begriff ein anderer Name die
Priorität besitzt), pflichtmäßig vom Bearbeiter, der sie entdeckt,
fixiert werden. „Stehen für eine Gattung oder Art zwei oder
mehrere Namen in wissenschaftlichem Gebrauch, so hat der
Bearbeiter jenen Namen als allein gültig festzulegen, dessen allgemeine Einführung die wenigsten Umwälzungen in der bestehenden wissenschaftlichen Literatur zur Folge hat." (H e i k e r-
t i n g e r 1941.)

Nun wird aber mit diesem „Kontinuitätsprinzip" offenbar
nichts anderes erreicht, als was in allen begründeten Fällen auch
auf der Basis des Prioritätsprinzips möglich ist. Was allerdings
dort die Ausnahme ist und so immer wieder erneut entschieden
werden muß, nämlich ein Unrecht oder eine Nachlässigkeit der
Vergangenheit zu legalisieren, weil es das höhere Interesse der
Namen-Beständigkeit verlangt, wird im Kontinuitätsprinzip zum
Grundsatz. Und es wird nicht nur die Willkür der Vergangenheit
geschützt, sondern auch (namentlich in dem oben wörtlich
zitierten Teil der Forderung) für die Gegenwart die Willkür des
Einzelnen erneut in die Nomenklatur eingeführt. Für die Zukunft
würde das gleiche Chaos drohen, das eben erst überwunden ge-
glaubt werden durfte. Eine gemeinsame Erklärung einer Zahl von

Taxonomen hat diese Bedenken ausführlich erläutert[1]). Fast die
Hälfte der Forscher, die in dieser Erklärung an das nomenklatorische Verantwortungsbewußtsein in Geologie und Paläontologie sich richten, sind Stratigraphen. Gerade der Stratigraph
hat das größte Interesse an der Kontinuität der Tiernamen, aber
er kann bei genügender Einsicht in nomenklatorisches Arbeiten
nur die gegenwärtig, wie schon seit 1905, gültigen und verbindlichen Regeln auf der Basis des Prioritätsprinzips als die allein
sichere Grundlage taxonomischer Arbeit und auch als den
sichersten Weg zur begründeten Kontinuität anerkennen.

Es ist sehr wichtig, daß die Namen und die Begriffe, welche
sie kennzeichnen, nicht in der Luft schweben, sondern an den Stoff
über den sie aussagen, auch gebunden sind. Der Gattungsname
ist für alle Zeit an eine Art gebunden, die in der ersten Veröffentlichung der Gattung enthalten und dort ausdrücklich als
Typus bezeichnet ist oder als einzige Art dieser Urveröffentlichung automatisch zum Typus geworden ist. Der Artname ist
an ein bestimmtes Individuum gebunden, das in der Urveröffentlichung der Art hinreichend gekennzeichnet ist (so ist letztlich
auch der Gattungsname und der Gattungsbegriff an ein ganz
bestimmtes konkretes Individuum gebunden). Hat der Autor der
Gattung oder Art versäumt, in der ersten Veröffentlichung den
Typus festzulegen, so hat der erste revidierende Autor die
Pflicht, das Versäumte nachzuholen. Seine Typus-Wahl ist verbindlich. Man spürt auch hier wieder den Geist des „Prioritätsprinzips". Die Gattung kann sich zwar ausdehnen und zusam-
menziehen oder sich verschieben, ihre Achse bleibt jedoch un-
verrückbar das Urbild, der Typus in ihrer Erkenntnisgeschichte.
Der nomenklatorische Typus hat also nichts zu tun mit der
„Norm", einem statistischen Mittel, einer Durchschnittsform,
deren Eigenart sich mit jedem erneuten Anwachsen des Stoffes
aus weiteren Funden verändern müßte und so ständig umstritten
und keineswegs verbindlich wäre.

---

1) R i c h t e r , R., Kontinuität der zoologischen Nomenklatur gegen
die Regeln oder mit ihnen? Zool. Anzeiger **139**, 115. Leipzig 1942. Vgl.
auch: S i m o n , W., Name und Benennung der Tiere. Kontinuität der
zoologischen Nomenklatur. Natur u. Volk **73**, Heft 1, 1943.

Der Typus wird zwar im Schrifttum bekanntgemacht; es ist
aber außerordentlich wichtig, daß dieses Urmaß des Begriffs und
dieser Festpunkt des Namens (einer Art oder Gattung) menschlicher Unzulänglichkeit oder Irrtümern enthoben ist und ständig

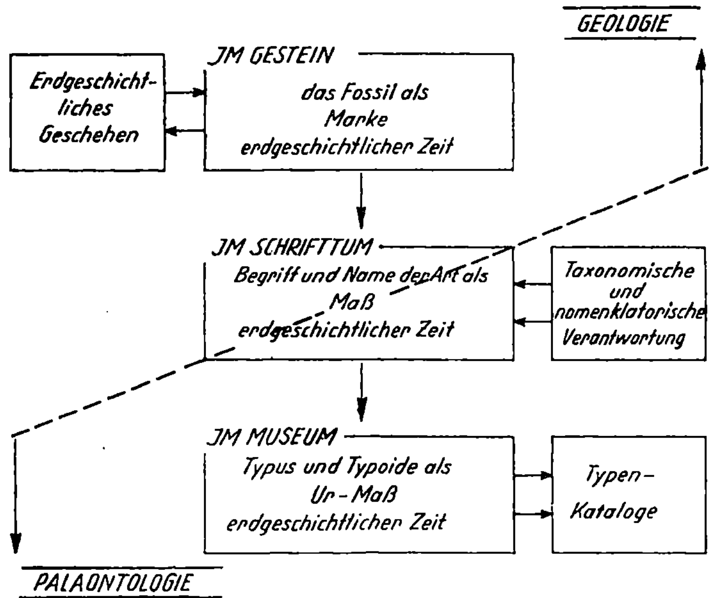

Abb. 49. Erdgeschichte — Paläontologie — Museum — Kataloge. — Aus dem erdgeschichtlichen Geschehen geht das Gestein hervor, das die Fossilien als Zeitmarken für
das hier bezeugte Geschehen birgt. Eichmaß der Zeitmarken sind im Schrifttum Begriff
und Name paläontologischer Arten. Hier ist der Grund, zugleich aber auch die Grenze
erdgeschichtlicher Forschung; hier beginnt der Bereich der Paläontologie. Klarheit der
Artensauberkeit der Zeitmaße kann nur aus taxonomischem und nomenklatorischem Verantwortungsbewußtsein erwachsen. Jedes Maß bedarf eines Urmaßes, jede Art eines
Typus, der im Museum sein Archiv findet. Tür zu diesem Archiv sind die Typenkataloge,
schmale, spröde Bände mit Namen und Ziffern, die unbeachtet und doch unschätzbar
wertvoll sind.

unmittelbarer Nachprüfung zugänglich bleibt, daß namentlich die
Eichung taxonomisch schwieriger und erdgeschichtlich schwer-
wiegender Fossilien nicht auf Papier angewiesen ist, sondern
den Stoff selber greifbar hat. So erhebt sich die Forderung nach
Archiven der Typen, — für den Biostratigraphen: der fossilen
Typen als der Urmaße seiner Zeitmarken. Zusammenfassung

der Typen und aller übrigen Unterlagen für die taxonomische
Einheit auch aus späteren Veröffentlichungen — Typoide — an
wenigen Stätten, die die Sammlung und Pflege wissenschaftlichen
Arbeitsmaterials als Hauptaufgabe betreiben, wäre also auch für
den Geologen eine wertvolle Sicherung. Die paläontologischen
Sammlungen naturwissenschaftlicher Museen sind also Fundament gerade auch der Geologie (Abb. 49).

Allerdings kommt es wesentlich darauf an, daß dem ein Ur-
stück Suchenden auch Nachschlagewerke zur Verfügung stehen,
die ihm die Bestände der einzelnen Museen anzeigen. So wird
gerade der Stratigraph den Wert der an sich so undankbaren
Arbeit zu schätzen wissen, wenn Museumsforscher wissenschaftliche Kataloge der Typen und Typoide[1] ihrer Museen heraus-
geben. Es darf noch einmal gesagt werden, daß der Stratigraph
zu all den Arbeiten am Fundament der Erd- und Lebensforschung,
der Taxonomie und ihrer Hilfstechniken ein ebenso enges Verhältnis gewinnen muß wie der Lebensforscher selber, der dieses
Fundament allerdings zumeist längst als eine niedere Stufe der
Arbeit in weit reizvolleren Aufgabengebieten überwunden zu
haben glaubt und doch eben nur deshalb über ihm steht, weil
er von ihm getragen wird.

5. Wichtige Zeitmarken. Normalmarken. Während die Voraussetzungen für die Verwendbarkeit der Zeitmarken kaum
einmal irgendwo einem breiteren Kreis ausführlich dargelegt
worden sind, werden die Zeitmarken selber, die Leitfossilien,
seit alters in einer großen Zahl von Übersichten in Nachschlage-
und Bestimmungsbüchern vorgestellt. Seit Jahrzehnten fesseln
die, wenngleich veralteten Bildbände von S c h r e i b e r (Eßlingen) die Jugend; der „Petrefaktensammler" von F r a a s hat
schon mehrere Sammler - Generationen betreut. In keiner
Sammlung von Darstellungen aus der Naturwissenschaft fehlt

---

[1] R i c h t e r , R u d., Kataloge als Unterschied zwischen Ansamm-
lung und Sammlung. Vorwort zu: „Die Typen und Typoide des Natur-
Museums Senckenberg. 1. Protozoa." Senckenberg. naturf. Ges. Frankfurt
1939. — R i c h t e r , R u d. u. E. Bedeutung, Aufgabe und Methodik von
Fossil-Katalogen. „Fossilium Catalogus" I. Animalia, Pars. 37, 1928,
Trilobitae neodevonici.

ein kleines Fossilienbändchen. Eine moderne knappe Einführung gibt F. D r e v e r m a n n in der „Verständlichen Wissenschaft": „Meere der Urzeit". Eine anspruchsvolle kritische Übersicht der als Zeitmarken verwendbaren Lebensreste hat für den Fachmann C. D i e n e r 1925 in den „Grundzügen der Biostratigraphie" gegeben, die allerdings selbst unter Geologen noch viel zu wenig bekannt sind. Auf die Normalmarken soll daher in diesem Rahmen nur durch einige ausgewählte Abbildungsreihen und graphische Übersichten hingewiesen werden. Ausführlich beschäftigen wir uns dagegen mit dem erst in den letzten Jahrzehnten in den Vordergrund getretenen oder sich gegenwärtig erst ins Blickfeld drängenden Zweig der Mikropaläontologie und ihrem stratigraphischen Wert. Schließlich wird auch ein für die Stratigraphie ebenfalls hoffnungsreicher Neuling, dessen Bedeutung sich noch nicht abschätzen läßt, besprochen: die Lebensspur.

F o r a m i n i f e r e n. Wenn von Mikrofossilien die Rede ist, denkt man immer zuerst und zumeist an diese Gruppe mariner einzelliger Tiere, denn ihre fossilen Reste stehen mehr als die anderer Lebewesen im Brennpunkt des Interesses, zwar nicht des wissenschaftlichen, aber des technischen, ja volks- und weltwirtschaftlichen: die Bedeutung der Foraminiferen für die Erdölindustrie läßt sich geradezu in den Millionenbeträgen durch sie ersparter Bohrkosten ausdrücken.

Was im Bohrkern der Schürfbohrungen aus den Gesteinen des Untergrundes zutage gefördert wird, ist nur ein winziger und zufälliger Ausschnitt. Es ist von vornherein wahrscheinlich und bestätigt sich immer wieder, daß die sonst gebräuchlichen Zeitmarken in diesen schlanken Kernen nicht oder nur in unzureichenden Bruchstücken gefaßt werden. Die Foraminiferen aber, die als kleine und zahlreiche Fossilien die marinen Ablagerungen des Meso- und Neozoikum durchsetzen, werden auch in Kernen geringsten Durchmessers noch in genügender Menge aufgefunden. In der senkrechten Abfolge ändert sich die Artengemeinschaft rasch; so steht in der jüngeren Erdgeschichte neben der stratigraphischen Gliederung nach Ammoniten oder Mollusken die nach Foraminiferen; jene gibt das Maß, diese das an jenem geeichte unentbehrliche Werkzeug der Mineralölsuche die nun planmäßig an Hand dieser Zeit- und Schichtmarken den Untergrund nach den an bestimmte stratigraphische Niveaus gebundenen erdölhöffigen Gesteinsfolgen abtasten kann. Die Foraminiferen bekunden laufend die Annäherung der Bohrung an die gesuchte Zone, bezeugen ihr Erreichen auch bei örtlichem Aussetzen der Ölführung und geben so das Zeichen zum Abbrechen der Arbeit, die also von ihnen gesteuert und vor unnützem Aufwand bewahrt wird.

Zoologisch gehören die Foraminiferen zu den Rhizopoda, den Wurzelfüßern, einzelligen Lebewesen, deren Zelleib nackte, formwechselnde Scheinfüßchen ausstreckt, die zur Bewegung und Nahrungsaufnahme dienen. Das Protoplasma wird von einem Gehäuse aus Kalk, Chitin oder verkitteten Sandkörnchen umgeben, das meist durch Scheidewände in einzelne Kammern gegliedert ist (Kammerlinge) oder eine durchgehende Röhre bildet. Jede der Kammern, die von einer Anfangskammer ausgehend nacheinander angebaut werden, besitzt eine kleine Öffnung; die der jüngsten Kammer ist zugleich die Gehäuseöffnung und Austritt der Scheinfüße. Nach dem alten Namen der Kammeröffnungen, „Foramen", werden die Tiere dieser Gruppe „Foraminiferen" benannt. Die Tiere gehören meistens zum Plankton; ihre räumliche Verbreitung und damit ihre biostratigraphische Bedeutung sind also groß.

Bis ins Paläozoikum reichen die Foraminiferen zurück. Großen stratigraphischen Wert gewinnen sie erstmalig im Karbon mit den Gattungen Fusulina (spindelförmig) und Schwagerina (kugelig). Die Formen erreichen mit 1 cm Durchmesser ungewöhnliche Größe; dabei sind sie so häufig, daß sie ganze Gesteinsbänke in dichter Packung aufbauen. In der Kreidezeit und im frühen Tertiär (Eozän) werden noch einmal Riesenformen so häufig, daß sie das Gesicht der Ablagerungen bestimmen, vor allem in den scheibenförmigen Nummuliten. Eine übersichtliche Gliederung der Foraminiferengeschichte vom Devon bis zur Gegenwart, von der der Abschnitt seit der Zechsteinzeit wegen der Ölhöffigkeit dieser Schichten für die Praxis besonders wichtig ist, hat W e d e k i n d 1937 gegeben. Eine Zusammenstellung der wichtigsten Zeitmarkentypen aus dieser Arbeit gibt Abb. 58 wieder.

Eine Aussage ist den Foraminiferen nicht ohne weiteres abzugewinnen. Aufbereitung des Gesteins; Ausschlämmen, Auslesen des Schlammrückstandes und mikroskopische Untersuchung
sind erforderlich. So hebt sich diese Gruppe von Zeitmarken
arbeitstechnisch von den zuvor genannten ab. W e d e k i n d hat
sie mit den Korallen zum Kreis der „Mikrobiostratigraphie" vereinigt, der da beginnen soll, „wo besondere Methoden notwendig
werden", das mit bloßem Auge nicht mehr zu erkennende Material
aus einem Gestein zu gewinnen oder undurchsichtige Objekte
durchsichtig zu machen. Sie nimmt den Kampf mit der Kleinheit
und Undurchsichtigkeit auf und ist daher darauf angewiesen,
mit besonderen Methoden zu arbeiten und diese dauernd zu verbessern. Mikroorganismen jeglicher Art und Korallen sind die
Gegenstände ihrer Forschung. Abgesehen davon, daß mit diesem
Begriff der Name „Mikrobiostratigraphie", der eher an eine
Feingliederung der Fossilienfolge (unbekümmert um die Eigenart
der Fossilien selber) denken läßt, nicht leicht zur Deckung zu
bringen ist, erscheint doch auch die Gemeinschaft der Mikrofossilien mit den Korallen künstlich zu sein. Entscheidend für
die Sonderstellung der Mikrofossilien ist ja nicht, daß besondere
Methoden zu ihrer Durchdringung notwendig sind, sondern
warum sie notwendig sind, nämlich, weil diese Fossilien so überaus winzige Abmessungen haben (während bei den Korallen die
mikroskopische Untersuchung der Aufhellung der Struktur
dient). Diese Eigenart ist deshalb bedeutsam, weil aus ihr
den kleinsten Proben eines Gesteins noch Zeitmarken erwachsen.
Neben den Foraminiferen ist eine zweite Gruppe des Tierreiches, die Ostrakoden (Muschelkrebse), und aus dem Pflanzenreich sind die Sporen und der Blütenstaub stratigraphisch überaus
wichtige Mikrofossilien (Abb. 60, 62).

6. Mikromarken. Was in diesem Abschnitt zusammengefaßt
wird, ist keine biologische Einheit. Auch wird es nicht durch
besondere Methoden der wissenschaftlichen Durchdringung eine
erkenntnistechnische Einheit. Der Begriff der Mikro-Paläontologie ist nur von der geologischen Anwendung her gesehen berechtigt. Mikro-Paläontologie liefert Marken, die sie vor den

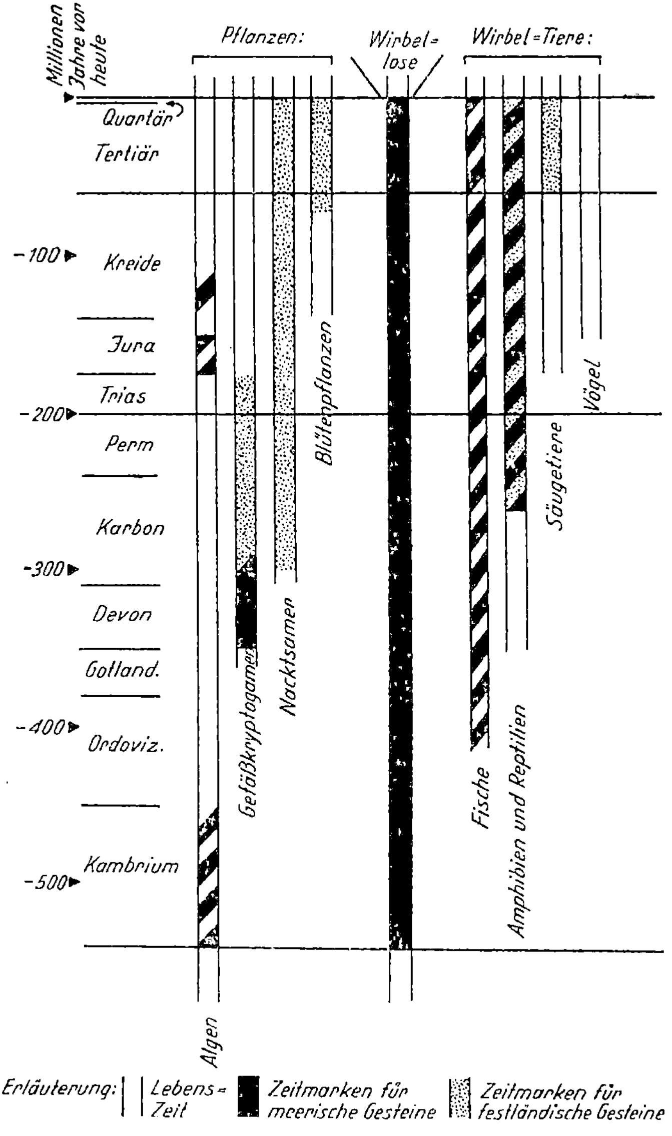

Abb. 50. Stratigraphische Bedeutung der Tiere und Pflanzen.

176

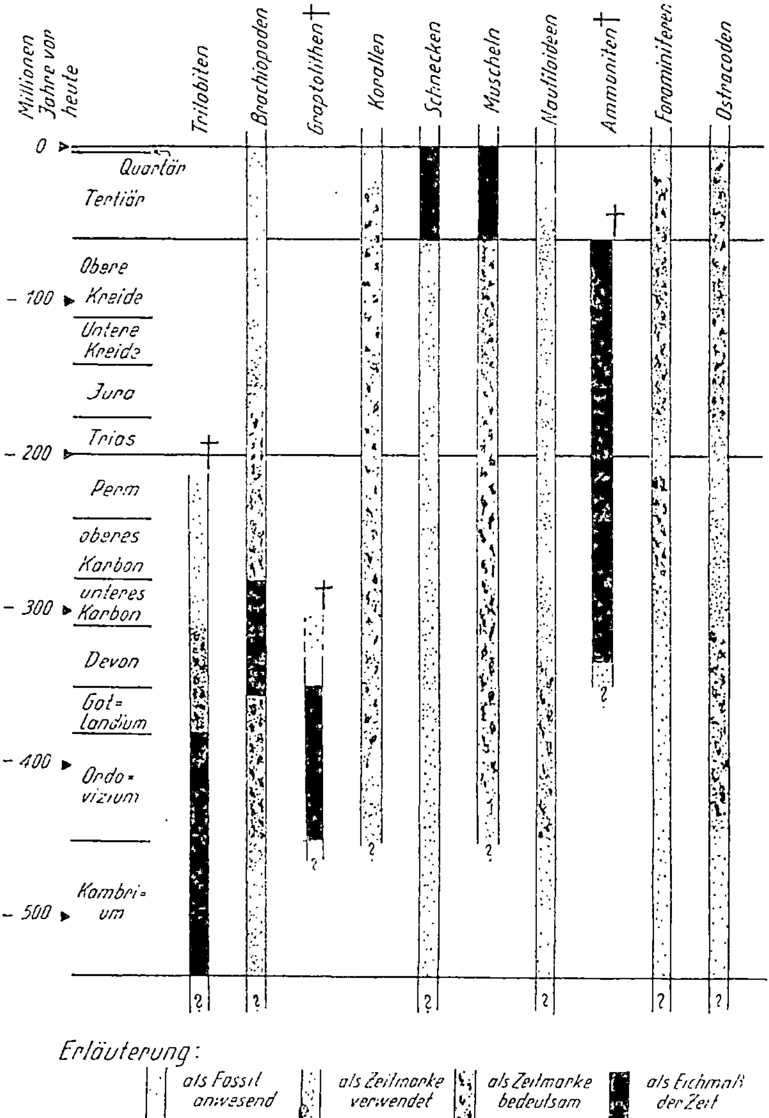

Abb. 51. Die stratigraphischen Hauptgruppen der Wirbellosen und ihre Bedeutung als Zeitmarken meerischer Ablagerungen.

anderen durch zwei Eigenschaften auszeichnen: sie sind sehr klein und zugleich sehr häufig. Ihre besondere und unersetzliche stratigraphische Bedeutung geht aus den folgenden Einzeldarstellungen hervor. Allerdings ist jedes Zeitgerüst aus Mikromarken an den Normalmarken zu eichen, soll seine Aussage verwendbar sein.

M u s c h e l k r e b s e. Die Muschelkrebse, Ostrakoden, sind zumeist nur wenige Millimeter groß, besitzen aber wie die übrigen Krebse wohlausgebildete Kiefer und Gliedmaßenpaare und Antennen. Ihre Panzerung besteht aus zwei winzigen, kalkigen oder hornigen Klappen, die Muschelklappen ähnlich sein können und seitlich getragen werden, oben in einem Schloß ineinandergreifen und durch einen Schließmuskel (in der Regel in der Mitte der Klappen anhaftend) geöffnet und geschlossen werden können. Diese Gehäuse sind als Fossilien seit dem frühesten Paläozoikum bekannt. In ordovizischen Kalken des Baltikums sind sie so häufig, daß sie als „Beyrichienkalke" geradezu gesteinsbildend auftreten. Ebenso häufen sie sich in den „Cypridinen-Schiefern des deutschen Oberdevons.

In älteren Übersichten über die wichtigsten Zeitmarken wird man Ostrakoden kaum begegnen. Noch in D i e n e r s „Grundzügen der Biostratigraphie" 1925 können sie in wenigen Zeilen abgetan werden. Inzwischen haben sich die Ostrakoden jedoch in steigendem Maß als Zeitmarken bewährt. Im Gotlandium haben U l r i c h und B a s s l e r 1923 der Clinton-Stufe eine Zonengliederung nach Ostrakoden geben können. Die zeitzeichnende Bedeutung der Formen im Carodoc-Abschnitt der ordovizischen Zeit hat E. A. S c h m i d t 1941[1]) an einer Untersuchung des Fossilinhalts böhmischer Schichten gezeigt. Das rheinische Oberdevon ist von M a t e r n 1929 nach den Wandlungen in dieser Tiergruppe eingeteilt worden. V o l k 1938 übertrug diese Gliederung auch auf Thüringen. So gewinnt das Paläozoikum mehr und mehr neben der Zeitteilung nach Graptolithen, Trilobiten, Brachiopoden, Goniatiten die Gliederung nach Kleinfossilien, die auch im schlanken Bohrkern noch in ausreichender Anzahl anzutreffen sind. S c h m i d t hat ihnen eine Rolle vor-

---

[1]) Vgl. Fußnote 2, S. 166.

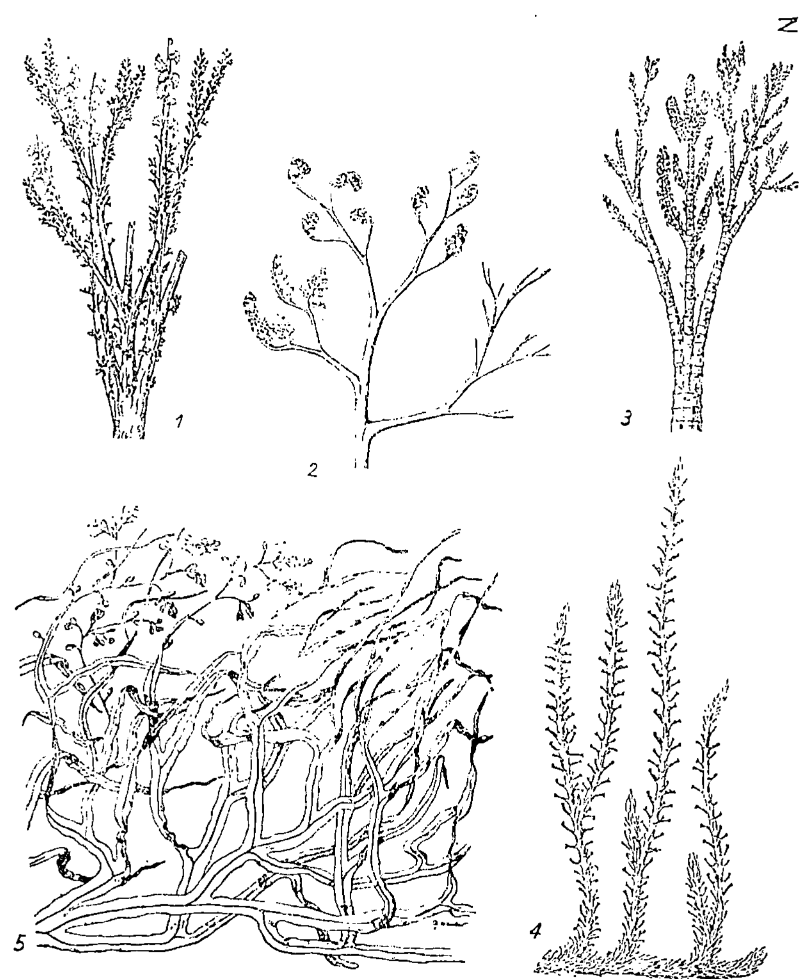

Abb. 52. Pflanzen des Unter- und Mitteldevon. — 1. Vorfahre der karbonischen Altfarne im rheinischen Mitteldevon (Cladoxylon) nach K r ä u s e l und W e y l a n d , 1926; 2. Pflanzenreste aus dem böhmischen Mitteldevon (Protopteridium), die im Bau der Sporangiensprossen an die Farne erinnern, nach K r ä u s e l und W e y l a n d , 1926. — 3. Vorfahre der karbonischen Schachtelhalmgewächse im Devon des Rheinlands (Calamophyton) nach K r ä u s e l und W e y l a n d , 1926. — 4. Bärlappgewächs im rheinischen Mitteldevon (Protolepidodendron) nach K r ä u s e l und W e y l a n d 1932. — 5. Typische Pflanzen der Devonzeit (Taeniocrada): Psilophyten, früher für eine Alge (Haliserites) gehalten, nach K r ä u s e l und W e y l a n d , 1930.

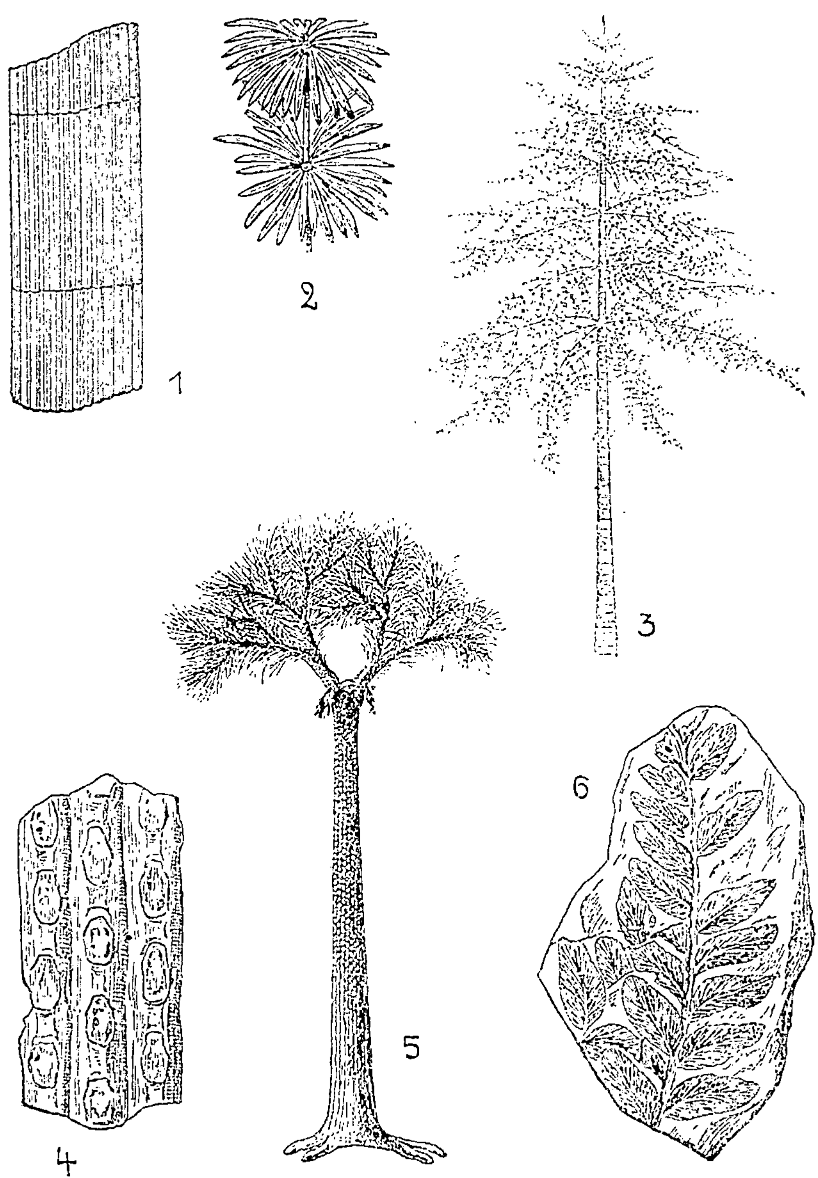

Abb. 53. Pflanzen der Karbonzeit. — 1.—3. Stammstücke, Blatt (Annularia) und Wiederherstellungsversuch eines karbonischen Schachtelhalms. — 4.—5. Stammstück mit Blattnarben und Wiederherstellungsversuch eines Bärlappbaumes (Sigillaria). — 6. Karbonischer Altfarn (Neuropteris). (Nach verschiedenen Autoren aus E n d r i ß 1927 zusammengestellt.)

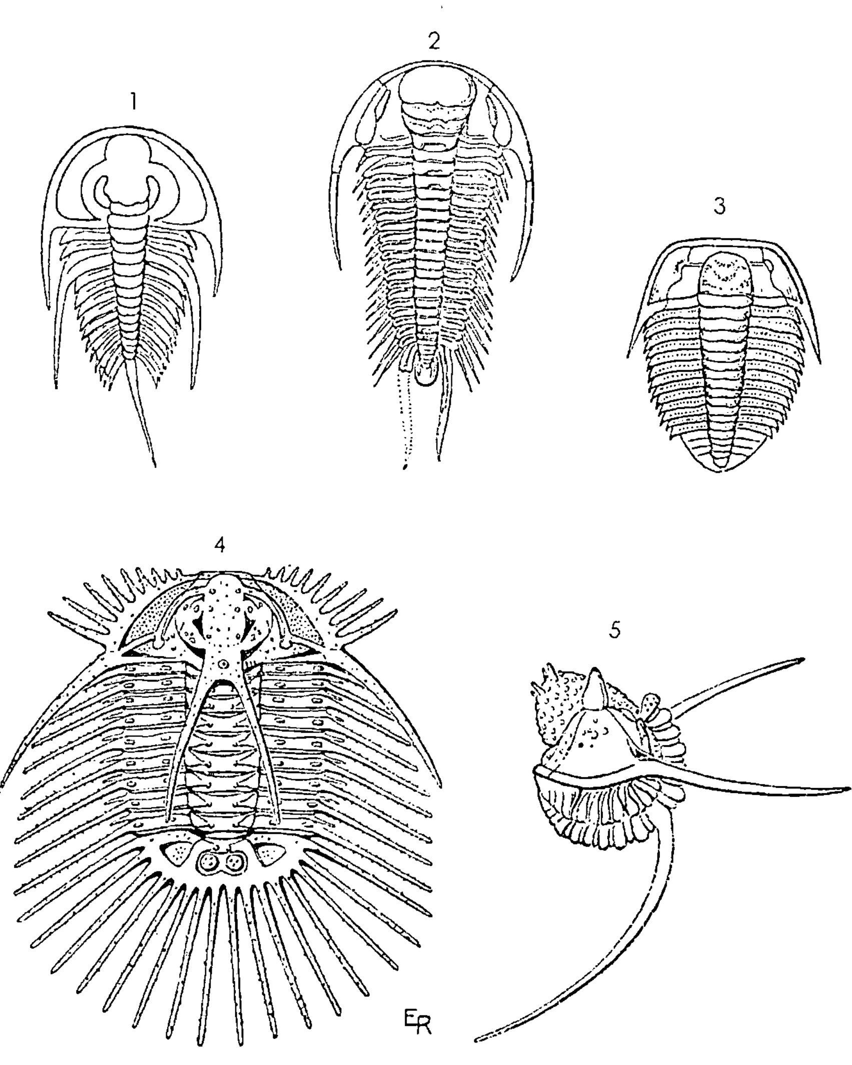

Abb. 54. Trilobiten (Dreilappkrebse). — 1. Olenellus (Unterkambrium). — 2. Paradoxides (Mittelkambrium). — 3. Olenus (Oberkambrium). — 4. Radiaspis (Mitteldevon). — 5. Otarion, eingerollt (Mitteldevon). — (1.—3. aus K a y s e r, 4.—5. aus R i c h t e r.)

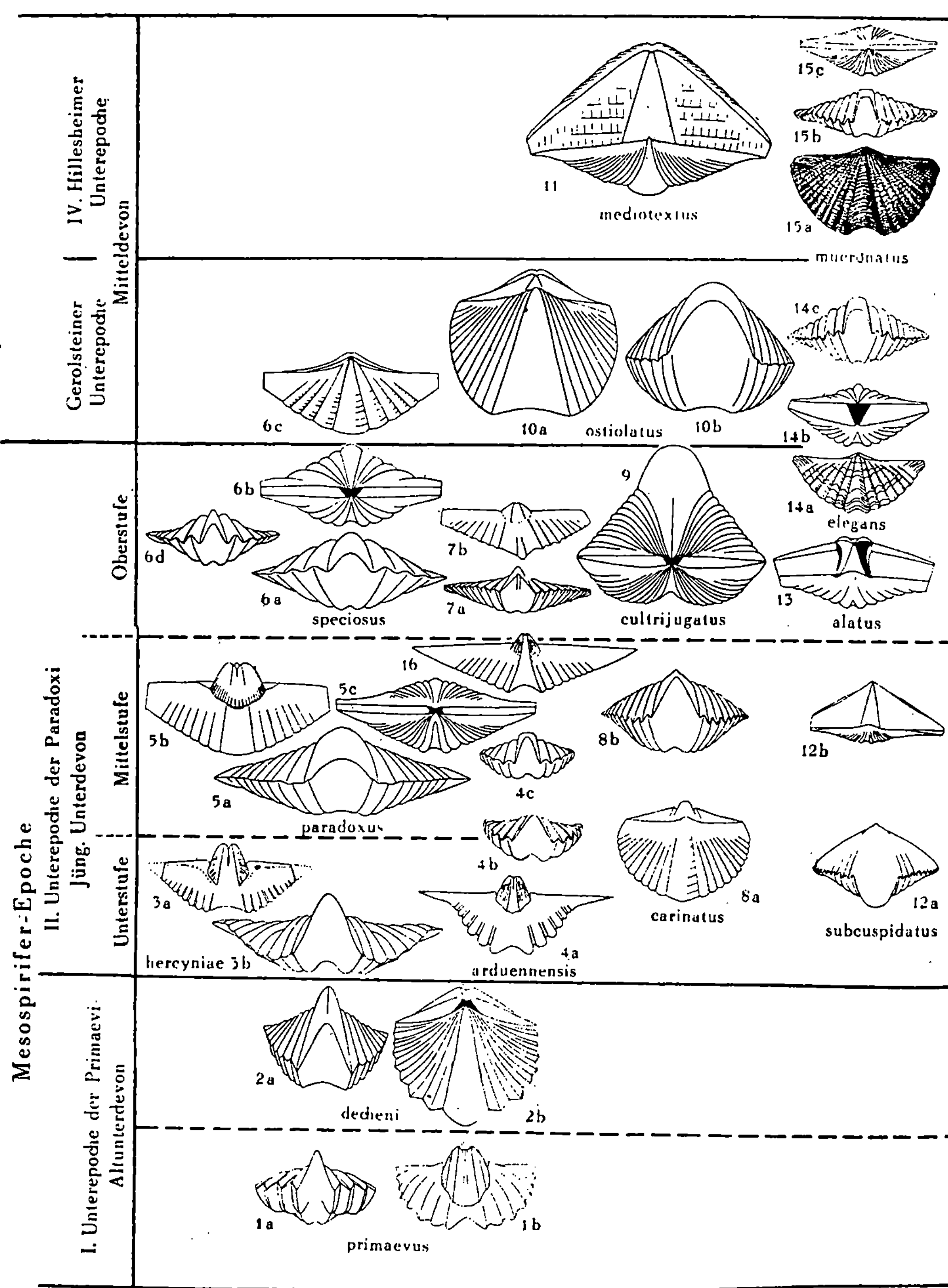

Abb. 55. Brachiopoden der Devonzeit. (Die Zeitmarkengattung *Spirifer*.) (Tafel 27 aus W e d e k i n d s „Einführung in die Grundlagen der historischen Geologie", 1935.)

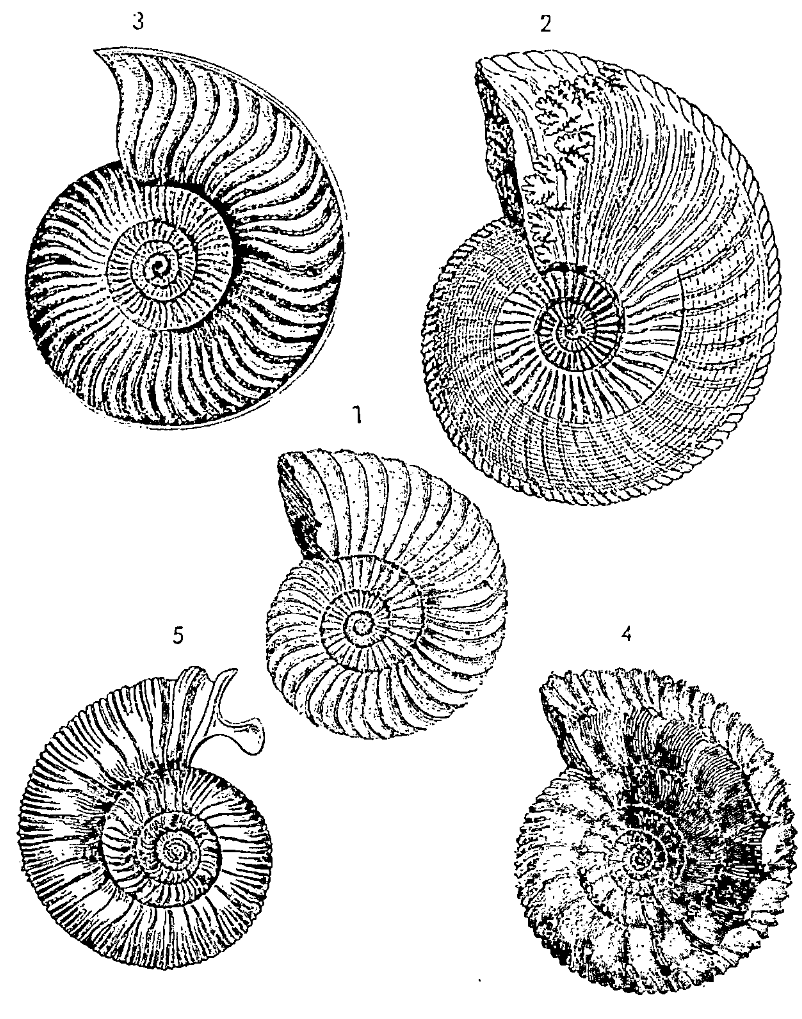

Abb. 56. Marken-Ammoniten der Jurazeit. — 1. Schlotheimia angulata (unterer Lias). — 2. Amaltheus margaritatus (mittlerer Lias). — 3. Harpoceras radians (oberer Lias). — 4. Stephanoceras (Dogger). — 5. Perisphinctes inconditus (Malm). — Der Jura gliedert sich von unten nach oben in *Lias-Dogger-Malm*. (1.—3. aus K a y s e r , 5. aus Z i t t e l.)

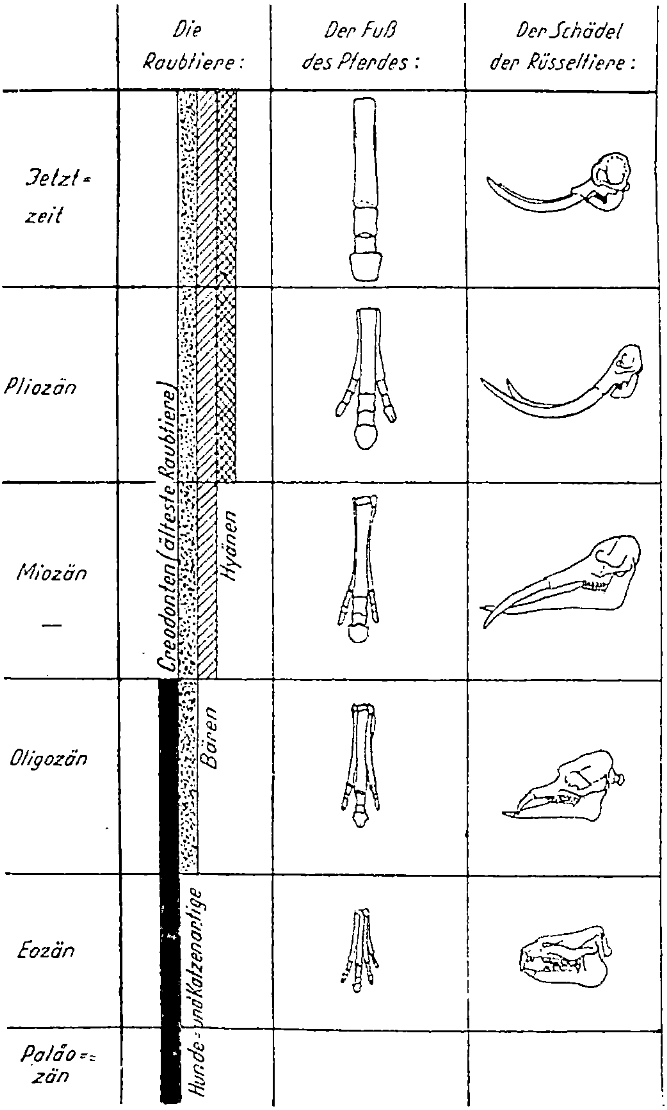
Die Raubtiere:
Der Fuß des Pferdes:
Der Schädel der Rüsseltiere:
Jetzt-zeit
Pliozän
Miozän
Oligozän
Eozän
Paläo-zän
Creodonten (älteste Raubtiere)
Hyänen
Bären
Hunde- und Katzenartige

Abb. 57. Aus der Entwicklung der Säugetiere zur Tertiärzeit. (Die Entwicklungsreihen geben kein vollständiges Bild, sondern kennzeichnen nur den Wandel im Laufe der Zeit; nach Unterlagen verschiedener Autoren.)

ausgesagt, die derjenigen der Foraminiferen im Meso- und Neozoikum vergleichbar werde.

Die Bedeutung der Ostrakoden ist jedoch keineswegs auf das Paläozoikum beschränkt. F a h r i o n wies 1941 darauf hin, daß sich der früheste Abschnitt (Pannon) den jüngsten Tertiärzeit (Pliozän) in fünf Horizonte aufteilen lasse (nach F r i e d e l), wozu allerdings Makrofossilien nicht geeignet seien, da sie nicht überall anwesend sind, dagegen Mikrofossilien, und zwar gerade Ostrakoden, ein hervorragendes Werkzeug bildeten. Daß dieser Hinweis im Zentralorgan für Erdölpraxis und Erdölforschung („Öl und Kohle") geschieht, beleuchtet die immer deutlicher sich abzeichnende Bedeutung der Ostrakoden weit über den Rahmen der Grundlagenforschung hinaus: als Marken in Erdölbohrungen in Gebieten, in denen die meso- und neozoischen Schichten, die als erdölhöffig untersucht werden, arm an Foraminiferen sind. Daß sie neben diesen einmal das zweitwichtigste Hilfsmittel zur rationellen Erbohrung von Versuchsfeldern werden, sieht man schon heute. Wann ihnen diese Aufgabe mit der gleichen Sicherheit wie den Foraminiferen übertragen werden kann, hängt von der Zeit ab, in der es gelingt, den taxonomischen Grundlagen die unbedingte Zuverlässigkeit, dem Fundstoff die nötige Klarheit zu geben. Die mit taxonomischem Taktgefühl und vorbildlicher Gründlichkeit durchgeführten Studien von E. T r i e - b e l [1]) lassen bereits die innere Ordnung der Tiergruppe durchschauen und geben damit den stratigraphischen Aussagen ihrer Einheiten den gesicherten Grund.

B l ü t e n s t a u b (P o l l e n a n a l y s e). Schon die Braunkohle der Tertiärzeit kann nach der Abfolge bestimmter Blütenstaubtypen in verschiedene Zeitstufen aufgeteilt werden[2]). Besonders wichtig aber werden die Pollen in- den Torfmooren Europas als Spiegel der Waldgeschichte seit dem Rückgang der Vereisung vor etwa 12 000 Jahren. Allerdings ist in dieser letzten Spanne der Erdgeschichte die Zeitaussage des Blütenstaubs von besonderer Eigenart. Sie kommt nicht durch die

---

[1]) T r i e b e l s Arbeiten erscheinen in der Senckenbergiana, Frankfurt a. M.

[2]) T h i e r g a r t , F r., Die Mikropaläontologie als Pollenanalyse im Dienst der Braunkohlenforschung. Verlag Tuke, Stuttgart 1940.

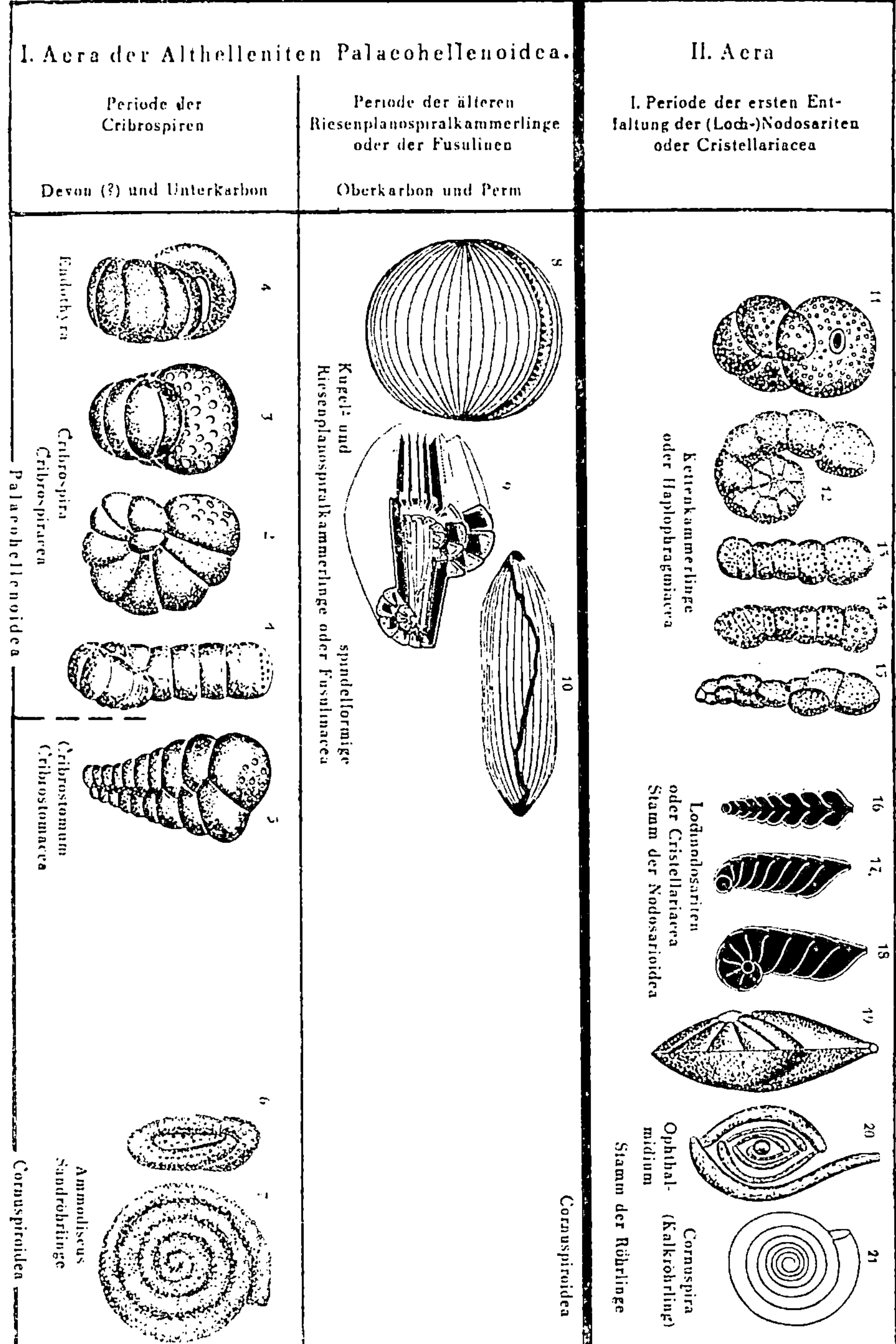

Abb. 58. Die Perioden **Wedekinds** in der Entwicklungsgeschichte der Foraminiferen. (Aus R. **Wedekind**: Einführung in die Grundlagen der historischen

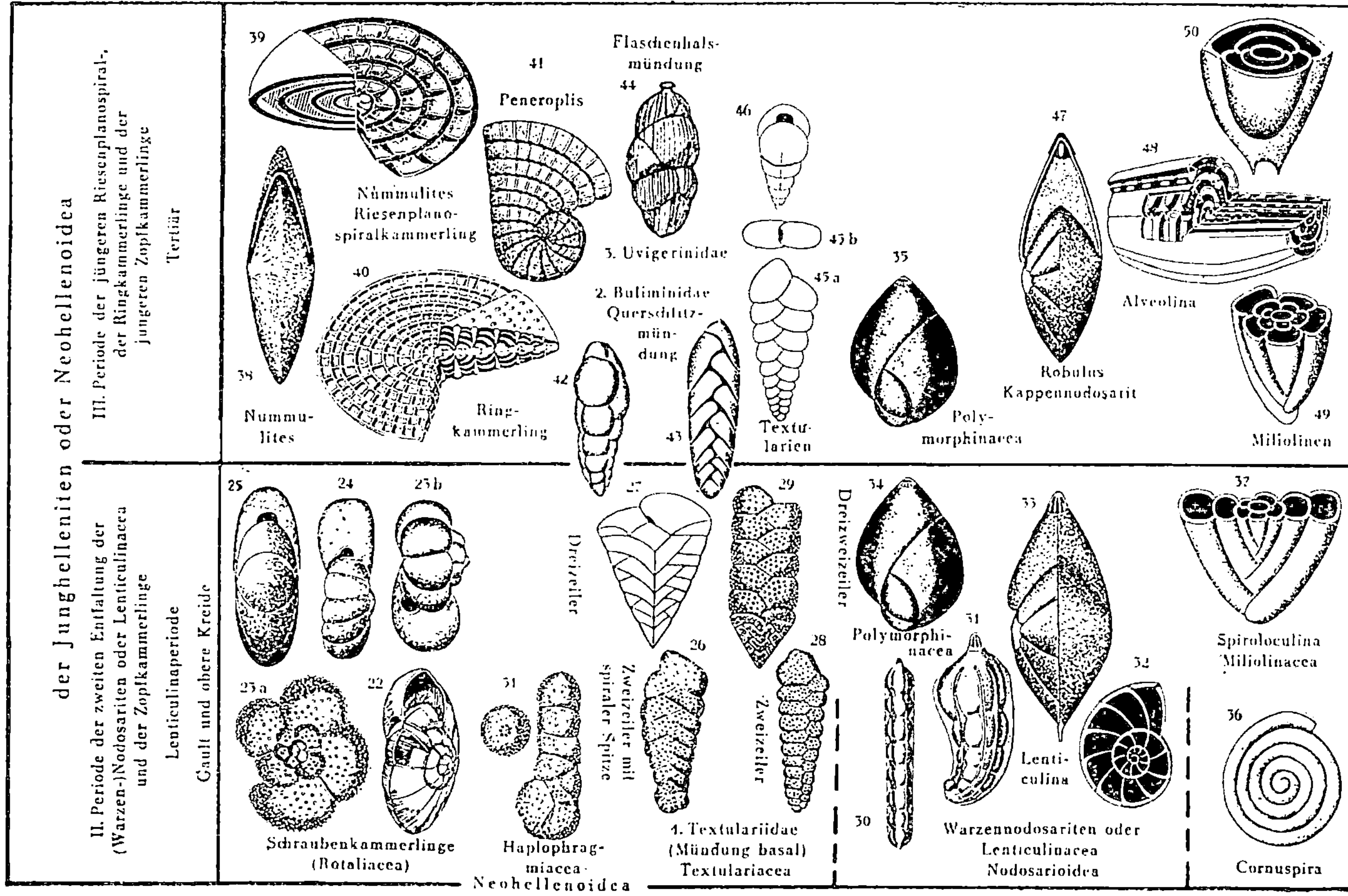

Geologie. II. Bd.: Mikrobiostratigraphie. Die Korallen- und Foraminiferenzeit. Stuttgart, 1937, F. Enke-Verlag.)

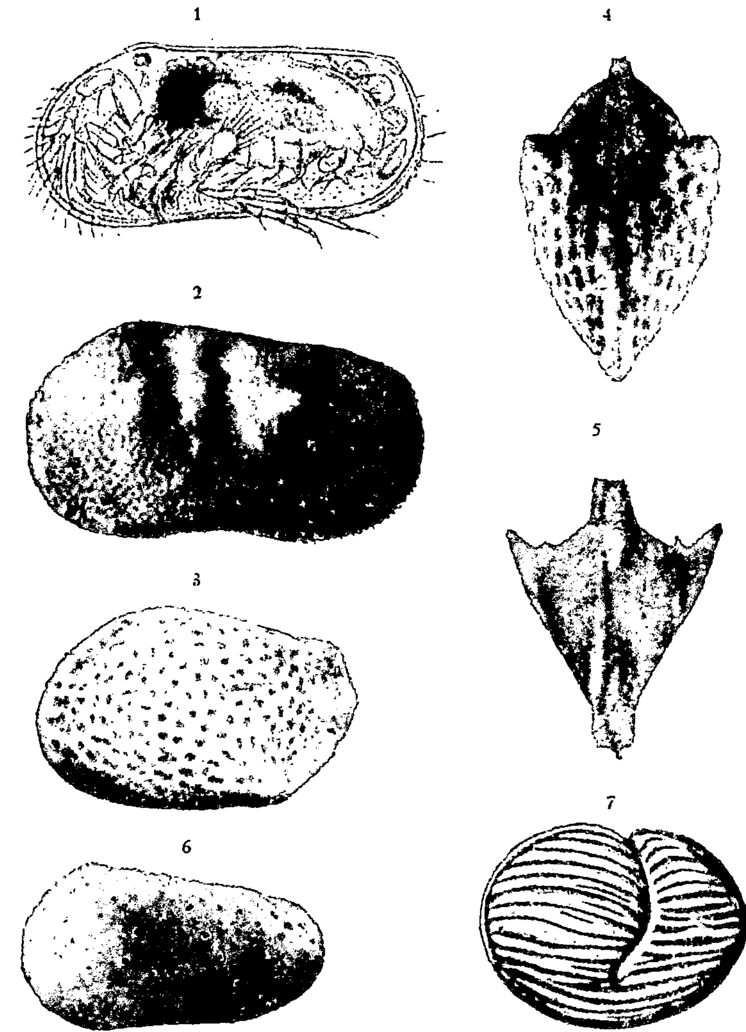

Abb. 59. Ostrakoden (Muschelkrebse). — 1. Ein Tier der gegenwärtig lebenden Gattung Gomphocythere in 64facher Vergrößerung. Ansicht von links, linke Klappe entfernt. — 2. Ilyocypris. Gegenwart. Linke Schalenhälfte, 60fache Vergrößerung. — 3. Loxoconcha. Tertiär (Miozän, Torton). Linke Klappe, 60fach. — 4. Das gleiche. Gehäuse von unten, 60fach. — 5. Brachycythere. Obere Kreidezeit (Senon). Rechte Klappe, 60fach. — 6. Leptocythere. Jurazeit (Dogger). Linke Klappe, 75fach. — 7. Entomis. Devon. Linke Klappe, 24fach. (Aus E. T r i e b e l , 1941.)

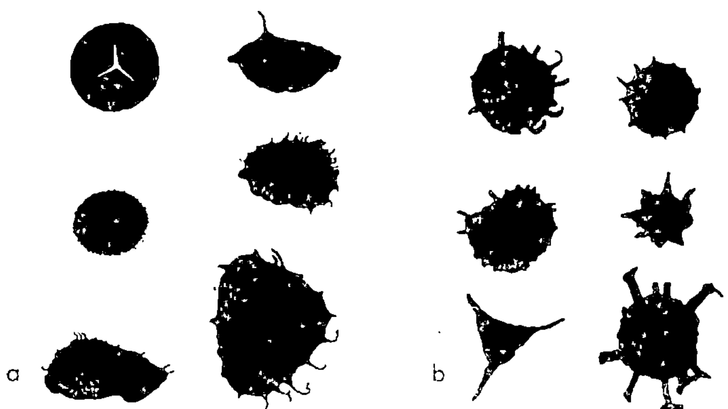

Abb. 60. a) Sporen aus dem Mitteldevon von Elberfeld. (Nach K r ä u s e l und W e y l a n d , 1929.) b) Hystrichosphaerideen aus dem Ordovicium von Herscheid im Sauerland. (Nach E i s e n a c k , 1939.) — Die Formenverwandtschaft beider Gruppen legt den Verdacht nahe, daß es sich bei den Hystrichosphaerideen auch um Pflanzensporen handelt.

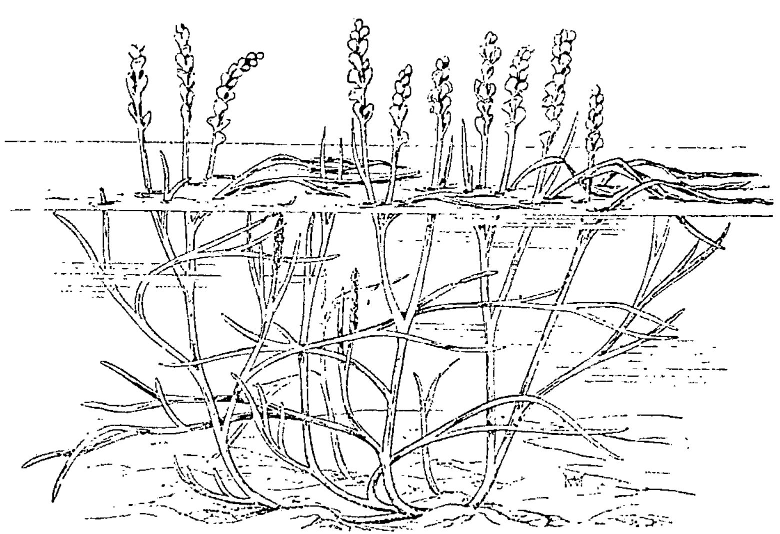

Abb. 61. Psilophytengewächs im seichten Wasser am Strand des rheinischen Unterdevonmeeres. Über das Wasser ragen die ährenähnlichen Sporenständer mit den kurzgestielten, nierenförmigen Sporenkapseln. (Aus K r ä u s e l und W e y l a n d , 1935.)

Folge entwicklungsgeschichtlich einander ablösender Typen zustande, sondern durch ein klimatisch gesteuertes, allmähliches Ein- und Auswandern gleichzeitiger Typen in das vom Eis befreite Europa. Nicht der Wandel der Formen, sondern der in Veränderungen des Lebensraumes bedingte Wandel ihrer mengenmäßigen Verteilung schafft die Zeitmarkierung. Pollenstratigraphie ist nicht Formenkunde, sondern Formenstatistik, ist quantitative Analyse. Dieser Sonderfall in der erdgeschichtlichen Zeitbestimmung, der weit über die Geologie hinaus bedeutsam ist und eine unentbehrliche Sicherung auch der Prähistorie bildet, beansprucht in dieser gedrängten Übersichtsdarstellung einen etwas breiteren Raum[1]). Voraussetzung für die Pollenforschung ist, daß die an einer Stelle niedergelegten Pollen in ihrer mengenmäßigen Verteilung zuverlässiges Zeugnis für die Zusammensetzung des Waldes sind, von dessen Bäumen sie herrühren. Fehlerquellen sind da unvermeidlich: Die Stärke der Pollenerzeugung ist bei den verschiedenen Waldbäumen sehr verschieden, bei den Laubbäumen geringer als bei den Nadelhölzern, zudem sind ihre Blühjahre weiter auseinandergezogen. Manche Pollenarten, allerdings gerade der für den Aufbau des Waldes weniger wichtigen Bäume, sind nur schwer erkennbar (Lärche, Erle) oder weniger erhaltungsfähig (Pappel, Eibe, Rosen). (Abb. 62.)

Eine weitere Störung ist die Verschiedenheit der möglichen Windverwehung der Pollen, die oft über 100 km geht. Kritische

[1]) Aus dem umfangreichen Schrifttum werden hier einige kurzgefaßte Übersichten genannt, von denen auch die Abbildungen dieses Abschnitts entnommen sind oder angeregt wurden: P. S t a r k : Das Klima der Postglazialzeit, erläutert an der Waldgeschichte Oberschwabens. Natur u. Museum **59**. Frankfurt a. M. 1929. — F. F i r b a s : Pollenforschung und Waldgeschichte. Die Umschau **44**, 452. Frankfurt a. M. 1940. — F.· F i r b a s : Vegetationsentwicklung und Klimawandel in der mitteleuropäischen Spät- und Nacheiszeit. Die Naturwissenschaften **27**, 1939. — M. S a u r a m o : Die Geschichte der Wälder Finnlands. Geol. Rundschau **32**, 579. Stuttgart 1941. — J. B a a s : Das Todesjahr unseres Ur's wird festgestellt. Bos primigenius Boj. in der Lebensgruppe „Frankfurter Urlandschaft". Natur u. Volk **66**, 520. Frankfurt a. M. 1936. — J. B a a s : Der älteste Haushund der Welt im „Senckenberg". Natur u. Volk **68**, 469. Frankfurt a. M. 1938. — E. W e r t h und J. B a a s : Wie alt sind Viehzucht und Getreidebau in Deutschland? Natur u. Volk **64**, 495. Frankfurt a. M. 1934.

Vergleiche der Zusammenhänge zwischen jüngeren Pollenniederschlägen in den Mooren der Gegenwart und der Baumgemeinschaft in den umgebenden Waldgebieten haben jedoch bewiesen, daß trotzdem das „Pollenspektrum" wenigstens im großen das Waldgebiet zuverlässig spiegelt. Der erste, der derart aus den Mengenverhältnissen der Pollen im Torf auf die mengenmäßige

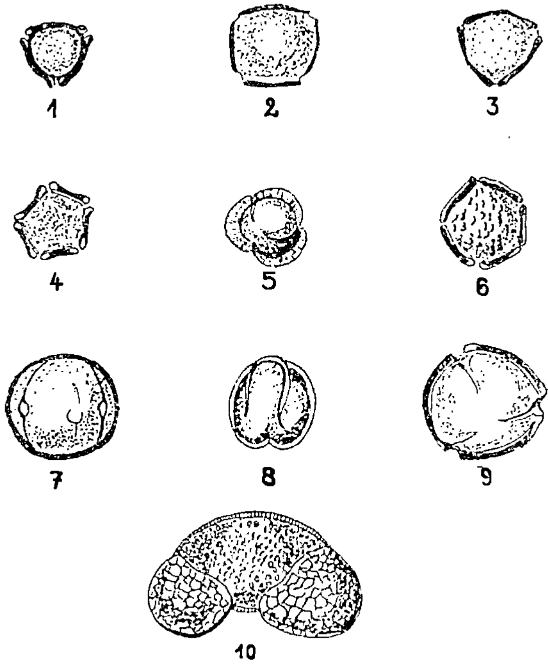

Abb. 62. Die Sporen unserer Waldbäume. — 1. Birke (Betula). — 2. Hainbuche (Carpinus). — 3. Haselnuß (Corylus). — 4. Erle (Alnus). — 5. Weide (Salix). — 6. Ulme (Ulmus). — 7. Buche (Fagus). — 8. Eiche (Quercus). — 9. Linde (Tilia). — 10. Kiefer (Pinus). (Nach S t a r k , 1929.)

Zusammensetzung der Wälder zu ihrer Entstehungszeit schloß, war der deutsche Moorforscher C. A. W e b e r , 1893. Ausgebaut wurde die heute verwendete Methode der Analyse durch den Schweden L. v. P o s t während des ersten Weltkrieges. In Deutschland sind vor allem die Namen B e r t s c h , F i r b a s , R u d o l p h , S t a r k mit der Entwicklung der Pollenanalyse verbunden.

Das Material, das für eine Pollenanalyse benötigt wird, ist
sehr gering. Im allgemeinen wird 1 cm³ Torf entnommen, aber
auch kleinere Mengen, die zwischen den Knochen eines Schä-
dels oder an einem Steinbeil noch haften, genügen. Aus der

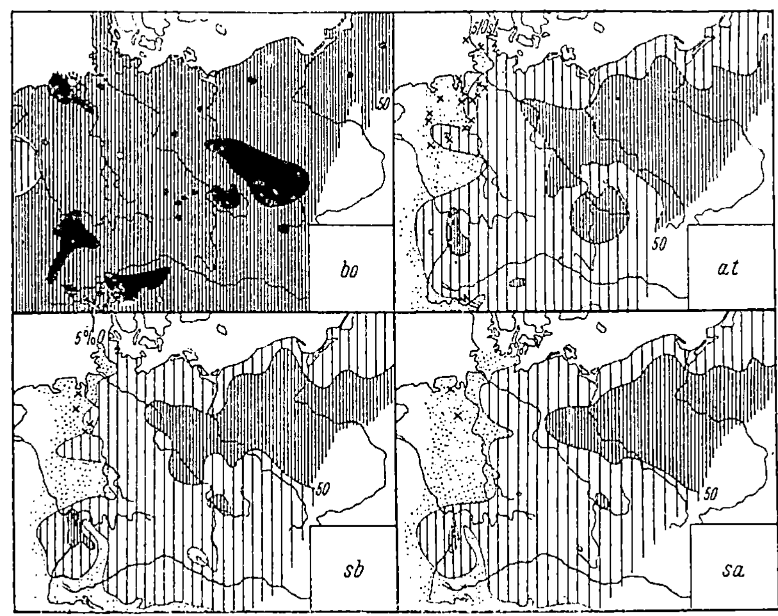

Abb. 63. Die Wandlung in der relativen Pollenhäufigkeit der Kiefer während der
letzten 8000 Jahre. — *bo* — boreale (frühe Wärme-) Zeit; *at* = atlantische (mittlere
Wärme-) Zeit; *sb* = subboreale (späte Wärme-) Zeit; *sa* = subatlantische (Nachwärme-)
Zeit; schwarz: über 80 % Kiefernpollen; engschraffiert: 50 bis 80 % Kiefernpollen; weit-
schraffiert: 5 bis 50 % Kiefernpollen; punktiert: unter 5 % Kiefernpollen; Kreuze: Holz-
funde. — Die Kiefer zieht sich nach großer Verbreitung zur borealen Zeit in die warmen
und trockenen Gebiete zurück. (Aus F i r b a s , 1940.)

Probe werden unter dem Mikroskop einige hundert Pollenkörner
abgezählt; der Anteil jeder Pollenart läßt sich daraus errechnen.
Die Haselnuß, die nicht zu den eigentlichen Waldbildnern gehört, wird aus praktischen Gründen aus der Summe, aus der der
Hundertsatz ermittelt wird, zunächst ausgeschlossen und erst
nachträglich darauf bezogen, so daß die Haselwerte gelegentlich
100 % übersteigen können.

192

Analysen von Proben, die aus übereinanderlagernden Torfschichten in möglichst dichten Abständen entnommen werden,
sind also Abbild der Waldgeschichte. Natürlich ist diese Geschichte nicht kontinentweit gleich verlaufen, sondern mit den
Klimabezirken verschieden; in Schweden und Finnland weichen
die Verhältnisse von denen in Deutschland ab. Immerhin kann
man in Mitteleuropa für weite Gebiete aus zahlreichen Profilen
einen übereinstimmenden Verlauf erkennen. (Abb. 63.)

Das erste Moor, das von B e r t s c h pollenanalysisch untersucht wurde, ist das Reichermoor in Oberschwaben. Was hier
erkannt worden ist, hat im Grundsatz die Ergebnisse vieler späterer Untersuchungen vorweggenommen. Die Schichtenfolge
läßt als Ortsgeschichte eine Verlandung erkennen, die in dem
Nacheinander von Moränenablagerung, Ton, Mudde und der
verschiedenen Torfbildungen bezeugt ist; dreimal sind Baumhorizonte als Zeugnis eines wiederholten Wechsels von trockenen und vernäßten Phasen eingeschaltet. Zugleich aber hat
dieses kaum 5 m hohe Profil die Waldgeschichte von der letzten
Vereisung bis heute festgehalten. Gleichartigen Verlauf zeigt
als eines von vielen anderen Beispielen das Wilde Ried im Federseegebiet (Abb. 64). Schließlich kommt man zu folgenden
Epochen der Waldgeschichte, die entsprechend der Raumfolge
ihrer Urkunden von oben nach unten als vom jüngsten zum
ältesten aufgeführt werden:

7. Kulturzeit. Der Mensch ersetzt den Urwald mehr und mehr
durch die planvollen Pflanzungen seiner Forstwirtschaft.

6. Zeit der Buchenwälder. Die Buche beherrscht das Waldbild. Wärmeliebende Gehölze erleiden Gebietsverlust.

5. Zeit der Eichenmischwälder. Wärmeliebende Gehölze:
Eiche, Linde, Ulme (zusammengefaßt: Eichenmischwald), Erle,
Tanne und Buche verstärken ihren Anteil. Erle und Hainbuche
treten zum erstenmal auf.

4. Hasel-Zeit. Anfangs beherrscht die Kiefer noch den Wald,
wird aber dann in ihrer Rolle von der Haselnuß abgelöst. Haupteinmarsch der Fichte. Die Gehölze des Eichenmischwaldes und
die Erle gewinnen an Bedeutung.

3. Kiefern-Zeit (Waldkiefer). Zunächst noch kältefeste Gehölze, später auch anspruchsvollere: Hasel Eiche, Linde, Ulme
Erle, Fichte; sehr selten Tanne und Buche.

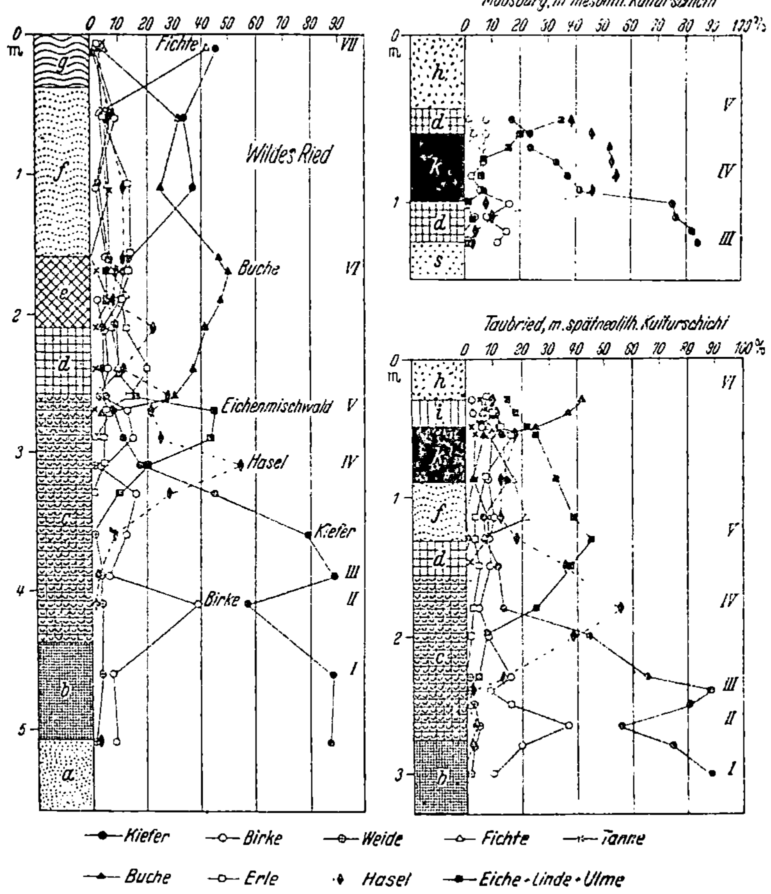

Abb. 64. Die nacheiszeitliche Waldgeschichte Mitteleuropas, gespiegelt im Pollenschaubild des Wilden Rieds im Federseegebiet (die römischen Ziffern bezeichnen Stufen
der Waldgeschichte) und ihre Parallelisierung mit der Vorgeschichte. Eine spätneolithische
Kulturschicht erweist sich als dem Ausgang der Eichenmischwaldzeit angehörend, eine
mesolithische Schicht hat das Alter der Haselzeit.

2. Reine Kiefern- und Birkenwälder. Eintöniger Wald aus
diesen beiden kältefesten Gehölzen. Größenstatistische Unter-

194

Jahres-zählung	Klimageschichte	Wald-geschichte	Kultur-geschichte
Gegenwart	Nachwärmezeit (Subatlantikum) feucht und kühl	Kulturzeit	Geschichtliche Zeit
			Eisenzeit
+0	Späte Wärmezeit (Subboreal) . . . warm und trocken	Buchenzeit	Bronzezeit
			Jungsteinzeit
	Mittlere Wärmezeit (Atlantikum) . . . warm und feucht	Eichenmischwald-zeit	
— 5000	Frühe Wärmezeit (Boreal) . . . warm und trocken		Mittelsteinzeit
	Vorwärmezeit (Präboreal) . . kühl und trocken	Haselzeit	
— 10 000		Waldkiefern-, Birken-, Bergkiefern-, Tundren-zeit	Altsteinzeit

Abb. 65. Geschichtstabelle der Nacheiszeit. — Die Abgrenzungen der Epochen gegen-einander (punktierte Linien) geben nur einen ungefähren Anhalt für deren Zeitbereiche; in Wirklichkeit sind statt der Grenzen allmähliche Übergänge vorzustellen. (Zusammengestellt aus Unterlagen von B a a s , F i r b a s und S t a r k.)

suchungen der Kiefernpollen zeigen, daß die frühe Kiefer die
Bergkiefer ist, deren führende Rolle erst allmählich von der
Waldkiefer übernommen wird.

b) Birken-Zeit.

a) Bergkiefern-Zeit.

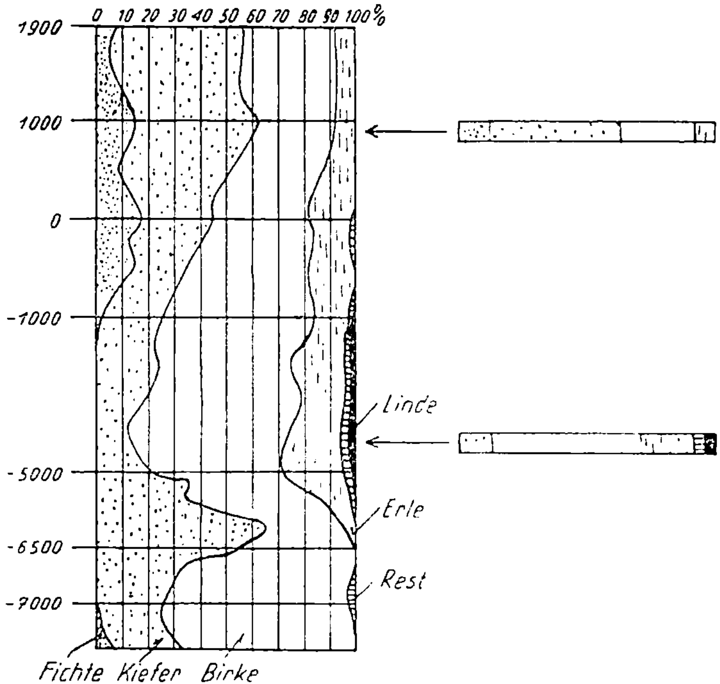

Abb. 66. Das Einzeiten von Pollenspektren in das Schaubild der Waldgeschichte am
Beispiel Westfinnlands (gezeichnet unter Verwendung eines Diagramms von M. S a u -
r a m o , 1941). An Stelle dieser Art der Darstellung, die den Vorteil der Augenfälligkeit
von Aufteilung und Verschiebung der Hundertsätze besitzt, wird zumeist vorgezogen, den
Anteil jeder Pollenart einzeln von 0 % an zu rechnen und als Punkt (Kreis, Dreieck usw.)
festzulegen, um so den Wert immer wieder unmittelbar ablesen zu können.

1. Waldlose Zeit: Pflanzen der nordischen Tundra. Ganz ver-
einzelt Pollen von Weide, Birke, Kiefer.

Die Parallelisierung dieser Epochen der Waldgeschichte mit
denjenigen der nacheiszeitlichen Klimageschichte und der Prähistorie, dazu die Einordnungen dieser Entwicklungen in das

196

Gerüst der Jahreszählung, gibt die Tabelle (Abb. 65), wobei die Grenzen allerdings nur behelfsmäßig für die in Wirklichkeit allmählichen Übergänge stehen.

Die stratigraphische Auswertung der Pollenanalyse besteht in der Eichung des Pollenspektrums einer Fundschicht an dem für

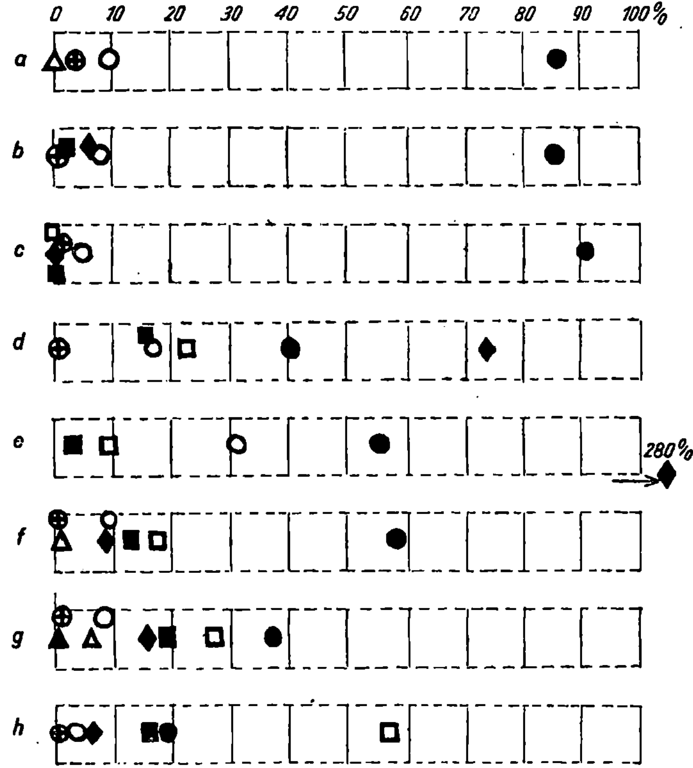

Abb. 67. Das Pollenspektrum als Zeitmarke. (Als Eichtafeln und zur Erläuterung der Symbole vgl. Abb. 64.) — a) Torfstücke aus dem Senckenbergmoor in Frankfurt d. M. Waldkiefernzeit; b) Torfreste aus dem Urschädel (Abb. 70) im Senckenbergmoor. Beginn der Haselzeit; c) Torfreste von dem Hundegerippe (Abb. 71) im Senckenbergmoor. Beginn der Haselzeit; d)/e) Pollenbild von Haushundresten in Dänemark. Fortgeschrittene Haselzeit; f) Pollenbild von dem Schädel eines Hausrindes von Hohenzahden bei Stettin. Erstes Drittel der Eichenmischwaldzeit; g) Pollenbild vom Schädel des Kurzhornrindes (Abb. 69) aus der Glückstädter Marsch. Erstes Drittel der Eichenmischwaldzeit; h) Pollenbild aus einem Ton im Gelände des Bremer Schlachthofes, in dem Getreidekörner (Gerste) gefunden wurden. Beginnende Eichenmischwaldzeit. (Pollenspektren nach Angaben von W e r t h und B a · a s , 1934; B a a s , 1936, und B a a s , 1938.)

das jeweilige Gebiet gültigen Musterprofil, wie es Abb. 66 am Beispiel Westfinnlands in einem sehr augenfälligen Schaubild zeigt. Die in Deutschland übliche Art der graphischen Darstellung dieser Verhältnisse (vgl. Abb. 64, 67, 68) ist zwar für den ersten Blick weniger übersichtlich, gestattet aber, den Anteil jeder Pollenart am Hundertsatz unmittelbar abzulesen. Nicht die Aufteilung des Hundertteil-Standes in die von den einzelnen Arten beanspruchten Streifen wird dargestellt, sondern der Wert jeder Art punktförmig durch ein eigenes Symbol (Birke = offener Kreis, Eichenmischwald = gefülltes Quadrat) an dem ihm zugeordneten Teilstrich eingetragen.

Beim Neubau des Chemischen Instituts der Universität Frankfurt waren im Jahre 1914 die Ablagerungen eines Torfmoores, die sich in einem Altarm des Mains über tertiären Tonen und Kalken gebildet hatten, zu entfernen. Dabei wurden durch das Naturmuseum Senckenberg das Gerippe eines Urs (Bos primigenius) und eines Hundes (Canis poutiatini) geborgen. (Abb. 70 und 71.) Zwei Jahrzehnte später konnte mit dem Rüstzeug der inzwischen ausgebauten und schon bewährten Pollenanalyse die genaue Datierung dieses Fundes versucht werden. So konnten zunächst der Ur und einige 1914 ebenfalls ausgehobene Torfreste aus dem See, in dem das Tier einst ertrunken sein muß, in das Profil einer nunmehr am Fundort im „Senckenberg-Moor" niedergebrachten Bohrung genau eingegliedert werden. (Abb. 68.) Daraus ergab sich weiter die geschichtliche Stellung (Pollenspektren, Abb. 67): Die Torfreste entstammen der Waldkiefern-Zeit; der Ur ist zur beginnenden Hasel-Zeit eingebettet worden. Daß der Hund ein Zeitgenosse des Urs ist, konnte aus Fraßrillen am Oberarmknochen des Urs geschlossen werden, die dem Gebiß des Hundes genau entsprechen. Der Hund hatte den Urkadaver angefressen und war dabei selber ertrunken; die Pollenanalyse erbrachte die Bestätigung (Abb. 67 b, c). Der Hund ist nach M e r t e n s dem Dingo des heutigen Australien sehr nahe verwandt; es handelt sich um einen sehr frühen Haushund des mittelsteinzeitlichen Menschen, wie die vergleichende Tabelle in Abb. 65 ausweist. Andere sehr alte Haushundfunde sind aus Dänemark bekannt. Ihre Pollenspektren (Abb. 67 d und e) weisen jedoch aus, daß sie deutlich jünger als der

198

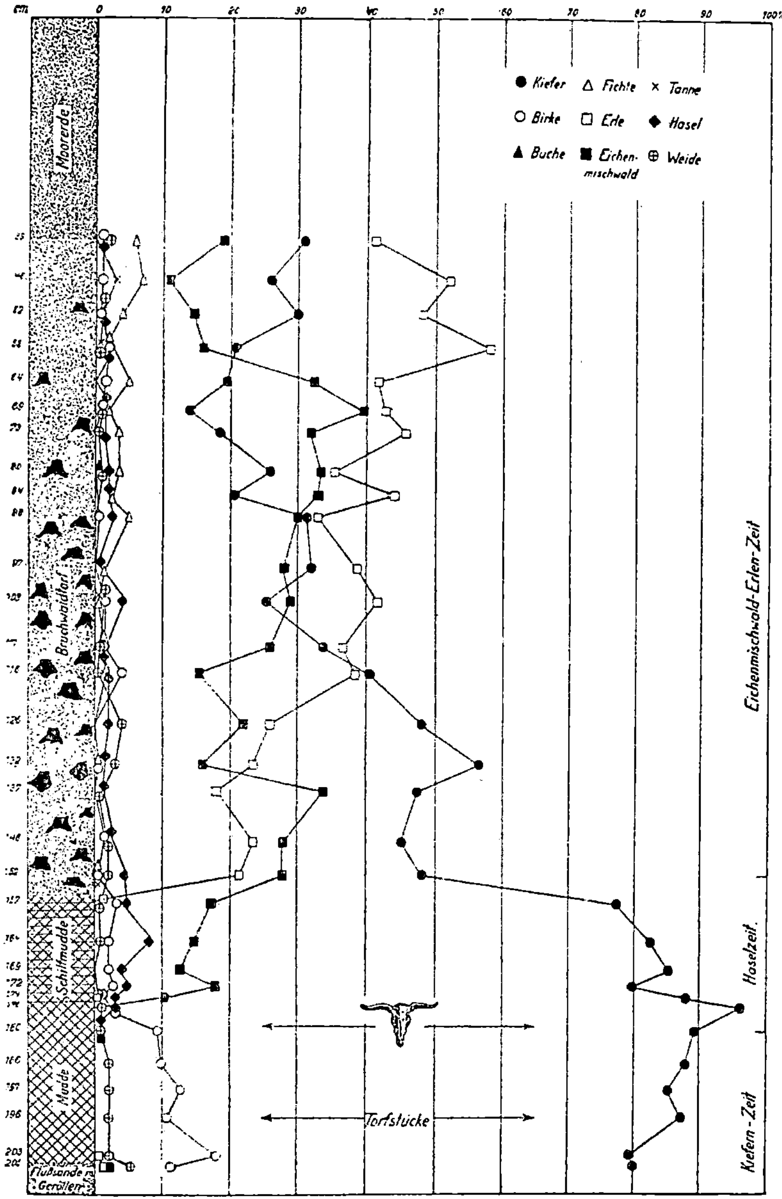

Abb. 68. Das Pollenschaubild des Profils aus dem Senckenbergmoor. (Aus B a a s , 1936.)

199

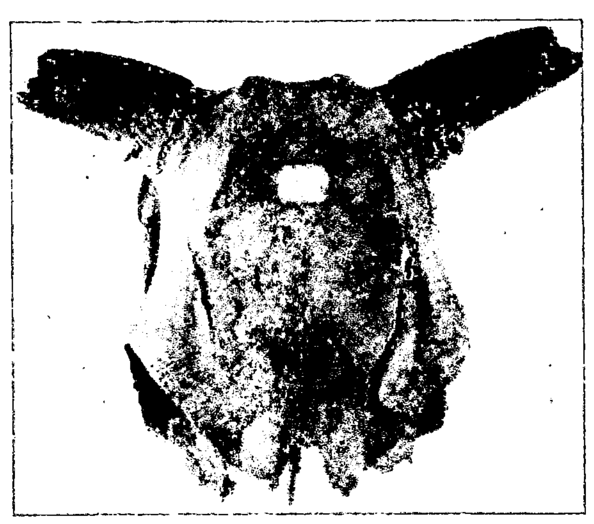

Abb. 69. Schädel des Kurzhornrindes (Bos brachyceros) aus der Glückstädter Marsch. (Nach einer Aufnahme von S t e h l i n , aus W e r t h und B a a s , 1934.)

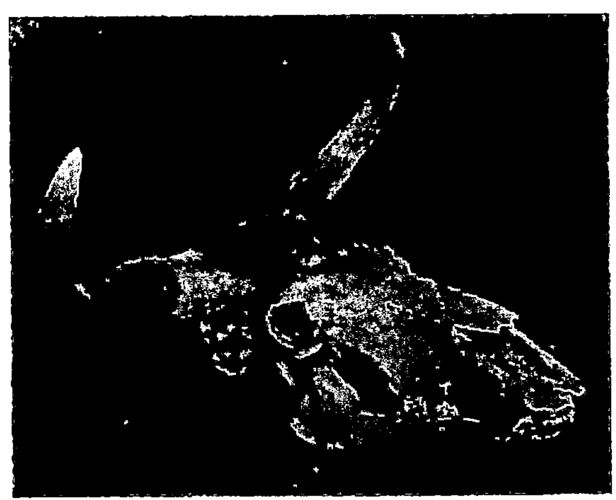

Abb. 70. Schädel des Urs aus dem Senckenbergmoor. (Aufnahme: Natur-Museum Senckenberg; aus ,,Natur und Volk'', 1936.)

Senckenberg-Hund sind; sie gehören der schon fortgeschrittenen
Hasel-Zeit an. Der Frankfurter Hund ist dann der bisher älteste
Haushundfund der Welt. Ein anderes frühes Haustier des Menschen, das Rind, ist in der Glückstädter Marsch und in Hohenzahden bei Stettin gefunden worden. Auch hier konnte mit Hilfe

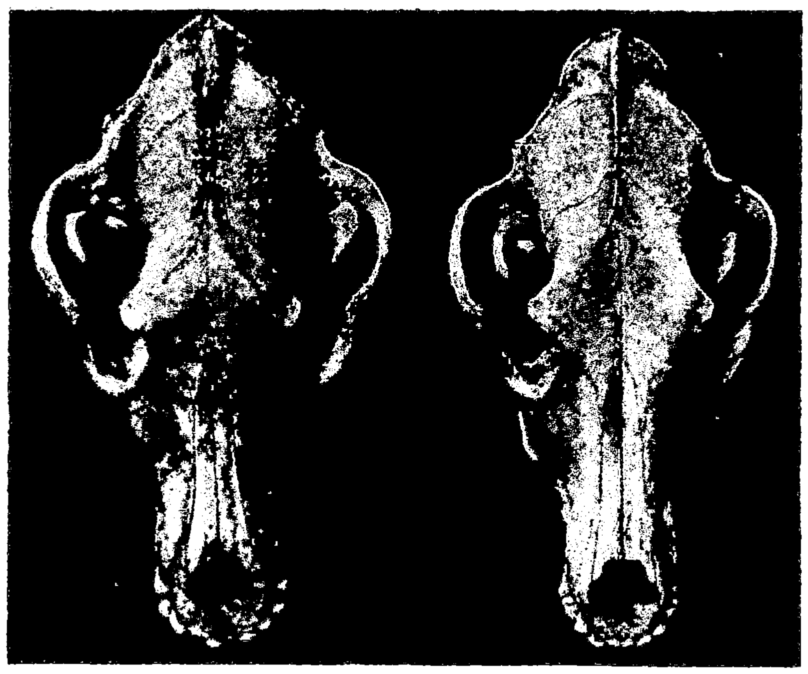

Abb. 71. Der Hund aus dem Senckenbergmoor (links) und der Dingo aus dem heutigen
Australien (rechts), Schädel von oben. (Aus „Natur und Volk", M.e r t e n s , 1936.)

der Pollenanalyse (Abb. 67 f und g) das Alter genau festgestellt
werden. Beide Funde gehören dem ersten Drittel der Eichen-
mischwald-Zeit, kulturgeschichtlich also der mittleren Steinzeit
an. Ein ebenso überraschend hohes Alter hat durch „Einzeiten
nach Blütenstaub" für den Fund von Getreidekörnern (Gerste)
in einer Bohrung des Bremer Schlachthofes nachgewiesen werden
können. (Abb. 67 h.) Sie gehören der beginnenden Eichenmisch-

a)

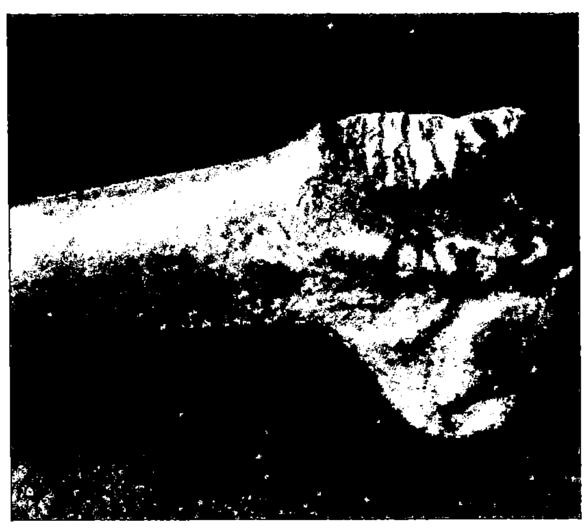

b)

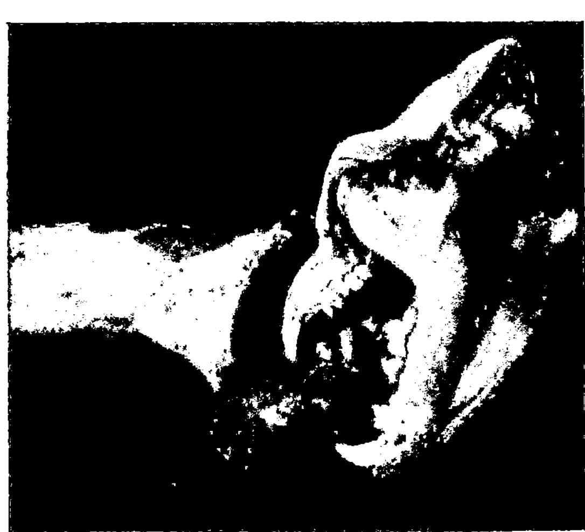

Abb. 72. Oberarmknochen des Urs mit Fraßrillen, die genau den Zähnen des Hundes entsprechen. — a) Der Oberarmknochen allein, — b) in Verbindung mit dem Hundeschadel. (Aus ,,Natur und Volk'', M e r t e n s , 1936.)

202

wald-Zeit an und sind gleichfalls mesolithisch. In ihnen liegt das
älteste Zeugnis von Getreide in Deutschland vor, wie in den
zuvor genannten Funden die ältesten Zeugen von Haustierzucht
auf deutschem Boden vorliegen.

So besitzt die Nacheiszeit die exaktesten Zeitmarken der Bio·
stratigraphie überhaupt. Was in früheren Abschnitten als Gefahr
und Fehlerquelle des erdgeschichtlichen Vergleichs gezeigt
werden mußte, Verzögerung der Ausbreitung von Arten durch
hindernde Umwelt, führt hier, weil offenbar und in allen Einzelheiten verfolgbar, gerade zuerst zur Entstehung dieser Marken.
Zusammen mit den Bändertonen gibt die Pollenanalyse der
Nacheiszeit die Möglichkeit einer echten Mikrostratigraphie,
einer Feingliederung der Schichten und damit des in ihnen be-
urkundeten Geschehens. Möglich ist die Mikrobiostratigraphie
allerdings nur — und in diesem einen Fall hat der Philosoph
recht, der die Gegenwart als notwendigen Bezugspunkt erdgeschichtlicher Forschung sieht —, weil die klimatisch bewegte
und gewiß nicht alltägliche Zeit dieser letzten 12 000 Jahre zugleich eben die uns nächste Epoche der Erdgeschichte bildet.

7. Lebensspuren. Wohnbauten von Schlammbewohnern in
schwarzen Tonschiefern verraten, daß der hier bezeugte alte
Meeresboden keineswegs (wie die Gesteinsfarbe zu erweisen
scheint) vergiftet, sondern ein normaler Lebensraum war. Kriech-
fährten auf Schichtflächen zeigen einen Grund im Flachmeer an;
Fußabdrücke in roten Sandsteinen berichten, daß da, wo man aus
dem Gestein auf Wüstenbildungen schließen möchte, zumindest
keine gänzlich tote Einöde vorzustellen ist. Die Bedeutung der
Lebensspuren in der erdgeschichtlichen Forschung ist groß und
verschiedenartig; daß sie sich aber sogar auf die Biostratigraphie
erstreckt, ist verwunderlich; denn die Fährten und sonstigen
Zeugnisse, die ein Tier auf seinem Weg durch seinen Lebensraum hier und da hinterlassen hat, sind weit weniger differen-
ziert als das Tier selber und bestehen zumeist aus außerordentlich einfachen Elementen. (Abb. 73, 1—5.)

Das jüngste und zugleich eindringlichste Beispiel für die Zeitgebundenheit und also den Zeitmarkencharakter auch von Lebens-

spuren ist der Fall Tomaculum. Gebilde, die B a r r a n d e 1872 aus dem böhmischen Ordovizium als Eier unbestimmter Herkunft beschrieben hat, werden von R u d. und E. R i c h t e r 1939 in Aufsammlungen K. B e y e r s aus den ebenfalls ordovizischen Herscheider Schiefern des Sauerlandes wiederentdeckt: Es sind

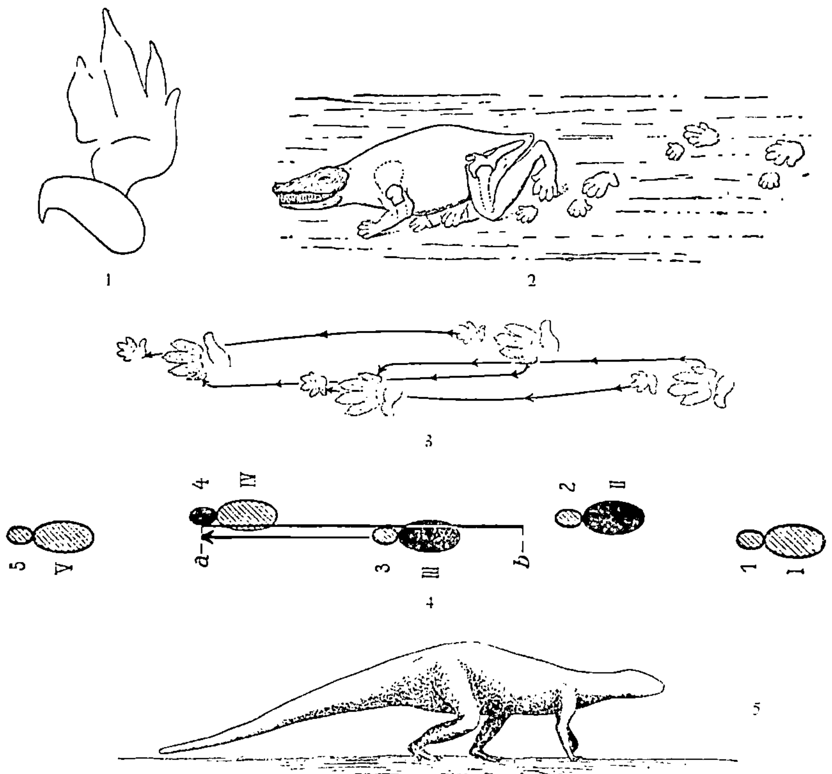

Abb. 73 Eine Lebensspur als Zeitmarke der unteren Triaszeit: Chirotherienfährten aus dem Buntsandstein. -- 1. Fußabdruck des Chirotherium auf einer Sandsteinplatte aus Thüringen; 2. Chirotherium hat nichts als seine Fährten hinterlassen. Das Tier selber wurde nie gefunden, Wie sah es aus? Rekonstruktionsversuch aus dem vorigen Jahrhundert; 3. W. S o e r g e l ist der Frage nach dem Urheber der Markenfährten erneut nachgegangen. So wurde auf den Fährtenplatten zunächst einmal untersucht, welcher Art die Bewegungen waren, die Hand und Fuß beim Gehen ausführten; 4. Rumpflängenbestimmung. Die schwarzen Fährten bezeichnen die Auftrittsstellen von beiden Hinterfüßen und einem Vorderfuß während einer bestimmten Bewegungsphase des Tieres bei ruhigem Gang. a—b = Rumpflänge; 5. Aus sorgfältiger Auswertung aller Aussagen der Fährten wurde diese neue und gültige Rekonstruktion. (1. bis 5. aus S o e r g e l : „Die Fährten der Chirotheria". Jena 1925.)

204

Gestalten aus dem gleichen Stoff wie das Gestein, das es umgibt
(Tonschiefer), und ohne Hülle (Abb. 74 oben). Sie können nicht
als Eier gedeutet werden, sondern nur als geformte Kotpillen.
Kot in Pillenform ist weder für bestimmte Tiere noch für
bestimmte Zeiten kennzeichnend; Kotpillen in erhaltungsfähigen
Klumpen abgelegt, bilden eine engere Gruppe; Körnerform der
Pillen und Schnurform der Klumpen sind bisher nur aus dem
Ordovizium bekannt. — Noch im gleichen Jahre gelingt der Nachweis, daß die aus den englischen Midlands durch G r o o m 1902
beschriebenen Gebilde Tomaculum problematicum mit den
böhmischen und rheinischen Kotschnüren identisch sind. Auch
sie entstammen dem Ordovizium. 1941 meldet V o l k das Vorkommen von Tomaculum auch in dem Griffelschiefer des
Thüringer Ordoviziums, gleichzeitig berichtet P é n e a u , daß
in der Umgebung von Angers die gleichen Fossilien schon
seit 1878 bekannt sind; auch hier gehören die Fundschichten
dem Ordovizium an (Abb. 74 unten). Schließlich ergibt sich,
daß in Schichten der gleichen Zeit aus der Montagne Noire
Südfrankreichs ebenfalls Tomaculum vorkommt. So ist denn im
Laufe von zwei Jahren die Verbreitung der gleichen einfachen
Kotschnur in Gesteinen ganz Europas, aber immer nur des gleichen erdgeschichtlichen Zeitabschnitts, des Ordoviziums, entdeckt worden. Innerhalb des Ordoviziums ist die genauere zeitliche Stellung der Fundschichten in den einzelnen Fundgebieten
verschieden, doch halten sie in jedem Gebiet ihr Niveau
streng ein. Tomaculum, Kot eines Tieres, das selber nicht bestimmbar ist, hat den Wert einer Zeitmarke, und in engeren
Gebieten ist es Marke für kleinste Zeitstufen innerhalb der ordovizischen Zeit. Damit ist nun nicht ein Leitfossil gewonnen, das
die zahlreichen anderen des Ordoviziums nur zahlenmäßig ver-
stärkt, sondern ein Leitfossil ganz besonderer Art. Es besteht
nicht aus einem organischen oder vom Organismus ausgeschiedenen und jedenfalls dem umgebenden Gestein fremden Material, sondern ist nur besondere Gestalt im gleichen Stoff. Vor
Zerstörung durch chemische Angriffe, wie sie nicht nur durch
Lösungen an der Erdoberfläche, sondern auch bei heftigen Ge-
steinsverformungen unter hohem Druck auftreten, ist dieses

Fossil geschützt. Gerade für stark verformte Schichten gewinnt
es also als Zeitmarke besonderen Wert. Der erste Versuch,
Schichtenfolge und Bau einer allen früheren Versuchen sich
widersetzenden Gegend mit seiner Hilfe aufzudecken, ist ge-
lungen: Bei der Kartierung der Herscheider Schiefer, von denen
die Erkenntnisgeschichte dieser Zeitmarke ja ihren Ausgang
nahm, hat sich Tomaculum als zuverlässiger Ersatz bestimmter,
hier fehlender Graptolithen erwiesen.

Abb. 74. Tomaculum, eine Kotschnur als Zeitmarke des Ordoviziums. — Oben: D.e
Kotschnur nach Funden aus Westfrankreich. — Unten: Geologische Karte und Schnitt
eines Teiles der Mulde von Angers. Tomaculum ist auf eine einzige Schicht beschränkt
(Kreuze) und bildet hier eine vorzügliche Zeitmarke desjenigen Abschnitts ordovizischet
Zeit, der das mittlere Llandeilo genannt wird. (Alle Abbildungen aus J. P é n e a u :
Die Anwesenheit von Tomaculum problematicum im Ordovizium Westfrankreichs. Sencken-
bergiana 23, 127. Frankfurt a. M. 1941.)

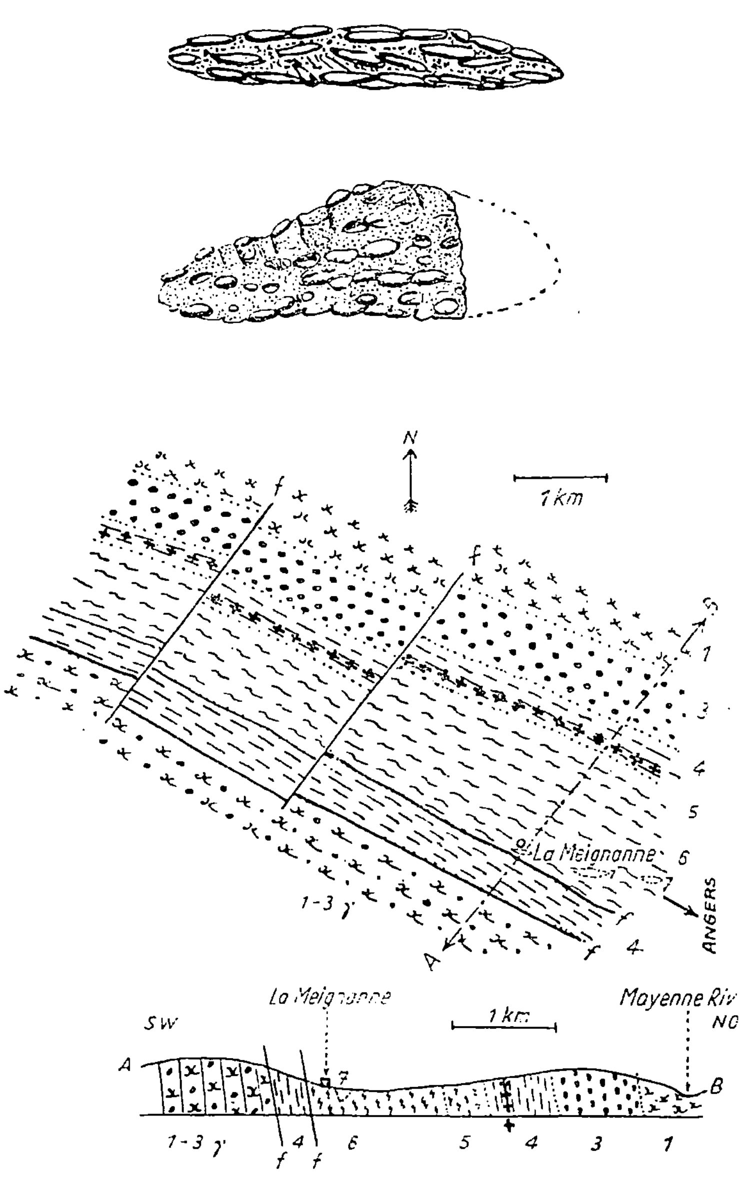

Abb. 74. Erläuterung nebenstehend

Viertes Kapitel

Besitzt die Erdgeschichte eine natürliche Großgliederung?

1. Der Handapparat erdgeschichtlicher Gliederung. Daß Erdgeschichte keine echte Gliederung besitzt, daß erdgeschichtliche Urkunden daher nicht an sich schon den Stempel der Zeit tragen, der sie entstammen, sondern anderer Zeitmarken bedürfen, und daß diese in den fossilen Resten des jeweils zeitgenössischen Lebens gefunden werden, ist als wesentlicher Inhalt des bisher Erörterten ausführlich dargestellt worden. Zu prüfen bleibt aber noch die Frage, ob nicht wenigstens eine Großgliederung der Fülle paläontologisch definierter erdgeschichtlicher Momente nun doch im erdgeschichtlichen Ablauf selber vorgezeichnet ist, — ob Erdgeschichte in natürliche Einheiten aufteilbar ist, ob sie in Perioden abläuft.

B. v. Freyberg[1]) hat betont, daß von den vier großen geographischen Einheiten, die der Erdteil zu allen Zeiten zeigt, Festländer, ihre Schelfe, Ozeanbecken, Geosynklinalen, letztere diejenigen Einheiten sind, aus denen Neues hervorgeht: Einbiegungen der Erdrinde, in denen sich unter Meeresbedeckung die Abtragungsmassen von den Festländern ansammeln und aus denen schließlich die Faltengebirge hervorgehen. „Die Geschichte der Geosynklinalen liefert somit die Kapitel der Erdgeschichte. Die aus den Geosynklinalen herausgewachsenen Faltengebirge liefern die Überschriften der Kapitel." So gliedern sich aus der Geschichte der Erde Ären aus, zu denen alle gleichzeitigen Fest-

---

1) Freyberg, B. v., Zur Darstellung der Erdgeschichte. Z. deutsch. geol. Ges. **93**, 432. Berlin 1941.

länder, Schelfablagerungen und Ozeanbecken hinzuzurechnen
sind:

4. Alpidische Ära.

3. Variszische Ära.

2. Kaledonische Ära.

1. Die alten Massen.

Ihre Gleichsetzung mit den Daten der gebräuchlichen Zeittafel
zeigt Abb. 75.

So klar die Gliederung an sich ist, so schwierig wird die Abgrenzung der einzelnen Glieder gegeneinander. Ob die Gegenwart noch der alpidischen Ära oder schon einer neuen zugehört,
läßt v. Freyberg ausdrücklich offen. Aber auch die Grenzziehung zwischen alpidischer und variszischer im Perm und
ebenso zwischen variszischer und kaledonischer im Devon muß auf
scharfe Schnitte verzichten.

Auf ähnlichem Wege versucht v. Bubnoff) in mehreren
Arbeiten, zuletzt 1942, zu einer allerdings noch weit stärker
spezifizierten Aufteilung der Erdgeschichte aus ihrem eigenen
Ablauf heraus zu gelangen. Erdgeschichte verläuft zyklisch; im
außeralpinen Europa lassen sich die von uns eingesehenen Abschnitte des Ablaufs in 5 Zyklen gliedern. Als Umbruchstellen
mag man folgende Faltungsphasen ansehen:

5. Savische Phase der alpidischen Gebirgsbildung im Unter-
   miozän.

4. Laramische Phase der alpidischen Gebirgsbildung am Ende
   der Kreidezeit.

3. Kimmerische Phase der alpidischen Gebirgsbildung an der
   Wende zwischen Jurazeit und Kreidezeit.

2. Variszische Gebirgsbildung im Oberkarbon.

1. Kaledonische Gebirgsbildung zwischen Silur und Devon.
Zwischen je zwei dieser Faltungen nun soll sich folgender Ablauf
vollziehen:

6. Regression; Rückzug des Meeres, am Ende: Faltung.

---

¹) B u b n o f f , S. v., Ein Modell der Erdgeschichte. Natur u. Volk
72, 137. Frankfurt 1942.

		v. Freyberg	v. Bubnoff	Beurlen	v. Bülow		Gebräuch-lich
QUARTÄR		||||||| ? ||||||	Jung-käno-zoischer Zyklus	Junge Locker-gesteine	Gruppe der Kreide- und Locker-gesteine	Neo-phytikum (Angio-spermen-zeit)	·Neo-zoikum (Käno-zoikum)
Pliozän							
Miozän	TERTIAR						
Oligozän			Alt-käno-zoischer Zyklus				
Eozän							
Paleozän							
Ober-Kreide	KREIDE		Jung-meso-zoischer Zyklus	Oolith- und Kreide-formation	Oolith-formation		
Unter-Kreide		Alpidische Ära					
Weißer Jura	JURA					Meso-phytikum (Gymno-spermen-zeit)	Meso-zoikum
Brauner Jura							
Schwarzer Jura							
Keuper	TRIAS		Alt-meso-zoischer Zyklus	Rotsand-stein-formation	Rotsand-stein-formation		
Muschelkalk							
Buntsandstein							
Zechstein	PERM						
Rotliegendes		|||||||||||||||||||					
Ober-Karbon	KARBON			Stein-kohlen-formation		Paläo-phytikum (Pterido-phyten-zeit)	
Unter-Karbon		Variscische Ära	Jung-paläo-zoischer Zyklus		Grau-wacken-formation		
Ober-Devon	DEVON			Grau-wacken-formation			Paläo-zoikum
Mittel-Devon							
Unter-Devon		|||||||||||||||||||					
Gotlandium	SILUR					Protero-phytikum (Algen-zeit)	
Ordovizium		Kaledo-nische Ära	Alt-paläo-zoischer Zyklus	Schwarz-schiefer-formation	Schwarz-schiefer-formation		
Ober-Kambrium	KAMBRIUM						
Mittel-Kambrium							
Unter-Kambrium							

Abb. 75. Der Streit um die Großgliederung der Erdgeschichte

210

5. Differentiation; schnell wechselnde Meerestiefen, wahrscheinlich mit zunehmenden Bodenbewegungen; große Mannigfaltigkeit in der Ausbildung der abgelagerten Gesteine.

4. Inundation; weitgehende Versenkung unter den Meeresspiegel.

3. Zweite Transgression; zweite große Überflutung des Landes durch das Meer.

2. Erste Transgression; erstes Übergreifen des Meeres auf das Land.

1. Emersion; Auftauchen des Landes aus dem Meer.

Eine Übersicht über die Erdgeschichte Europas im Sinne der Zyklentheorie, wie sie sich aus v. B u b n o f f s Darstellung herausziehen läßt, wird in Abb. 75 wiedergegeben. Da sich bei erdumspannender Betrachtung diese ganze Zyklenfolge von vornherein auflösen würde ist der Versuch auf Europa beschränkt worden. Doch auch die Alpen lassen sich in das Schema nicht einfügen, so daß weitere Einschränkungen gemacht werden müssen. Selbst der Begriff außeralpines Europa erweist sich als noch zu weit gefaßt. Würde man etwa die Verhältnisse im spanischen Teil des variszischen Gebirges heranziehen, so müßte das Kambrium (mit Marmorkalken und an anderer Stelle ganz anderen Ablagerungen) als Zeit der Differentiation, das tiefe Ordovizium aber als Phase der Emersion, das höhere Gotlandium als Inundation aufgefaßt werden. Ähnliche Verschiebungen würden sich zeigen, wenn man im jungpaläozoischen Zyklus das Baltikum mit berücksichtigte. Aber auch, wenn man nur die Gebiete sieht, die v. B u b n o f f selber als Beispiel heranzieht, und wenn man dabei den Fall setzt, diese Gebiete seien zu Recht aus dem Verbande des übrigen Europa herausgelöst und als eine erdgeschichtliche Schicksalsgemeinschaft miteinander verbunden, nämlich das nichtalpine Deutschland, Skandinavien, Frankreich, so erheben sich doch auch dann noch schwerwiegende Einwände.

Der altpaläozoische Zyklus ist den Verhältnissen in Nordeuropa nachgezeichnet; er mündet aus in das Alt-Rot-Festland. Der jungpaläozoische Zyklus ist aus der Eigenart Mitteleuropas abgeleitet und geht weder räumlich noch ursächlich aus dem als

Zyklus	Geschehen	Zeit	Urkunden
Altkänozoischer Zyklus	Regression	Oberes Oligozän und unteres Miozän	Sandsteine, Süßwasserkalke, Konglomerate, Braunkohlen
	Differentiation	Mittl. u. ob. Oligozän	Tone und Sande
	Inundation	Mittleres Oligozän	Tone und Kalke
	Zweite Transgression	Unteres Oligozän	Eisenschüssige Sande u. glaukonitische Tone
	Erste Transgression	Eozän	Tone und Sandsteine
	Emersion	Paleozän	Flachsee- u. Sandablagerungen
Jungmesozoischer Zyklus	Regression	Ober-Senon	Flachwasserkalke, Kalksandsteine
	Differentiation	Senon	Schreibkreide und Mergel
	Inundation	Turon	Kreidekalke, Plänerkalke, Sandsteine
	Zweite Transgression	Gault, Cenoman	(Glaukonitische) Sandsteine
	Erste Transgression	Unter-Kreide	Tone und Sandsteine
	Emersion	Älteste Kreide	Süß- und Brackwasserablagerungen
Altmesozoischer Zyklus	Regression	Oberster Malm	Bunte Tone u. Mergel, Brackwasserkalke, Salzbildungen
	Differentiation	Malm	Tone und Massen- und Riffkalke
	Inundation	Dogger u. unt. Malm	Tone und Mergelkalke
	Zweite Transgression	Dogger	Eisenreiche Sandsteine u. Kalke
	Erste Transgression	Rhät und Lias	Dunkle Tone und helle Sandsteine
	Emersion	Zechstein und Trias	Rote Sandsteine, Salzbildungen
Jungpaläozoischer Zyklus	Regression	Ober-Karbon	Konglomerate, Sandsteine, Kohlenschiefer, Steinkohle
	Differentiation	Unter-Karbon	Kohlenkalk und Kulm
	Inundation	Mittl. u. ober. Devon	Tone, Kalkmergel und Kalke
	Zweite Transgression	Unter. u. mittl. Devon	Eisenerze und sandig-tonige Schichten
	Erste Transgression	Unter-Devon	Schiefer und Sandsteine
	Emersion	Alt-Rot-Zeit	Alt-Rot-Sandsteine
Altpaläozoischer Zyklus	Regression	Ober-Silur	Flachwasserkalke, Sandsteine
	Differentiation	Ober-Silur	Korallenkalk u. Graptolithenschiefer
	Inundation	Höheres Unter-Silur	Geschichtete Kalke u. Graptolithenschiefer
	Zweite Transgression	Tieferes Unter-Silur	Glaukonitische Sandsteine, Kalke und Eisenerze
	Erste Transgression	Kambrium	Dunkle Schiefer und helle Sandsteine
	Emersion	Eokambrium	Rote und graue Sandsteinr

Abb. 76. Die europäischen Zyklen der Erdgeschichte nach v. B u b n o f f

vorangehend angegebenen nordeuropäischen hervor, sondern hat seine eigene Vorgeschichte, die, soweit die auf deutschem Boden spärlichen Urkunden Auskunft geben (Abb. 77), sich nicht in

212

	Gliederung	Haupt-Zeitmarken	Urkunden im mitteleuropäischen Boden
SILUR	*Gotlandium* (Ober-Silur) — Downton (oberes Ludlow)	Graptolithen Orthoceren Trilobiten	**Rheinisches Schiefergebirge** (lückenhaft): Schiefer, Kalke
	Unteres Ludlow		**Kellerwald**: Schiefer
	Wenlock		**Harz**: Kalke, Kieselschiefer, Quarzite, Grauwacke, Graptolithenschiefer
	Tarannon (oberes Llandovery)		**Thüringen**: Graptolithenschiefer
	Birkhill (unteres Llandovery)		**Schlesien** (Bober-Katzb.): Graptolithen- u. Kieselschiefer
			Böhmen: Kalke, darunter Graptolithenschiefer
			Alpen: Kalke und Kieselschiefer
	Ordovizium (Unter-Silur) — Ashgill	*Trinucleus*	**Hessen**: Quarzite vom Andreasteich
	Caradoc	*Chasmops*	**Sauerland**: Schiefer von Herscheid
	Llandeilo	*Illaenus*	**Thüringen**: Schiefer (Lederschiefer, Griffelschiefer), Eisenerz
	Arenig (Skiddaw)	*Megalaspis* — *Asaphus*	**Schlesien** (Bober-Katzb.): Quarzite
	Tremadoc	*Ceratopyge*	**Böhmen**: Sandsteine, Grauwacken, Graptolithenschiefer, Kalkschiefer
			Alpen: Kalke, Schiefer u. Quarzite
KAMBRIUM	Oberes	*Olenus* (Trilobit)	**Thüringen**: Diabase (Grünsteine, vulkanisch)
			Schlesien (Bober-Katzb.): Diabase
			Böhmen: Diabase
	Mittleres	*Paradoxides* (Trilobit)	**Thüringen**: Sandige Schiefer
			Schlesien (Bober-Katzb.): Grauwacken
			Böhmen: Sandige Schiefer
	Unteres	*Olenellus* (Trilobit)	**Schlesien** (Bober-Katzb.): Rote und grüne Schiefer, Kalke
			Böhmen: Quarzite und Konglomerate

(In der Spalte "Haupt-Zeitmarken" steht bei Ordovizium senkrecht: *Trilobiten*)

Abb. 77. Die ältesten Perioden der Erdgeschichte auf mitteleuropäischem Boden

(Nach Angaben in K. Beurlen: Erd- und Lebensgeschichte. Eine Einführung in die historische Geologie. Leipzig 1939. — Mit Ergänzungen.)

das Schema des altpaläozoischen Zyklus einfügt (daß einzelne petrographische Glieder übereinstimmen, besagt nichts). Neben dem altpaläozoischen Zyklus läuft, durch Urkunden gut belegt, die Geschichte Böhmens ab und reicht nach eigenem Gesetz in den jungpaläozoischen Ablauf hinein. Daß es überhaupt unmöglich ist, das Geschehen selbst auf engem Raum in ein so starres Schema zu bannen, wird man gewahr, wenn man etwa die Mannigfaltigkeit der Meeresabsätze der Devonzeit und allein des rheinischen Schiefergebirges mit den Stufen des jungpaläozoischen Zyklus gleichzusetzen unternimmt. Den Elementen der angeblichen Zyklen und einer weitgehenden Versenkung kann nur eine Meeresüberflutung, in dieser wiederum irgendwann einmal eine Landhebung, vorausgegangen sein. Eine Faltung kann wiederum nur in tiefversenkten Trögen wirksam werden; sie selber führt dann auch wieder zum Auftauchen von Land. Das ist eine notwendige Folge, die allerdings — und das ist doch entscheidend — an beliebiger Stelle durch Hebung unterbrochen werden kann und, wie die geologischen Urkunden, aber auch die Erfahrungen der Gegenwart bezeugen, in den verschiedenen und selbst recht benachbarten Gebieten in anderem Wechsel mit anderer Geschwindigkeit abläuft. Nur die Faltung bricht in größere Räume als regionaler Zwang ein; daß auch sie Verzögerungen erleiden kann, jedenfalls keineswegs wirklich gleichzeitig im Bereich etwa Europas einsetzt, ist schon besprochen worden. Daß von erdweiten Zyklen nicht gesprochen werden kann, ist dem Urheber der besprochenen Theorie von Anfang an deutlich gewesen; es gibt aber ebensowenig einen zyklischen Ablauf der Erdgeschichte im Bereich auch nur eines Teils von Europa.

Bestünden die aufgestellten Zyklen zu Recht, so wäre daraus eine schwerwiegende Folgerung erwachsen. Denn die fünf gleichwertigen Perioden verhielten sich in der Zeit wie 180 : 120 : 90 : 50 : 40 Millionen Jahre und schienen in dieser Verhältnisreihe eine Zunahme der Geschwindigkeit irdischen Geschehens zu bezeugen. So wird erneut die Frage aufgeworfen, ob Erdgeschichte nicht doch einem Ende entgegensteuert, ob sie nicht doch ein Ziel zu erreichen sucht, — eine Frage, die auch aus manchem Schaubild zum erdgeschichtlichen Ablauf sich erhebt: ist Erdgeschichte dem Stundenkreis einer Uhr oder dem Ablauf des Jahres vergleichbar, und ist die Gegenwart darauf ein Punkt, der fünf Minuten vor zwölf oder beim 30. Dezember steht?

Beschleunigung des Erdgeschehens hat auch C h. S c h u c h e r t [1]) eingehender schon nachzuweisen versucht. In Nordamerika sind nach S c h u c h e r t s Berechnungen seit dem Beginn des Paläozoikums so viel Gesteinschichten abgelagert worden, daß sie aufeinandergetürmt ein Paket von 78 km Mächtigkeit bilden würden. In anderen Kontinenten sind einzelne Zeiten mit stärkeren Ablagerungen vertreten. Fügt man ihre Zahlen in die nordamerikanische Säule ein, so ergibt sich eine theoretische Mächtigkeit der irdischen Gesteine seit dem Kambrium von mehr als 130 km. Hieraus und aus der mit der Radiummethode abgeleiteten Jahreszahl für den Beginn des Paläozoikums (vor 540 Millionen Jahren) läßt sich die mittlere Geschwindigkeit des meerischen Gesteinsabsatzes ermitteln; die allerdings bedeutungslos ist, da sich bei der abschnittsweisen Betrachtung dieses Schichtenprofils die wahre Bildungsgeschwindigkeit in den verschiedenen Zeitabschnitten als sehr verschieden erweist und die deutliche Tendenz zur Beschleunigung zu zeigen scheint: Für die Ablagerung von 1 m Gestein sind erforderlich

im Quartiär	(Zeitspanne: 1 Mill. Jahre)	1400 Jahre,
im Tertiär	(Zeitspanne: 59 Mill. Jahre)	1900 Jahre,
im Mesozoikum	(Zeitspanne: 117 Mill. Jahre)	3000 Jahre,
im Jung-Paläozoikum	(Zeitspanne: 115 Mill. Jahre)	7700 Jahre,
im Mittel-Paläozoikum	(Zeitspanne: 67 Mill. Jahre)	8000 Jahre,
im Alt-Paläozoikum	(Zeitspanne: 163 Mill. Jahre)	7000 Jahre.

Für nicht im Gestein niedergelegte, sondern in den Lücken der Ablagerung verborgene Zeit rechnet S c h u c h e r t 18 Millionen Jahre. Natürlich ist diese Zahl nichts als eine Vermutung und kann beliebig höher angenommen werden, wodurch die zur Geschwindigkeitsermittlung verwendeten Zeitzahlen sich vermindern, und zwar in den verschiedenen Zeitspannen ver-

---

[1]) S c h u c h e r t , C h., Geochronology or the age of the earth on the basis of sediments and life. Bull. national Research Council, 1931, Washington.

schieden vermindern müssen. Wir sind der Ansicht, daß in der Tat die in den uns gegenwärtig zugänglichen Urkunden nicht bezeugte und als solche nicht erkannte Zeit eine weit größere Rolle spielt, als für gewöhnlich angenommen wird, und zwar eine um so größere, je weiter die Zeiten zurückliegen, je undurchsichtiger also in Einzelheiten die Urkunden werden. Aber selbst wenn die oben wiedergegebenen Zahlen bindend wären und auch der in den Einzelabschnitten verschiedenartige Anteil von sandigen, tonigen und kalkigen Gesteinen mit ihrer verschiedenen Absatzgeschwindigkeit und ihrem verschiedenen

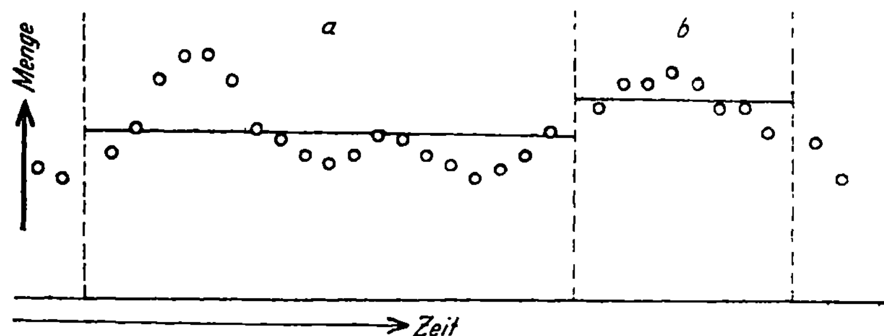

Abb. 78. Bei schwankender Ablagerungsgeschwindigkeit spiegelt die Durchschnittsgeschwindigkeit beliebiger Zeitspannen nicht den wahren Ablauf. Nähere Erläuterung im Text.

Setzungsmaß nach der Ablagerung so berücksichtigt wäre, daß durch sie keine irreführende Störung entstehen könnte, bliebe doch eine bedeutende Fehlerquelle bei der Auswertung übrig (vgl. Abb. 78). Es sei der allgemeine Fall angenommen, daß nämlich die Absatzgeschwindigkeit weder konstant bleibe, noch sich einsinnig ändere, sondern in Abhängigkeit von verschiedenen außen- und innenbürtigen Kräften der Erde in ungleichen Perioden schwanke. Nun sind die Zeitspannen, die der Berechnung S c h u c h e r t s zugrunde liegen, paläontologisch, nicht erdgeschichtlich definierte Einheiten, dazu von stark wechselnder Dauer. Der lange Zeitabschnitt a in Abb. 78 umfaßt ein starkes Maximum und eine Spanne geringeren Absatzes; das darauf folgende Maximum fällt in den kurzen Abschnitt b. Obgleich

216

dieses Maximum nicht die Bedeutung des ersten erreicht, liegt die mittlere Absatzgeschwindigkeit der Zeit b doch merklich höher als diejenige der Zeit a. Daß ähnliche Verhältnisse auch im wirklichen Ablauf der Erdgeschichte zumindest möglich sind, wird man nicht bestreiten können. Die Folgerungen aus den S c h u c h e r t schen Zahlen, wie sie auch jüngst in einer Übersichtsdarstellung im deutschen Schrifttum[1]) gezogen wurden — „das exogene und endogene Geschehen der Erdgeschichte hat sich seit dem Kambrium gesteigert! Der Ablauf der Erdgeschichte wird, wenn man so sagen darf, schneller" —, sind jedenfalls keineswegs zwingend.

Zusammenfassend sei noch einmal betont, daß die Erdgeschichte weder eine Zielstrebigkeit noch eine Periodizität der Art erkennen läßt, wie sie zur Ausarbeitung einer zweckmäßigen Gliederung ihres Ablaufs nötig wäre. Daß die Einteilung nach Gesteinsfolgen, wie sie B e u r l e n und v. B ü l o w versucht haben (vgl. Abb. 75), nicht angenommen werden kann, ist schon früher erörtert worden (S. 77).

Die Großgliederung der Erdgeschichte ist ebenso wie die Kennzeichnung ihrer Momente auf die Entwicklung des Lebens angewiesen (Abb. 78). Bei schwankender Ablagerungsgeschwindigkeit spiegelt die Durchschnittsgeschwindigkeit beliebiger Zeitspannen nicht den wahren Ablauf.

2. Das paläontologische Zeitgerüst. Es ist ausführlich erörtert worden, daß Erdgeschichte nicht am Bande verfolgt, also auch nicht bis zur Feinheit des Differentials aufgeteilt werden kann, daß sie vielmehr für den rückschauenden Blick aus einzelnen, nicht weiter zerteilbaren Einheiten besteht, deren jede ein nach Jahren beträchtliches und in der Länge von den anderen verschiedenes Zeitintervall darstellt. Jede einzelne dieser Einheiten erdgeschichtlicher Zeitmessungen wird abgesteckt und gekennzeichnet durch die Anwesenheit einer bestimmten Art des Tieroder Pflanzenreiches. Sie ist allerdings nicht gleichbedeutend

---

[1]) R ü g e r , L., Zeitzahlen der Erdgeschichte. Jenaische Zeitschr. f. Med. u. Naturw. **75**, 31. Jena 1942.

mit der Lebensdauer dieser Art, sondern sollte streng vom ersten
Auftreten dieser bis zum ersten Auftreten einer neuen aus ihr
oder einer ihr verwandten entstandenen Art gemessen werden.
Praktisch erhält die erdgeschichtliche Zeiteinheit das Gepräge von
einer bestimmten Tier- oder Pflanzengemeinschaft; den Namen
gibt ihr die eine kennzeichnende Art. Was in der Geschichte die
Jahreszahlen sind, das sind in der Erdgeschichte die Artnamen,
Namen von solchen Fossilien allerdings, die möglichst weit über
gleichzeitige Ablagerungen verbreitet sind, Namen von kosmo-
politischen Lebewesen. Erdweite Verbreitung haben jedoch
nur verhältnismäßig wenige Formen des Lebens. Von den
Tieren des Meeres, den wichtigsten Trägern von Zeitmarken,
haben allein Foraminiferen, Graptolithen, Cephalopoden die
Schranken ihrer Lebensräume erdweit durchbrochen und in
gleichen oder nahverwandten Formen alle Meere erobert. Geologische Urkunden können daher nach den in ihnen aufgefun-
denen Fossilien nur selten unmittelbar einer bestimmten Zeiteinheit, einem erdgeschichtlichen Moment, zugewiesen werden,
sondern erst nach der Eichung ihrer eigenen Zeitstufung, etwa
an der Abfolge von Muschelarten, an der Entwicklung der
Ammoniten. Im Kambrium wäre eine allgemein anwendbare
Feinstgliederung überhaupt nicht möglich, da die Trilobiten, die
verläßlichsten Zeitmarken dieser frühen Zeit, im europäisch-
amerikanischen Nordmeer eine ganz andere Formengemeinschaft
und Formenfolge zeigen als im asiatisch-europäisch-amerika-
nischen Mittelmeer. Ungenauigkeiten erdgeschichtlicher Datierung
und Parallelisierung, die hier als Gefahr sichtbar werden, spielen
in der Praxis allerdings eine weniger bedeutende Rolle, da keineswegs immer die Zuordnung einer geologischen Urkunde zu einem
bestimmten erdgeschichtlichen Moment möglich ist; man wird zumeist schon zufrieden sein, wenn eine Urkundendatierung im
Rahmen der nächstgrößeren Zeitspanne gelingt.

Die niederste unteilbare Ordnung erdgeschichtlicher Zeit
nannten wir „Moment", ihr Urkunden-Äquivalent (die im
„Moment" gebildete Gesteinsschicht) ist die „Zone". Die Ordnungen der Zeit oberhalb des Moments und der Urkundenfolgen
oberhalb der Zone wurden nach den Beschlüssen des Internatio-

nalen Geologen-Kongresses bei seinem Zusammentritt in Bologna
1881 in aufsteigender Reihenfolge bezeichnet:

Zeit	*Urkunde*
Alter	Stufe
Epoche	Serie
Periode	System oder Formation
Ära	Gruppe

Nun wurde allerdings zu Bologna diese Einteilung nicht neu
aufgebaut; vielmehr erhielten damals nur bestehende Ordnungen
ihre verbindliche Klassifizierung. Es ist wichtig zu wissen, daß
die Reihe vom Alter zur Periode nicht durch Aufbau vom Moment her, sondern durch Abbau von oben her, und zwar primär
von der Gruppe her zustande gekommen war; von Moment
und Zone ist noch gar nicht die Rede. In der Geschichte der
Stratigraphie begegnet man in den frühesten Versuchen großen
Urkundengruppen. In der Mitte des 18. Jahrhunderts trennt der
Bergrat L e h m a n n das Ganggebirge vom Flözgebirge und
findet damit ungefähr die Gliederung Paläozoikum — Mesozoikum
— Neozoikum. Von hierher sind die Urkundenbündel fortgesetzt weiter in petrographische oder regionale Packen aufgeteilt worden. Auch die Namen, mit denen sie bezeichnet
wurden, sind petrographisch oder regional bestimmt: Kreide-
Formation; Devon-Formation (nach Devonshire), und in dieser
Koblenz-Stufe, Siegen-Stufe usw. Am Locus typicus, an jener
Stelle, wo die Urkunden zum erstenmal entdeckt, bestimmt, beschrieben wurden, waren diese Namen sinnvoll; je mehr Äquivalente zur Devon-Formation außerhalb der englischen Graf-
schaft, zur Koblenz-Stufe außerhalb des mittleren Rheinlandes
aufgefunden wurden, um so mehr verlor der Name jedoch seine
konkrete Beziehung und verblaßte schließlich zur Kennziffer, zur
Buchstabengruppe, die keinen an sich wissenwerten Inhalt mehr
birgt, sondern lediglich erdgeschichtliche Äquivalente als äquivalent kenntlich machen soll. Die erdgeschichtliche Nomenklatur oberhalb der Zone bzw. des Moments ist ähnlich der
zoologischen Nomenklatur: nicht die wörtliche Aussage schützt
ihre Namen, sondern die Priorität ihrer Einsetzung; ihr Aufbau

ist Konvention (daß ein Teil der Stufen nach Zeitmarken benannt ist, ändert nichts an dem allgemeinen Zustand). Da also Kreide nicht mehr das weiße Kalkgestein, sondern eine Urkundenfolge bezeichnet, in der unter anderem mancherorts auch Kreide auf-tritt, die aber keineswegs auf diese Folge beschränkt ist, noch in ihr das verbreitetste Gestein darstellt, da also die Namen der Formationen usw. völlig von ihrem Sinn befreit sind, haben sich diese Gesteins- und Ortsnamen ohne Widerstand nicht nur erd-weit auf die bunten Urkundenfolgen, sondern auch von den Ur-kunden weiter unmittelbar auf die Zeit, der diese Urkunden entstammen, und die ihnen ja gerade den Zusammenschluß und die Berechtigung zur gemeinsamen Benennung gibt, übertragen lassen. Die „Kreide", das „Siegen" sind Namen für Erdzeiten. Es muß noch bemerkt werden, daß nicht nur zufälliger Ort oder zufälliges Gestein der ersten Urkunden in den Namen der von ihr bezeugten Zeit eingehen, sondern daß auch die senk-rechte Gliederung der Urkunden im Raum unmittelbar von der Zeitteilung benutzt wird. Unter-, Mittel- Oberdevon ist nicht nur die Gliederung der Devon-Formation, sondern zugleich der Devon-Periode. So sind Raum und Zeit in der Erdgeschichte selbst in ihrer Nomenklatur in einzigartiger Weise miteinander verwoben.

Die ursprünglich als petrographische oder regionale Einheiten definierten Urkundenfolgen und die durch sie vertretenen Zeit-spannen sind heute nach ihrem paläontologischen Umfang defi-niert. Eine Darstellung dieser Entwicklung der Epochen- und Urkundenbündel-Begriffe von ihrer Bindung an konkreten Stoff über die Abstraktion davon und die Einspannung in die Ent-wicklung des Lebens wäre sehr reizvoll, muß aber in diesem Rahmen, der die Probleme der Gegenwart zeigen will, unter-bleiben. Heute sind die Ordnungen erdgeschichtlicher Zeit mög-lichst an den Momenten bzw. Zonen geeicht: die Stufe als ein Vielfaches der Zone usw.; für die parallele Alter-Ära-Reihe gilt das gleiche (Abb. 79). So bildet die Gliederung, die Grenzziehung zwischen den Stufen, das Ergebnis einer einfachen Abmachung. Schwieriger allerdings ist die Abgrenzung in Bereichen, denen klare Zonenteilung fehlt. Wo soll die Siegen-Stufe enden, die Koblenz-Stufe beginnen? Auch hier wird die Grenze Konvention sein.

Die ungefähre Lage der Grenze gibt die vom Petrographischen herkommende Tradition. Wo in dieser Grenzzone die Trennung

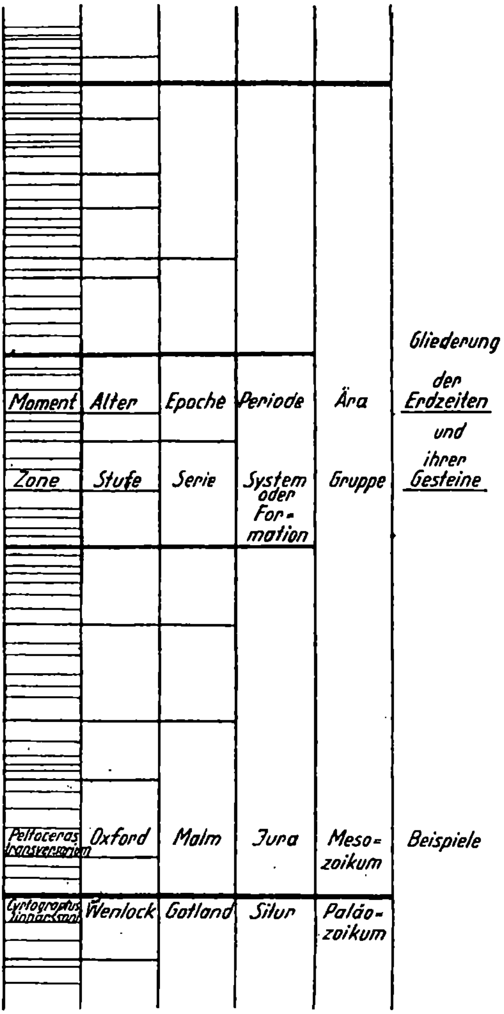

					Gliederung der Erdzeiten und ihrer Gesteine
Moment	Alter	Epoche	Periode	Ära	
Zone	Stufe	Serie	System oder Formation	Gruppe	
Peltoceras transversarium	Oxford	Malm	Jura	Mesozoikum	Beispiele
Cyrtograptus linnarssoni	Wenlock	Gotland	Silur	Paläozoikum	

Abb. 79. Das Zeitgerüst der Erdgeschichte. — Fünf Größenordnungen von Einheiten liegen nebeneinander; in jeder Ordnung sind alle Einheiten notwendig untereinander ungleich.

genau anzulegen ist, fixiert der Paläontologe nach sorgfältiger
Prüfung aller Einzelheiten des Werdens und Vergehens der Arten
in dieser der engeren Wahl verfügbaren Spanne; als Beispiel
solcher Arbeit, die eben erst angegriffen worden ist, seien die
Bemühungen um die Grenze zwischen Unter- und Mitteldevon
skizziert [1]. Von W. K e g e l wurde 1936 die Anregung gegeben,
wichtige stratigraphische Grenzen durch „Richtschnitte" festzulegen, und ein solcher Versuch im Sauerland für die Grenze
Silur/Devon begonnen. Für die Grenze Unter-/Mitteldevon hatte
R u d. R i c h t e r schon vorher auf eine besonders aussichtsreiche
Stelle in der Eifel aufmerksam gemacht, wo er nun gleichzeitig
einen Richtschnitt ansetzte. Bei Wetteldorf (Meßtischblatt Schö-
necken) sind auf dem Luft-Südflügel der Prümer Mulde die zu unter-
suchenden zeitäquivalenten Grenzschichten steil aufgerichtet, also
quer zu ihrem „Streichen", an der Oberfläche von den tiefen bis zu
den höchsten Gliedern auf engerem Raume anstehend. Sie sind hier
außerdem frei von Spezialfaltungen und frei von solchen Brü-
chen, die beim Queren der Schichten zugleich mit zu queren
wären. Fehlerquellen sind also bei der Beurteilung der Schichtenfolge weitgehend ausgeschaltet. Dieses Gebiet wurde für die
Anlage des Richtschnitts ausgewählt (Abb. 80). Senkrecht zum
Streichen der Schichten legte man hier einen 150 m langen Schürf-
graben an und sammelte, Zentimeter um Zentimeter sorgfältig voneinander getrennt, Gestein und zutagegeförderte Fossilien.
Dieses umfangreiche lückenlose Urkundenmaterial zur Lebensgeschichte aus diesem kritischen geologischen Bereich ist nach
zoologischen Gesichtspunkten aufgeteilt worden und wird nun
in den verschiedenen Tiergruppen von Spezialisten auf Wandlungen und die jeweils auffälligsten Artenwechsel geprüft. Nach

---

[1] Senckenbergiana, **25**, 357, Frankfurt 1942. In dieser Zeitschrift erscheinen auch die Beiträge der Mitarbeiter.

Abb. 80. Geologisches Kärtchen der Umgebung von Wetteldorf (Eifel) 1 : 10 000, nach
H a p p e l und R e u l i n g : „Geologische Karte der Prümer Mulde", aus Senckenbergiana
25, 1943. Bei B beginnt der Richtschnitt, der die steil aufgerichteten SW—NO-streichenden
Schichten quert. Er reicht vom Wetteldorfer Sandstein (punktiert) durch die Heisdorfer
Schichten (gestrichelt) bis in die Laucher Schichten (hellgrau). Zwischen Heisdorfer und
Laucher Schichten liegt die bis jetzt noch behelfsmäßige Unterdevon Mitteldevongrenze.

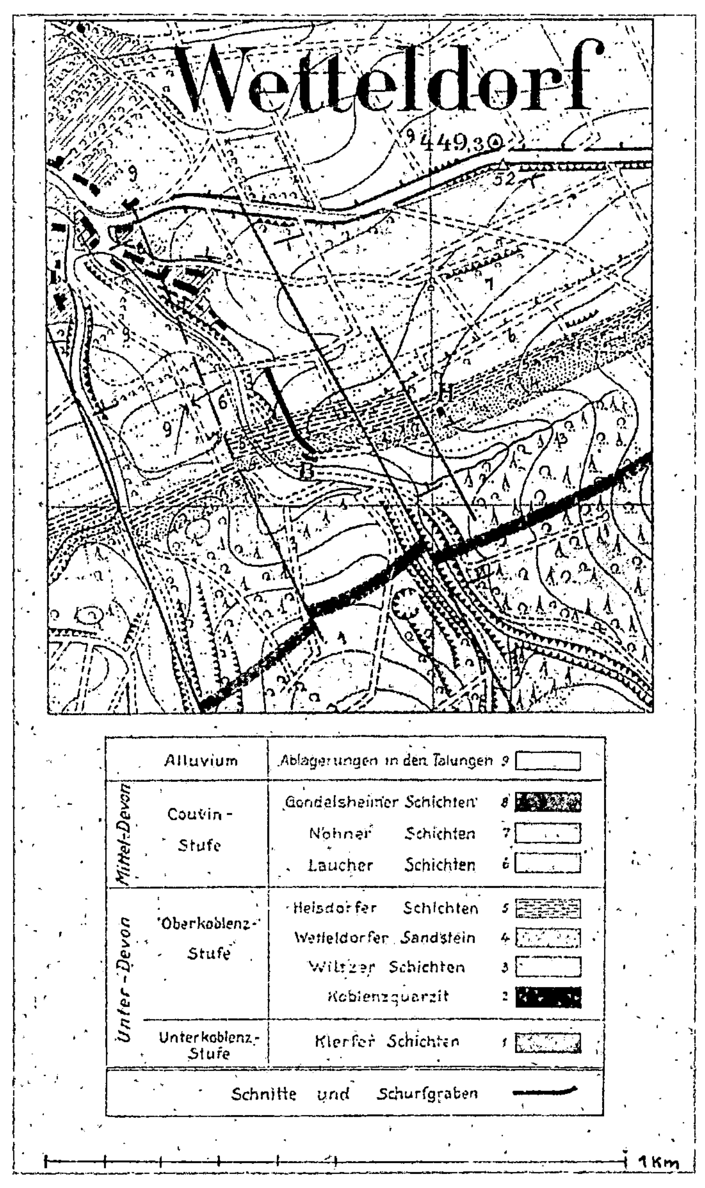

Abb. 80. Erläuterung nebenstehend

Vorliegen aller dieser Spezialuntersuchungen entscheidet eine Konferenz, zu der, wie zu Beginn der Arbeiten, alle an der Stratigraphie des Devons interessierten europäischen Geologen ihre Vertreter entsenden werden. Diese werden festlegen, durch welche paläontologischen Eigentümlichkeiten die gesuchte Grenze in diesem Fossilienprofil definiert werden soll. Diese Entscheidung ist dann Richtschnur zumindest für das gesamte europäische Devon; der Schnitt von Wetteldorf ist also der „Richtschnitt" für Europas Unter/Mitteldevon-Grenze.

So sehr die Entscheidung der Grenze vom zufälligen Gesteinsstoff des Richtschnitts sich abstrahieren muß, um für alle Gebiete Europas verbindlich sein zu können, so sehr muß die Bearbeitung von der Bindung des Lebens an bestimmte Lebensbedingungen, also von der Bindung eines Großteils der Fossilien an bestimmte Gesteine ausgehen. Was echte Entwicklung, was Fazieswechsel ist, muß bei jedem untersuchten Packen mit petrographischer und paläontologischer Eigenständigkeit immer wieder geprüft werden. Jedenfalls gehören diese gegenwärtig laufenden Untersuchungen zu den verantwortungsvollsten stratigraphischen Aufgaben, die unsere Zeit zu vergeben hat; nur Forscher, die große paläontologische und paläogeographische Erfahrung vereinen, können hier zu verläßlichen Ergebnissen kommen.

Paläontologisch und daher auch biostratigraphisch gesehen, ist der Umfang der meisten Stufen und aller Ordnungen der Erdzeit oberhalb der Stufe vom Zufall bestimmt. Nur ihre Grenzen sind paläontologisch nachträglich festgelegt worden. Ihr paläontologischer Inhalt kann daher auch keine in sich gerundete Phase der Entwicklungsgeschichte sein; trotzdem gibt sich natürlich in ihnen, und je höher die Ordnung ist, um so deutlicher, eine bestimmte Strecke der Entwicklung zu erkennen; die Erdzeitspannen haben also doch jede einen ganz bestimmten paläontologischen Charakter.

Bis zu den Perioden bzw. Formationen aufwärts liegen Umfang und Gliederung der Hauptspannen der Erdzeit seit alters recht fest; die Ären allerdings hat die Tradition nicht so fest gebunden. Sie sind vielmehr immer wieder Gegenstand von Erörterungen und Versuchen gewesen. Was wäre natürlicher, als in folgerichtigem Fortbau des stratigraphischen Systems auch die Ären an Abschnitte der Lebensgeschichte anzuschließen. Ihre Grenzen müssen zugleich Grenzen der nächst niederen Ordnung, der Perioden sein. Eine Grenze zwischen zwei Ären mitten in die Kreidezeit zu legen (wie v. B ü l o w vorschlägt), würde voraussetzen, daß die bisherige Einheit der Kreide in zwei neue Perioden aufgeteilt würde. Behält man die gebräuchliche Ordnung der Perioden bei, so stehen seit Beginn der kambrischen Zeit zehn Grenzen zur Verfügung, die zum Abstecken von Ären dienen können. Es kommt nun darauf an, unter diesen nach Möglichkeit solche Grenzen herauszufinden, zwischen denen Großabschnitte der Entwicklungsgeschichte sichtbar werden, so daß die Großgliederung der Erdgeschichte wenigstens paläontologisch sinnvoll wird, da ein geologisches Prinzip zur sauberen Großteilung nicht gefunden wurde. Daß auch hier der Umfang der Ären sich nicht völlig mit dem Bereich bestimmter Strecken der Entwicklungsgeschichte zur Deckung bringen lassen wird, ist von vornherein klar: die Grenzen der Entwicklungsphasen sind immer unscharf. Die Grenzen der Ären müssen aber als Handwerkszeug des stratigraphischen Systematikers messerscharf sein, sie liegen zudem in den wenigen verfügbaren Grenzen der nächst niederen Ordnung fest und sind hier als Ausgleich zwischen überlieferter Gesteinsfolgen-Gliederung und paläontologisch definiertem Umfang zustande gekommen. Auch den Ären kann also nur ein allgemein paläontologischer Charakter zukommen, ohne daß ihre Zeitstrecke in der Entwicklungsgeschichte wirklich vorgezeichnet wäre. Auch die Ären sind an den Zonen oder Stufen geeicht und kommen aus ihrer Summierung zustande. Über diese notwendige Bescheidung beim Suchen nach einem natürlichen Prinzip der erdgeschichtlichen Großgliederung muß man sich klar sein.

Gebräuchlich und bewährt ist die Aufteilung in drei Ären. Die jüngste, die von der Gegenwart bis zur Kreide/Tertiärgrenze zurückreicht, ist das Neo- oder Känozoikum, die Zeit, in der die Säugetiere sich geradezu überstürzend entfalten. Die mittlere, die von der Kreide/Tertiärgrenze bis zur Perm/Triasgrenze zurückreicht, ist das Mesozoikum; in ihm beherrschen Reptilien

Land, Wasser, Luft. Die alte Ära, die von der Perm/Triasgrenze bis zur Untergrenze des Kambriums zurückreicht, ist das Paläozoikum; wirbellose Tiere geben ihr das Gepräge. Wirbellose haben aber auch schon vor dem Kambrium, wahrscheinlich in Zeitspannen, die hunderte von Jahrmillionen messen, gelebt; die Untergrenze des Kambriums ist demnach ein markanter Schnitt nicht in der Geschichte des Lebens, jedoch in der Geschichte seiner Urkunden. Denn erst mit ihr beginnen die Urkunden allgemein erhalten und deutbar zu sein; an ihr wird die Entwicklungsgeschichte zum erstenmal auf breiter Front sichtbar. Alles frühere, das als Archäozoikum und schließlich als Azoikum zu bezeichnen ist, soll hier nicht mehr berücksichtigt werden.

K. v. B ü l o w [1]) hat neuerdings wieder einmal darauf hingewiesen, daß nicht nur tierisches Leben die Existenz der Pflanzen zur Voraussetzung hat, sondern daß auch tierische Entwicklung nicht ohne die jeweils einen Schritt vorauseilende Entwicklung der Pflanzenwelt möglich sei, so daß die Pflanze geradezu als Motor der tierischen Entwicklung bezeichnet werden müsse. Also sollte man auch die Ären der Erdgeschichte nicht nach den Abschnitten der Tier-, sondern der Pflanzengeschichte einteilen (vgl. Abb. 75). Nun spielt in der praktischen Geschichte die Zeitmarke tierischer Herkunft eine ungleich größere Rolle als die pflanzliche; man wird also auch der auf das Tierleben gestützten Ärengliederung den Vorzug geben. Zudem ist dieses von vornherein vorzuziehende Prinzip ja längst eingeführt; es nur deshalb zu verwerfen, weil ein neues, von der Entwicklungsgeschichte her gesehen, tiefgründiger ist, kann nicht berechtigt sein. Aus dem gleichen Suchen nach einer sinnvolleren Großgliederung sind aber in den letzten Jahren immer wieder Verbesserungs- und Umsturzpläne zum erdgeschichtlichen Zeitgerüst aufgetaucht.

Nach dem oben Entwickelten gehen solche Unternehmen aber am Aufbau und Zweck des Zeitgerüsts völlig vorbei. Es

---

[1]) v. B ü l o w , K., Grundsätzliches zur Gliederung der erdgeschichtlichen Zeitenfolge. Z. deutsch geol. Ges. 93, 423. Berlin 1941. — Die Florengeschichte als Motor der tierischen Entwicklung. Z. deutsch. geol. Ges. 94, 338. Berlin 1942.

sei noch einmal stark betont: die höheren Ordnungen der erdgeschichtlichen Zeitgliederung haben keine andere Aufgabe, als
die Anzahl der Zonen und Stufen, der eigentlichen Jahreszahlen
der Erdgeschichte, zu übersichtlichen Gruppen zusammen
zufassen. Sie sind nichts anderes als das Jahrhundert oder Jahrtausend in der Geschichte. Und man soll von ihnen ebensowenig
wie von einem Jahrtausend eine Einheit des Inhalts verlangen. Sie
sind Bezeichnungen für einen wohldefinierten Umfang. Wenn sie
daneben einen sinnvoll gerundeten Inhalt besitzen, so ist das eine
erwünschte Bereicherung, aber nicht mehr. Elemente erdgeschichtlicher Zeit sind Zone und Stufe. Alle höheren Ordnungen sind Summen aus ihnen und Angelegenheit der Konvention; die bestehenden werden durch das Recht, das ihnen die
Priorität gibt, geschützt. Diskussionen über Sinn und Inhalt von
Formationen sind unfruchtbar. Die Auseinandersetzung mit ihnen
muß sich auf die Fixierung der exakt auf die jeweils niederen
Einheiten zu beziehenden Grenzen beschränken.

(Vgl. die in vielen Punkten mit den hier entwickelten An-
schauungen übereinstimmende Studie von O. H. S c h i n d e -
w o l f : „Über die Bedeutung der Paläontologie als geologische
Grundwissenschaft" im Jahrbuch des Reichsamts für Bodenfor-
schung für 1942, erschienen nach Abschluß dieses Manuskripts,
1943.)

Nachwort

Eine Erörterung der Grundfragen einer Wissenschaft ist sicher dann am fruchtbarsten, wenn man mit der Kraft gerüstet ist, die in Jahrzehnten der Erfahrung aus praktischer Arbeit in diesem Zweig der Forschung wächst. Eine Auseinandersetzung mit der Grundlage seiner Wissenschaft, ihrer Sicherung, gefährdet ihre Grenzen; man wird sie aber gerade auch vom jungen Forscher als eine Rechenschaft vor sich selber erwarten müssen, die er ablegt, bevor er sich ihr fürs Leben anvertraut. Ein solcher Rechenschaftsbericht wird dann auch anderen in gleicher Lage dienlich sein; und er vermag ferner auch dem, der die Baustätte dieser Wissenschaft im Vorbeigehen (allerdings mit der Bereitschaft zum aufmerksamen Verweilen) kennenlernen will, zu einem Blick in die Werkstatt zu verhelfen.

Die vorstehende Untersuchung, die nicht mehr als ein kleines erdgeschichtliches Problembüchlein sein will, ist ein echtes Kriegskind. Der räumliche und zeitliche Abstand, den die Jahre zwischen den Verfasser und seine Arbeit gelegt haben, forderte ihn zu dieser Besinnung und Sichtung geradezu heraus. Die Schrift ist in Entwurf und Ausführung beim Feldheer im Osten von Oktober 1942 bis 1943 entstanden, und der Verfasser ist für ständige technische Mitarbeit in der Heimat und für die Reinzeichnung einer großen Zahl von Abbildungen seinem Kameraden F r i e d r i c h H a a s (Eßlingen) sehr dankbar. Ohne die ständige Ermutigung des Herausgebers wäre die Arbeit nicht zustande gekommen.

230

Talterrassen 56, 57.

Taxonomie 163 f.

Tektonische Phasen ungleichzeitig 112.

Tertiär 47.

Tiefsee 45.

Tomaculum 204—207.

Totengemeinschaft, verarmt
153.

Totes Meer 31.

Transgression, Transgres-
sionskonglomerat 96—103.

Transportrichtung 26.

Triebel, E. 185.

Trilobiten 30, 87, 181, 218.

Typus 170—172.

Typoide 172.

Überlieferung 152.

Ulrich 178.

Umlagerung als Fehlerquelle
157—161.

Unterkruste 85, 100, 109, 110;
subkrustaler Massenabfluß
99.

Ur 198—202.

Urkunden, geologische 18,
26, 27, 31.

Verformung der Fossilien
156.

Vertikalbewegung 98, s. Hebung, Senkung.

Verwitterung 82, 83.

Villanueva 103, 107, 111.

Volk, M. 178, 205.

Vorgeologikum 78.

Vorgeschichtsforschung
14—16, 41 f.

Vulkanausbruch 38, 94.

Wagner, Georg 43.

Waldgeschichte 193 f.

Warwen 48.

Wasserverlust des Sediments
154.

Weber, C. A. 191.

Wedekind, R. 125, 174, 175.

Wegener 52—54, 57.

Wehrli 144.

Weltall, Alter 73

Wetteldorf 222.

Winkeldiskordanz 103.

Wittmann 105.

Wollhandkrabbe 141.

Zeitgrenzen, Gleich- u. Ungleichzeitigkeit 149.

Zeitmarkenbestimmung 34.

Zone 218—224.

Zwischeneiszeiten bringen
erdweite Transgression 100.

Zyklentheorie 211 f.